JN094032

How-nual Shuwasystem Industry Trend Guide Book

図解入門 業界研究

最新 鉄鋼業界の動向とカラクリがよ〜くわかる本

業界人、就職、転職に役立つ情報満載!

[第3版]

川上 清市 著

秀和システム

はじめに

鉄鋼業界だけでなく、広く産業界を震撼とさせたのが、日本製鉄による米国の鉄鋼大手USスチールの買収発表です。買収額は約2兆円と巨額で、日本製鉄として過去最大級のM&A（合併・買収）です。しかし、USスチールの株主や規制当局の承認が必要で、およそ120万人が加入する全米鉄鋼労働組合も反対するなど、買収実現には不透明要素も多いといわれています。

2024年1月31日には、トランプ前大統領が日本製鉄によるUSスチールの買収に反対すると表明しました。買収に反発する労働者の支持拡大が狙いです。再選を目指すバイデン大統領も昨年12月に買収の認可を審査する意向を公表しています。こうした中で、果たして買収が実現されるのか、関係者の思いは複雑ではないでしょうか。

最近の鉄鋼業界を象徴するのが、脱炭素化に向けた動きです。国内の産業で最も多くCO_2（二酸化炭素）を排出し、50年度までに国内の鉄鋼業界全体で10兆円規模の脱炭素向け投資が必要とされています。高炉を大型電炉に転換する動きも活発化しています。CO_2削減に貢献する「グリーン鋼材」の普及も課題となっています。日本の鉄鋼産業は、規模の面では中国に圧倒され、品質の面でも追い上げられています。今後は環境対策に活路を求め、再びその技術力で世界をリードしてほしいものです。

「鉄は国家なり」という言葉があります。鉄の生産力が国力そのものを意味する言葉ですが、23年通期の国内粗鋼生産量は22年比2.5%減の8699万6000トンでした。前年割れは2年連続で節目の1億トンを5年連続で下回っています。鉄鋼大手は成長市場の海外事業の強化に動き出しています。その典型が、前述の日本製鉄の米USスチールの買収発表です。

日本製鉄は海外事業を中長期的な成長の核と位置づけています。同社の動きは、鉄鋼業界で新たなグローバル競争が始まったことを意味しているともいえるでしょう。粗鋼生産の「1億トン時代」が終わりを迎える中、鉄鋼各社には生産量が少なくても利益を上げられる体質への転換が求められています。本書が、こうした鉄鋼業界の「いま」を理解する一助になれば幸いです。

2024年2月　川上清市

最新鉄鋼業界の動向とカラクリがよ～くわかる本［第3版］

はじめに……3

第1章 鉄鋼業界の最新トピックス

1-1 日本製鉄がUSスチールを買収……10
1-2 製鉄の脱炭素化に支援を倍増……12
1-3 高炉から電炉プロセスへの転換……14
1-4 「電磁鋼板」を増産、インドでも製造……16
1-5 JFEも電炉への転換を検討……18
1-6 活用広がる環境重視のグリーン鋼材……20
1-7 東京製鐵が太陽光発電を有効活用……22
1-8 呉の製鉄所が72年の歴史に幕……24
1-9 22年の国内粗鋼生産量は7・4％減に……26
1-10 鋼材物流の24年問題への対応……28
1-11 日鉄が鋼板特許の訴訟を放棄……30
1-12 高炉工程でのCO_2排出量を25％削減……32
1-13 市場に広がる「グリーン鋼材」……34
1-14 苦境続く中国の鉄鋼業界……36
1-15 脱炭素に向けて成長投資……38
1-16 和鉄の特性を現代技術で再現……40
コラム 空振りに終わった「ベストワンへの挑戦」……42

第2章 鉄と鉄鋼業界の基礎知識

2-1 鉄鋼は銑鉄と鋼に分類される……44
2-2 3つに分類される製鉄所……46
2-3 高炉の大型化と鉄づくり……48
2-4 進化してきた高炉操業……50
2-5 転炉法が製鋼法の主流……52
2-6 電気の熱を利用する電炉製鋼……54

2-7 国内の多彩な鉄鋼メーカー……56
2-8 普通鋼と特殊鋼に分類……58
2-9 製造法による鋼材のいろいろ……60
2-10 普通鋼のいろいろ①……62
2-11 普通鋼のいろいろ②……64
2-12 特殊鋼のいろいろ①……68
2-13 特殊鋼のいろいろ②……70
2-14 多彩なその他の鋼材……72
2-15 二次製品のいろいろ……74
2-16 複雑な販売形態
流通・販売形態はどうなっているか①……76
2-17 ひも付きと店売り
流通・販売形態はどうなっているか②……78
2-18 拡大する問屋の機能……80
2-19 貿易では商社介入の取引が基本……82
2-20 鉄鋼業界の全国組織「日本鉄鋼連盟」……84
コラム 日本企業の最新技術に支えられた東京スカイツリー……86

第3章 鉄の歴史と鉄鋼業の歩み

3-1 鉄は宇宙がくれた豊富な資源……88
3-2 古代から中世の製鉄法……90
3-3 今日の製鉄法を支える技術体系……92
3-4 戦時統制下で生産拡大 日本鉄鋼業の変遷①……94
3-5 戦後復興から世界水準に 日本鉄鋼業の変遷②……96
3-6 第3次合理化期 日本鉄鋼業の変遷③……98
3-7 国際競争力の強化 日本鉄鋼業の変遷④……100
3-8 新技術の導入とオイルショック 日本鉄鋼業の変遷⑤……102
3-9 工程の連続化と直結化 日本鉄鋼業の変遷⑥……104
3-10 多様化と高級化への対応 日本鉄鋼業の変遷⑦……106
3-11 ゴーン・ショックが引き金 日本鉄鋼業の変遷⑧……108
3-12 生き残りをかけた挑戦 日本鉄鋼業の変遷⑨……110
コラム 鉄鋼会社がモデルの『大地の子』と『華麗なる一族』……112

第4章 鉄鋼業界の構造と特徴

4-1 鉄鋼業とは何か……114
4-2 鉄鋼業の産業分類……116
4-3 従業者数は減少傾向に　鉄鋼業の事業所・従業者数①……118
4-4 300人以上の企業の割合は2%
鉄鋼業の事業所・従業者数②……120
4-5 生産は2年ぶりの減少に
粗鋼生産と国内需要の規模……122
4-6 2年ぶり減少の鉄鋼輸出量　鉄鋼輸出入の規模……124
4-7 鉄鉱石、原料炭は輸入に依存……126
4-8 年間総輸送量は3億トン
大型船が支える鉄鋼業の物流……128
4-9 AIなど最新技術の積極導入……130
4-10 新卒採用は2年ぶりの増加……132
4-11 鉄鋼各社の経常利益は増加……134
コラム 人材養成で注目される日本古来のたたら製鉄法……136

第5章 主要企業の概要と動向

5-1 粗鋼生産量で国内首位、技術に定評（日本製鉄）……138
5-2 粗鋼生産量で国内2位（JFEスチール）……140
5-3 高炉国内3位で複合経営を推進（神戸製鋼所）……142
5-4 電炉の国内大手（東京製鐵）……144
5-5 日本製鉄系電炉の大手（合同製鐵）……146
5-6 電炉大手でH形鋼が主力（大和工業）……148
5-7 西日本の大手電炉メーカー（共英製鋼）……150
5-8 日本製鉄系電炉の中核（大阪製鐵）……152
5-9 世界最大級の特殊鋼専業メーカー（大同特殊鋼）……154
5-10 大型鋳鍛鋼で世界有数（日本製鋼所）……156
5-11 ワイヤロープ老舗で最大手（東京製綱）……158
5-12 表面処理鋼板が主力（淀川製鋼所）……160
5-13 ステンレス専業で高機能材に注力（日本冶金工業）……162
5-14 日本製鉄系の特殊鋼専業メーカー（山陽特殊製鋼）……164
5-15 自動車向け特殊鋼の大手（愛知製鋼）……166

5-16 溶接鋼管で国内首位(丸一鋼管) …… 168
5-17 日本製鉄系で鉄鋼メーカーの老舗(中山製鋼所) …… 170
5-18 東洋製罐直系のブリキ製造大手(東洋鋼鈑) …… 172
5-19 建機・自動車向け特殊鋼を生産(三菱製鋼) …… 174
5-20 神戸製鋼傘下の特殊鋼メーカー(日本高周波鋼業) …… 176
5-21 厚板専業で国内最大級の電気炉保有(中部鋼鈑) …… 178
コラム 製品のコスト低減に向けた中小需要家の不断の努力 …… 180

第6章 業界の課題と展望

6-1 地球温暖化対策を積極化 …… 182
6-2 循環型社会づくりを推進 …… 184
6-3 建設分野を中心に市場開発活動 …… 186
6-4 標準化活動を継続的に推進 …… 188
6-5 鉄鋼業界の課題認識と取り組み① …… 190
6-6 鉄鋼業界の課題認識と取り組み② …… 192
6-7 鉄鋼大手の対処すべき課題① …… 194
6-8 鉄鋼大手の対処すべき課題② …… 196
コラム 鉄鋼大手各社が賃金制度を刷新 電炉は働き方改革が進む …… 198

資料編

鉄鋼業界地図(概要) …… 200
鉄鋼製品一覧 …… 202
国別粗鋼生産量 …… 207
鉄鋼業の設備投資額推移(工事ベース) …… 208
鉄鋼業の労働時間と賃金水準 (鉄鋼業を100とした場合の比較 2022年) …… 208
参考文献 …… 209
索引 …… 210

第1章

鉄鋼業界の最新トピックス

日本の鉄鋼業界を取り巻く環境は、脱炭素化の時代を迎え、変化を余儀なくされています。それを端的に物語るのが、高炉から電炉への置き換えです。二酸化炭素（CO_2）削減に貢献する「グリーン鋼材」の普及も課題となっています。規模の面では中国に圧倒され、品質でも追い上げられているのが実情です。そうした環境下、この章では、国内外の鉄鋼業界でどんな動きが見られるのか、最新の動向を概観することにします。

Section
1-1
日本製鉄がUSスチールを買収

日本製鉄が2兆円に及ぶ米国の鉄鋼大手USスチールの巨額買収を決めました。日米連合で経済安全保障や脱炭素といった課題で協力し、総合力で「世界一」を目指すことになります。

粗鋼生産量は世界3位の規模に

日本製鉄は2023年12月18日、米国の鉄鋼大手USスチールを買収すると発表しました。買収額は約2兆円で、同社として過去最大級のM&A（合併・買収）です。鉄鋼業界として日米企業同士の大型再編で、粗鋼生産量は世界3位の規模となります。

日鉄はUSスチール株を1株55ドル（7810円）で全株取得し、完全子会社にします。12月15日終値は39ドルで、約4割のプレミアム（上乗せ幅）を付けるという契約。買収総額は141ドルで、買収資金は金融機関からの借入金で対応します。

USスチール買収の狙いについて同社は、次のように説明しています。

「米国鋼材市場は、輸出に存しない国内需要中心の供給構造であり、安価なエネルギー、世界経済の構造変化を背景に、エネルギーや製造業などの鋼材需要分野における米国内回帰の動きが顕著になっている。

米国鋼材市場は国内需要が今後も安定的に伸長すると見込まれていることに加えて、先進国最大の市場であり、高水準の高級鋼需要が期待できることから、当社の培ってきた技術力・商品力を活かせる地域である」

さらに、「本買収は、当社の海外事業戦略において合致するだけでなく、規模および成長率が世界的に見ても大きいインド、ASEANに加えて、先進国である米国に鉄源一貫製鉄所を持つことによるグローバル事業拠点の多様化からも、大きな意義のある投資と判断した。今後この3つのグローバル充填拠点の拡張・充実を目指す」ということです。

Column

USスチール　粗鋼生産量で米国有数の高炉・電炉一貫鉄鋼メーカー。自動車・家電・建材用などの薄板、エネルギー分野向け鋼管を米国と欧州（スロバキア）で製造・販売。高級鋼の生産が可能な先端的ミニミル、北米生産拠点で使用する鉄鉱石を時給できる鉱山などの有用資産を保有している。

■年間1億トンの粗鋼生産目標に迫る

USスチールは1901年の設立でペンシルベニア州ピッツバーグに本社を置いています。自動車や建設、家電向けなどに高付加価値の鉄鋼製品を提供すると共に、高度な鉄鉱石生産を維持し、年間粗鋼生産能力は2240万トンに上っています。

日本製鉄は海外事業を中長期的な成長の核と位置づけ、世界全体の粗鋼生産能力を1億トンに高める計画を持っています。今回の買収で日本製鉄グループの年間粗鋼生産能力は8600万トンに達する見通しで、同社の戦略目標への進捗を加速化することになりそうです。

今回の買収に際し、同社の橋本英二社長（当時）は、「米国における当社のプレゼンスをさらに強化し、USスチールの既存の労働組合との関係性を尊重。両社の強みを結集し協働することを楽しみにしている」とコメント。USスチールのデイビッド・ブリット社長兼CEOは、「本買収は当社の多大な価値を実現するものだ。USスチールと日本製鉄は顧客のニーズに対応できる能力と革新性を併せ持つ、真のグローバル鉄鋼会社を創出する」と期待を寄せています。

日本製鉄の課題と目標

	日本製鉄	USスチール
商品技術	◆自動車用鋼板（ハイエンド）、加工ソリューション ◆電磁鋼板（ハイエンド） ◆建材用高耐食めっき鋼板（ハイエンド） ◆ニッケルめっき鋼板	◆自動車用鋼板 ◆電磁鋼板 ◆建材用高耐食めっき鋼板
操業・設備技術	◆一貫品質・コスト改善技術 ◆省エネ技術 ◆自動化技術 ◆リサイクル技術	◆最新鋭の電炉ミニミル（電炉－薄スラブ連鋳－熱延プロセス） ◆高炉一貫製鉄所設備の保全技術
脱炭素技術	◆電炉プロセス技術（高級鋼の量産） ◆高炉水素還元技術 ◆鉄鋼製造プロセスにおける CO_2 排出削減量を割り当てた鉄鋼製品「NSCarbolex® Neutral」	◆電炉プロセス技術 ◆脱炭素原料製造技術 ◆ CO_2 排出を70~80%削減した鉄鋼製品「verdex$_{TM}$」

出所：「ニュースリリース U.S.Steel の買収について」（日本製鉄）

不透明要素　日本製鉄のUSスチール買収の実現には、スチール側の株主や規制当局の承認などの壁がある。反対声明を出している労働組合との対話など不透明要素も多い。バイデン大統領が大企業のM&Aを厳しく審査する姿勢を示していることも懸念材料となっている。

Section
1-2 製鉄の脱炭素化に支援を倍増

経済産業省は、水素を用いて二酸化炭素（CO_2）の排出を抑制する「水素還元製鉄」の開発に、2564億円の追加支援を行います。2040年代半ばとしていた実用化時期も40年までに前倒しします。

「水素還元製鉄」で4500億円

経済産業省は、製鉄工程で二酸化炭素（CO_2）の排出量を5割以上減らせる「**水素還元製鉄**」への開発支援額を約4500億円に倍増することを明らかにしています。2040年代半ばとしていた当初計画の実用化時期も5年程度前倒しします。国内産業で最も多くCO_2を排出する鉄鋼業界の脱炭素化を後押しする狙いです。

水素還元製鉄とは、鉄鉱石から鉄を取り出す製鉄の作業で現在の**コークス***（**石炭**）の代わりに水素を使い、CO_2の排出を減らす技術です。課題はコストといわれ、設備投資に費用がかかるほか、石炭と比べ水素は価格が高いのがネック。コストダウン化への取り組みが急がれます。

開発支援は、経産省が23年9月15日に開催した第18回産業構造審議会（グリーンイノベーションプロジェクト部会エネルギー構造転換分野ワーキンググループ）で方針が示されました。対象となるのは、日本製鉄やJFEスチール、神戸製鋼所に一般財団法人金属系材料研究開発センターを加えた**水素製鉄コンソーシアム**です。

当初の支援額は最大で1935億円でしたが、新たに2564億円を追加し、4499億円に倍増しました。解析精度を高めるため、試験炉の規模を実機の5分の一程度に拡大する費用に約2000億円を充当。**電気溶融炉**（**メルター**）について、製鉄プロセスにおける活用技術を開発する費用に230億円を充てるなどが、その主な内容です。

中国、インドなど世界で進む開発

水素還元製鉄などの脱炭素化に向けた革新的な技術開発

コークス　石炭もそのままでは使えない。不純物を除去して発熱量をより高め、ある程度の大きさの塊状に揃えるため、製鉄所内のコークス炉で蒸し焼きにする。こうしてできるのがコークスである。

は、中国をはじめとする世界各国で進められています。

そうした中にあって、わが国が競争を勝ち抜くためには、より実機に近い規模での実証試験実施による社会実装までのスケジュール加速、さらには、高品質と高生産性を両立可能な新技術の導入に向けた技術開発内容の拡充が必要、として開発支援額の増額を決めたものです。支援金は、脱炭素技術の開発促進のために設けた**「グリーンイノベーション基金」**から支出されます。

中国では、宝武鋼鉄集団八一鋼鉄が2020年7月から430立方メートルの小型試験高炉での試験を開始し、CO_2削減率21％以上達成を発表。23年6月に同技術を2500立方メートル規模の既存高炉に適用開始し、24年末頃の稼働を予定しています。

インドでは、タタスチールが23年4月に高炉実機への水素吹き込み試験を実施したと発表するなど、水素還元製鉄技術の開発が進んでいます。

欧州では、例えばドイツのティッセン・クルップが直接還元プラントと電気溶解炉を発注したことを公表しています。26年末に天然ガスによる操業を開始し、27年以降の100％水素直接還元を目指しています。

「水素還元製鉄」の開発支援額増額の概要

増額（億円）	現状の課題や対策の必要性（海外状況や試験内容の必要性など）
296	・酸素投入能力の増強、安全環境防災対策の追加等
1,172	・シミュレーション解析により、試験炉の規模が 1/5 未満では炉内の環境が大きく変化することが判明。精度の高い評価をするため、実機の 1/5 程度に規模拡大。
796	・シミュレーション解析により、反応の進行速度に差が生じることが判明。解析精度を高めるため、実機の 1/5 程度に規模拡大。
79	・試験電炉の性能強化、炉内センサー設備の追加、試験回数増等
230	・電気溶融炉（メルター）について、製鉄プロセスにおける活用技術を開発する。 ・欧州でも開発が進められており、直接還元プラントとの組み合わせによる実機実証の計画が公表されている。

※合計：2564
出所：「鉄鋼業のカーボンニュートラルに向けた国内外の動向等について」（経済産業省製造産業局金属課）

海外の水素還元製鉄　欧州では、天然ガスおよび高品位鉄鉱石（低品位鉄鉱石の利用には技術的課題がある）を用いた直接還元鉄生産プロジェクトが複数進行している。併せて、100％水素直接還元技術の開発を積極的に進めている。

Section
1-3 高炉から電炉プロセスへの転換

鉄鋼メーカーが二酸化炭素（CO_2）の排出量を減らすため、電炉の建設を検討しています。粗鋼生産量で国内首位の日本製鉄は、九州製鉄所八幡地区などを候補地に高炉から電炉に転換する検討を進めています。

■温室効果ガス46％削減に貢献

日本製鉄は、九州製鉄所八幡地区および瀬戸内製鉄所広畑地区を候補地とした高炉プロセスから電炉プロセスへの転換について本格検討を進めています。２０３０年の脱炭素目標を確実に達成し、政府の温室効果ガス46％削減の目標に貢献するためには、高炉から電炉への早期の転換が必要と判断したものです。

同社は、21年3月に公表した「日本製鉄カーボンニュートラルビジョン２０５０」において、「高炉水素還元」「水素による還元鉄製造」「大型電炉での高級鋼製造」の3つの超革新的技術を用いた**カーボンニュートラル***の実現を目指しています。

このうち、「高炉水素還元」については、22年5月から東日本製鉄所君津地区で試験高炉（12立方メートル）への高温水素吹き込み試験を開始。また、東日本製鉄所君津地区では稼働中の大型高炉実機（４５００立方メートル）を用いた実証試験を26年1月から開始します。

「水素による還元鉄製造」は、技術開発本部波崎研究開発センター（茨城県神栖市）に小型シャフト炉を設置し、水素で低品位鉄鉱石を還元する試験を25年度から開始するとしています。

「大型電炉での高級鋼製造」では、瀬戸内製鉄所広畑地区に新設した電炉による商業運転を22年10月から開始し、世界初となる電炉一貫でのハイグレード電磁鋼板の製造・供給体制を確立しています。24年度からは同波崎研究開発センターに小型電気炉（10トン）を設置し、試験を開始することになっています。

カーボンニュートラル　温室効果ガスの排出量と吸収量を均衡させること。2020年10月、政府は2050年までにカーボンニュートラルを目指すと宣言した。

電炉転換は高級鋼の量産拠点が候補

日本製鉄は、政府の「GX実現に向けた基本方針」の考え方に沿って、鋼材の安定供給を継続しつつ、研究開発の成果を他国に遅れることなく国内でいち早く社会実装することにより、産業の国際競争力を確保し、わが国の経済成長に貢献していくとの方針を示しています。

前述の3つの超革新技術の開発と実機化は、2050年のカーボンニュートラルに向けた具体的な取り組みです。その中で、まずは同社の30年の脱炭素目標を確実に達成するため、一部製鉄所の高炉プロセスから電炉プロセスへの早期転換を図ることにしたものです。

その転換の本格検討開始に当たり、同社は社内の検討体制を整備し、広く社外の関係先も含めた検討を加速化することを通じ、早期の実現を目指すとしています。電炉転換の候補となる2地区は、いずれも同社を代表する高級鋼の量産拠点であり、開発中の技術成果を結集し、高級鋼のカーボンニュートラル化に早急に取り組んでいく方針です。

電炉は自動車向けなどの高級鋼材の製造が難しく、現状の技術では高炉からの単純な代替が困難だといわれています。

日本製鉄の高炉から電炉プロセスへの転換

候補地

- 九州製鉄所八幡地区
- 瀬戸内製鉄所広畑地区

⇒ 早期の転換が必要

狙い

- 日本製鉄の2030年の脱炭素目標の確実な達成
- 政府の温室効果ガス46%削減目標への貢献
- 高級鋼のカーボンニュートラル化に早急に取り組む

出所：日本製鉄㈱のニュースリリース

GX実現に向けた基本方針　わが国の産業構造・社会構造をクリーンエネルギー中心へ転換する「グリーントランスフォーメーション（GX）」実現に向けた政府の基本方針。2030年度の温室効果ガス46%削減、2050年カーボンニュートラルの実現という国際公約を掲げている。

Section
1-4

「電磁鋼板」を増産、インドでも製造

JFEホールディングス傘下のJFEスチールは、西日本製鉄所倉敷地区で電気自動車のモーターなどに使う高性能材料「電磁鋼板」*を増産。インドでも電磁鋼板の製造販売会社を設立しています。

EVのモーター需要増に対応

JFEホールディングス(HD)傘下の**JFEスチール**は、西日本製鉄所倉敷地区(岡山県倉敷市)で電気自動車(EV)のモーターなどに使う高性能材料「**電磁鋼板**」を増産すると発表しています。約460億円を投じて生産設備を増強し、2026年度中の稼働を見込んでいます。

EVモーターには優れた磁気特性を持つ電磁鋼板が欠かせません。今回増産するのは、特にモーター中心部に使う「**無方向性電磁鋼板**」の高級品。高性能な電磁鋼板を使うことでモーターのエネルギー損失を抑えることができ、EVの航続距離の延長につながるといいます。

JFEは21年にも、西日本製鉄所倉敷地区で約490億円を投じてEV向け電磁鋼板の高級品の生産能力の増強をすると発表しています。24年度上期にEV向け電磁鋼板の高級品の生産能力を現在の2倍に引き上げる計画でした。今回新たに発表したのは26年度に向けた追加投資で、生産能力は現在の3倍に増える見通しです。

カーボンニュートラルに向けた取り組みが世界的に進む中、EV化に向けた動きが加速。EVの駆動モーターに不可欠な高級無方向性電磁鋼板の需要は、世界的な環境規制の強化に伴い、さらなる急伸が見込まれています。こうした背景からJFEは、高級無方向性電磁鋼板の供給体制を増強し、「伸び行く需要を確実に補足していく」としています。

インドに合弁設立し現地製造へ

高級鋼材の「電磁鋼板」についてJFEスチールは、製

電磁鋼板　鉄にSi(ケイ素)やAl(アルミニウム)などを添加した材料で、高磁束密度かつ低鉄損という優れた磁気特性を持つ。全方向にほぼ平均的に優れた磁気特性を有し、モーターなどの鉄心材料として用いられる無方向電磁鋼板と、変圧器などの鉄心材料向けの方向性電磁鋼板の2種類がある。

造会社をインドに設立することも明らかにしています。持ち分適用会社でインド鉄鋼大手のJSWスチールと折半出資。日本の鉄鋼需要が中長期的に縮小する中、成長市場のインド事業を強化する狙いです。JFEが電磁鋼板を海外で製造するのは初めてです。

合弁会社は、JSWのビジャヤナガール製鉄所があるインド・カルナタカ州ベラリー地区に設立。素材となる熱延原板をJSWのビジャヤナガール製鉄所で製造し、方向性電磁鋼板の一貫製造体制を構築する計画です。電磁鋼板のうち変圧器向けの製造設備を新設し、2027年度までにフル稼働させることを目指しています。

JFEとJSWは21年から電磁鋼板の製造を検討してきました。インドは人口増加に伴い発電設備が建設される見通しで、方向性電磁鋼板も中長期的な需要が期待されています。電磁鋼板を現地で製造することで、「よりグリーンな送配電インフラの整備に寄与し、インド経済の成長に寄与していく」方針です。

経済成長が進むインドでは鋼材需要も他国と比べて堅調に推移しており、現地生産化を推し進めていく方針です。

西日本製鉄所（倉敷地区）での「電磁鋼板」の設備増強概要

今回（2023年5月）決定 第Ⅱ期

投資総額	：約460億円
稼働時期（予定）	：2026年度中
製造能力（予定）	：電動車主機モータ用トップグレード無方向性電磁鋼板（NO）の製造能力を現行比3倍に増強（第Ⅰ期分含む）

参考：第Ⅰ期

総投資額	：約490億円
稼働時期（予定）	：2024年度上期
製造能力（予定）	：電動車主機モータ用トップグレード無方向性電磁鋼板（NO）の製造能力を現行比2倍に増強

インドで設立の新会社の概要

所在地	：インド／カルナタカ州ベラリー地区
製造品種	：方向性電磁鋼板（GO）
出資比率	：当社：50%、JSW Steel Limited：50%
稼働時期（予定）	：2027年度フル生産

出所：日本製鉄㈱のニュースリリース

世界のEV販売台数　調査会社の富士経済によると、世界のＥＶ販売台数は2035年に21年比で約12倍に増えると予測。EV向け電磁鋼板の市場も拡大するとみられ、鉄鋼メーカー各社は生産能力を段階的に増強する方針を打ち出している。

Section
1-5 JFEも電炉への転換を検討

JFEホールディングス傘下のJFEスチールは、2027年にも西日本製鉄所倉敷地区（岡山県倉敷市）の高炉一基を電炉に転換する検討を進めています。大型電炉を建設し、高級鋼材を製造する方針です。

脱炭素の設備投資に1兆円

JFEホールディングス傘下のJFEスチールは、岡山県の高炉1基を2027年にも大型電炉に転換する検討を進めています。電炉転換を検討するのは西日本製鉄所倉敷地区（岡山県倉敷市）の第2高炉。同高炉は今後5～6年で設備更新に入るタイミングですが、更新せずに休止します。

電炉は**鉄スクラップ**を主な原料とします。石炭による還元が必要なく、CO_2排出量は高炉と比べ4分の1以下に抑えることができます。JFEは30年度にCO_2を13年度比で3割削減する目標の達成に向けて、脱炭素の設備投資に1兆円規模が必要になるとの見通しも示しています。

同社は伊藤忠商事との間で不純物が少ない製鉄原料である**「低炭素還元鉄」**のサプライチェーン（供給網）構築に向けた事業化調査を実施することで合意したほか、還元鉄の生産に乗り出すことも発表しています。アラブ首長国連邦（UAE）に設立する合弁会社のもと25年度下期からの生産（年間250万トン）を目指す計画です。

電炉の原料である鉄スクラップには不純物が多く、これまで高炉で作ってきた自動車向けの高級鋼材の製造が難しいとされてきました。

しかし、原料に還元鉄を活用すれば不純物を減らすことにつながります。JFEはこうした新素材も活用し、新設する大型電炉では従来の電炉で製造できなかった幅広い種類の高級鋼を効率良く生産することを目指すとしています。

電炉は鉄鋼業界が排出するCO_2（国内産業部門の4割）を4分の1程度に抑えられるとの試算があります。

需給逼迫の懸念　電炉は将来の脱炭素への移行期に欠かせない手段だが、原料の鉄スクラップの需給逼迫が見込まれるなど懸念材料もある。鉄鋼業界は中長期的に高炉や直接水素還元向けの還元炉などを組み合わせて脱炭素化を実現する青写真を描いている。

電気炉の増強と導入の検討概要

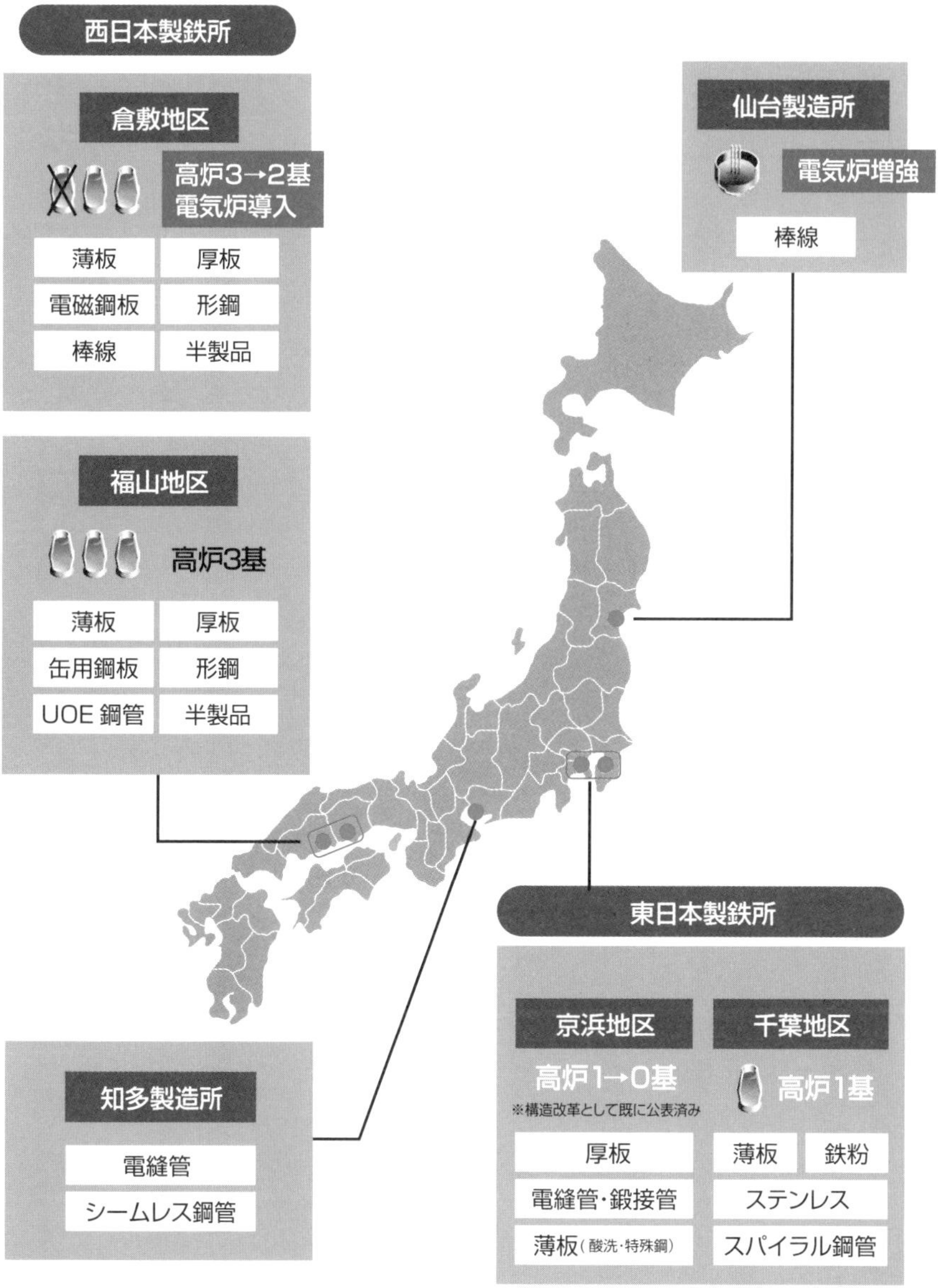

倉敷地区

高炉3→2基
電気炉導入

薄板	厚板
電磁鋼板	形鋼
棒線	半製品

福山地区

高炉3基

薄板	厚板
缶用鋼板	形鋼
UOE 鋼管	半製品

仙台製造所

電気炉増強

棒線

知多製造所

電縫管
シームレス鋼管

東日本製鉄所

京浜地区

高炉1→0基
※構造改革として既に公表済み

厚板
電縫管・鍛接管
薄板(酸洗・特殊鋼)

千葉地区

高炉1基

薄板	鉄粉
ステンレス	
スパイラル鋼管	

出所:『Environmental Vision 2050』(JFEスチール㈱)

世電炉の課題　電炉の課題は消費電力が大きいことで、大型ともなれば1基で原子力発電所の10分の1に相当するような電力を使うケースもある。消費電力を抑えるため、AI(人工知能)による電炉制御の実証実験を始めた製鉄所もある。

Section 1-6

活用広がる環境重視のグリーン鋼材

二酸化炭素（CO_2）排出量を実質ゼロとみなす「グリーン鋼材」の利用が広がっています。住友商事は10階建てのオフィスビルの開発で採用。国内海運8社も貨物船の建造で採用を決定しています。

住友商事がJFE製で25年に竣工

住友商事は、CO_2排出量を実質ゼロとみなす「**グリーン鋼材**」を使ったオフィスビルを開発すると発表しています。東京都内で2023年12月に着工し、25年3月に竣工する予定です。建設時のCO_2の総排出量を約3割減らせるとし、環境対応を重視する企業や投資家の購入を促す方針です。

国内鉄鋼2位のJFEスチールが製造するグリーン鋼材「**JGreeX（ジェイグリークス）**」を使います。グリーン鋼材は製造過程のCO_2の削減分を特定の鋼材に割り当て、CO_2排出量を実質ゼロとみなす仕組みです。

住友商事は10階建てのオフィスビル「水道橋PREX」（東京・文京区）でグリーン鋼材を採用します。不動産・建築業界における「JGreeX」の採用は初めてで、建設に必要な鋼材の半分に当たる200トンの使用を予定しています。

50年のカーボンニュートラルの実現に向け、国を挙げて**GX（グリーントランスフォーメーション）**が推進される中、不動産・建設業界においてもネットゼロに向けた取り組みが進められています。また、建築物の使用時の省エネ・創エネだけでなく、製造・建設から廃棄・リサイクルなどに至るライフサイクル全体のCO_2削減の重要性が高まり、**エンボディドカーボン***削減の動きも始まっています。

このため、鉄骨用の鋼材をはじめ建設資材においても、製造時のCO_2排出量が少ない製品のニーズが高まっており、グリーン鋼材の採用となりました。

同社は、グリーン鋼材の採用で販売価格が高くなっても収益性が良くなるため、需要は見込めると判断。今後はマンションなどにもグリーン鋼材を積極的に活用していく

エンボディドカーボン　建物やインフラの建設、改修に際して排出されるGHG（温室効果ガス）量を指す。建設活動に伴う環境への影響は運用開始前に固定される。このため、二酸化炭素換算値（CO2e）として報告される建設段階で排出されたGHGの総量を「エンボディドカーボン」と呼ぶ。

考えです。

国内海運8社も貨物船に採用

ＪＦＥスチールのグリーン鋼材は、川崎汽船や川崎近海汽船など国内海運八社が新規で建造を予定している**ドライバルク船**（乾貨物を大量に輸送する貨物船）に採用されることが決定しています。建造に使用する鋼材は、すべて製造プロセスにおけるCO_2排出量を実質ゼロとした「ＪＧｒｅｅＸ」の使用を予定しており、グリーン鋼材のみを使用した船舶は世界初となります。

カーボンニュートラル社会の実現に向けた取り組みが世界的に加速する中、国際海運の分野でもCO_2排出量削減に向けた対応が求められています。しかし、CO_2排出量が大幅に削減された鋼材を使用することへのニーズは高いものの、これまでそのコスト負担に関するビジネスモデルの確立が課題になっていました。

今回、ＪＦＥは海運会社と共に社会全体のCO_2削減に貢献する新たなビジネスモデルを世界に先駆けて構築しました。海運各社と船主より造船会社に対して鋼材の「ＪＧｒｅｅＸ」を指定、CO_2削減コストはサプライチェーン関係者が広く負担するというものです。

広がるグリーン鋼材「JGreeX」の利用

グリーン鋼材「JGreeX」
→ 住友商事が 2025 年 3 月竣工の東京都心の 10 階建てオフィスビル「水道橋 PREX」に採用
→ 国内海運 8 社（川崎汽船、川崎近海汽船など）や新規で建造予定のドライバルク船に採用

出所：JFE スチール㈱のニュースリリース

グリーン鋼材の市場　国際エネルギー機関（ＩＥＡ）の予測によると、グリーン鋼材の市場規模は２０５０年に約５億トンと、鋼材全体の４割にとどまる。製鉄会社は脱炭素技術の開発を急ぎ、供給量の拡大を目指している。

Section
1-7 東京製鐵が太陽光発電を有効活用

国内電炉最大手の東京製鐵は、再生可能エネルギーの有効活用を図るため、2030年までに夜間操業する電炉を全工場で平日昼間も稼働させる計画です。太陽光の発電量が増えているためです。

全工場で平日昼間も稼働目指す

国内電炉最大手の東京製鐵は、太陽光発電による電力が余りがちになる中、2030年までに夜間操業する電炉を全工場で平日昼間も稼働させる方針です。再生可能エネルギーの有効活用につなげるのが狙いです。

同社は、田原（愛知県）、岡山、福岡、宇都宮（栃木県）の全4工場で電炉を持ち、通常は電気代が安い平日夜間に操業し、平日昼間は稼働を止めています。このうち岡山工場の電炉で昼間に稼働する場合の人員配置や、どの程度の余剰電力を吸収できるのかなどのシミュレーションを始めています。田原や宇都宮工場の電炉でも検討を進め、30年までにすべての電炉で昼間稼働できる体制の構築を目指す方針です。

同社は21年2月、田原、福岡、宇都宮の3工場に屋根置き型の太陽光発電設備を設置し稼働を始めています。同年7月には岡山工場でも稼働を開始し、4工場で年間発電量は1020万キロワット・アワーの規模。全量を自社設備で使用し、**レジリエンス（強靭性／対応力）**＊の強化と再生可能エネルギーの活用促進を図っています。

すでに福岡工場では、日中の電力供給量が需要量を上回るため、電力会社からの要請に応じ、先行して一部で昼間に電炉を操業しています。

普通鋼の電炉業界は、単純計算で原発1基分の年間発電量を上回る電気を購入しているといわれています。大量に電力を使う需要家側の工夫が広がれば、再生可能エネルギー普及の一段の後押しにつながることになりそうです。ロボット産業でも、そのノウハウが活かせると考えられています。

電力多消費産業　電炉メーカーは、製鋼工程で膨大な電力を消費することから、「電力多消費産業」に分類される。こうしたことから、多くの電炉メーカーは電気炉を稼働させる時間帯を、電力料金が比較的安価な平日夜間や休日に集中させている。

2050年に向けたチャレンジの概要

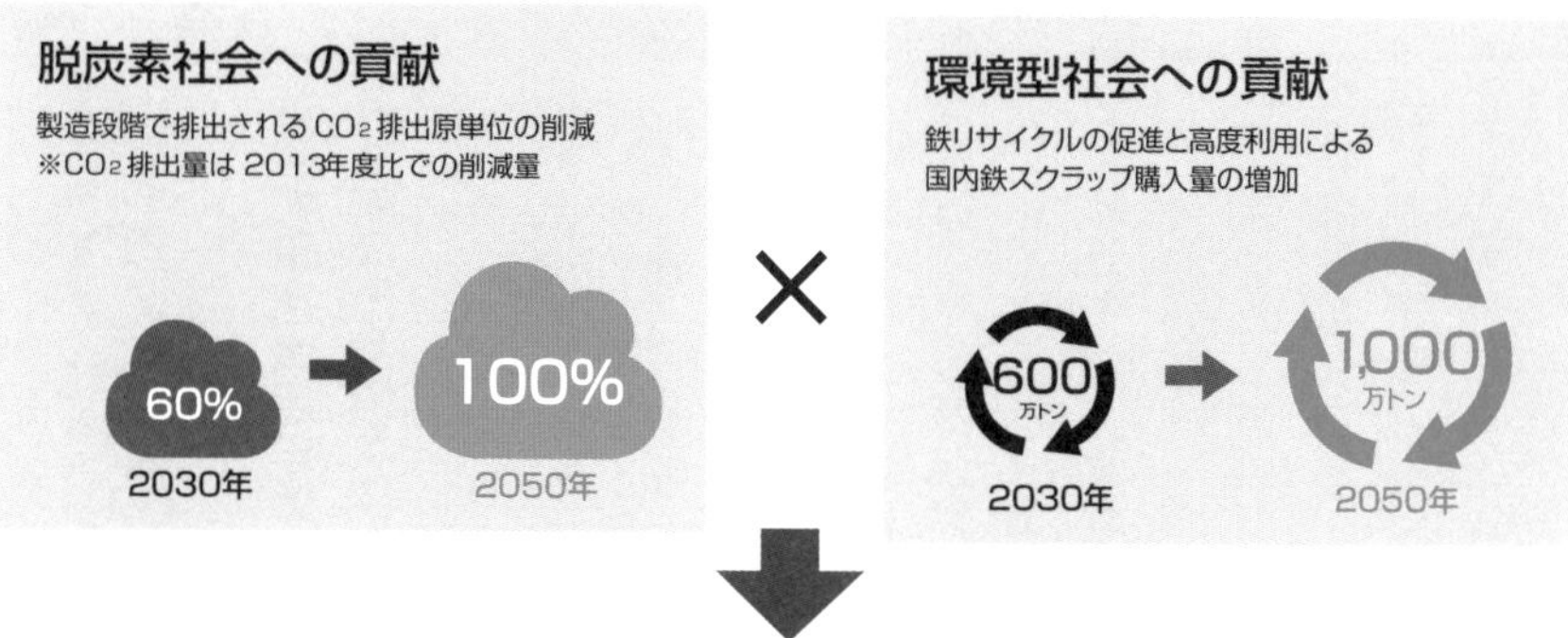

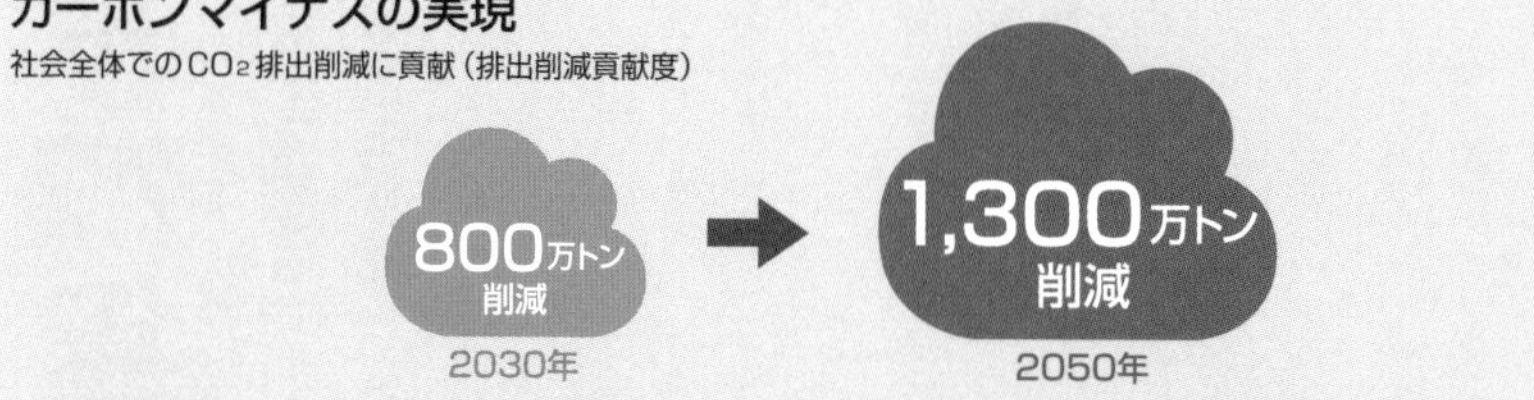

2030年 ▲1.4t-CO_2/t(高炉鋼材1.6t-CO_2/t-電炉鋼材0.2t-CO_2/t)×高炉鋼材代替数量600万t=約840万t
2050年 ▲1.3t-CO_2/t(高炉鋼材1.3t-CO_2/t-電炉鋼材0t-CO_2/t)×高炉鋼材代替数量1,000万t=約1,300万t

稼働中の太陽光発電設備

工場名	太陽光パネル発電容量(年間発電量)	稼働開始時期
田原工場	6,400kW(年間650万kWh)	2021年2月
岡山工場	700kW(年間90万kWh)	2021年7月
九州工場	800kW(年間80万kWh)	2021年2月
宇都宮工場	2,000kW(年間200万kWh)	2021年2月
合計	9,900kW(年間1,020万kWh)	-

出所:『総合報告書2022』(東京製鐵㈱)

電炉の操業 電炉の操業は時間帯が限られた中で行われているが、安価な平日昼間の余剰電力を活用することが可能となれば、生産量の拡大や省エネルギー化、さらに電力コストの低減にもつながる。

Section

1-8 呉の製鉄所が72年の歴史に幕

戦艦大和を建造した旧日本海軍の工場跡地に1951年に建設した、日本製鉄の瀬戸内製鉄所呉地区の全設備が休止。72年の歴史に幕を閉じました。国内鉄鋼業の縮小の動きが続いています。

国内鉄鋼業の縮小を象徴

日本製鉄の瀬戸内製鉄所呉地区（広島県呉市）の全設備が2023年9月30日に休止。72年の歴史に幕を下ろしました。

呉地区は戦艦大和を建造した旧日本海軍の工場跡地に建設され、日鉄に吸収された旧日新製鋼の主力製鉄所として地元経済を長く支えてきました。国内需要の減少など厳しい事業環境の中で、20年2月に閉鎖の方針を決め、21年9月に高炉を休止していました。

9月16日にはJFEスチールも川崎市にある東日本製鉄所京浜地区の高炉を休止しており、国内鉄鋼業の縮小を象徴する動きが続いています。需要が落ち込んでいる背景には、人口減少や販売先のメーカーによる海外での生産拡大があります。

日本製鉄は呉以外にも高炉の休止を進めています。20年時点で15基あった高炉数は、9月末現在11基。25年3月末に東日本製鉄所鹿島地区（茨城県鹿嶋市）でも1基を休止し10基体制とする計画です。これにより、同社の国内粗鋼生産能力は年間5000万トンから4000万トンに減少します。

今後は電気自動車（EV）の主要材料となる電磁鋼板や、軽くて強い**ハイテン**（**高張力鋼板**）といった高機能製品の生産を強化する計画です。

呉地区の高炉は、炉内容積が他の大型炉の半分以下で生産性が低かったのが実情です。原料となるコークスをつくる炉がなく外部から購入する必要があり、製造コストも高かったといいます。このため、他拠点で安価に代替が可能だったことが休止の主な理由です。

跡地の活用　呉地区の設備解体作業は10年ほどかけて行う。約130ヘクタール（東京ドーム28個相当）の跡地の利用方法は自治体などと協議中で、具体的な案は見えてこない。

国内高炉数は3分の1に減少

日本製鉄は、2020年3月期に4315億円の連結最終赤字（国際会計基準）を計上するなど、世界景気の減速による鉄需要冷え込みの影響を受けています。高炉の休止は、テコ入れを図る構造改革の一環で、呉地区の高炉のうち20年2月に一時休止し、21年9月に2基ともに稼働を完全休止していました。

瀬戸内製鉄所呉地区では、3年前に閉鎖が発表された時点で、協力会社を含めて合わせて3300人ほどが働いていたといいます。日本製鉄では配置転換などで雇用を維持するとしている一方、広島県の推計によると、離職者はおよそ1100人。このうち9割が再就職を決めたとみられます。

日本鉄鋼連盟の鉄鋼統計要覧などによると、需要が旺盛だった1970年末には高炉は国内に62基ありました。それが現在（23年9月末）は20基で3分の1程度となっています。脱炭素の流れも高炉には逆風となっており、高炉の数は一段と減少することになりそうです。

減少する日本製鉄の高炉数

瀬戸内製鉄所呉地区（広島県呉市）の全設備休止
（2023年9月30日）

11基
（2023年9月30日現在）

東日本製鉄所鹿島地区（茨城県鹿嶋市）で1基休止予定
（2025年3月末）

10基体制に

再開発の経験　日本製鉄は前身の新日本製鉄時代、堺製鉄所（堺市）の設備を休止して生まれた遊休地を企業用地などに再開発した経験がある。休止決定の翌年の1988年には開発基本構想を大阪府に提示し、89年には開発推進協議会を設立した。

Section

1-9 22年の国内粗鋼生産量は7・4%減に

2022年の国内粗鋼生産量は、自動車向け需要の低迷などが響き、21年比7・4%減の8923万トンと2年ぶりの前年割れ。また、同年の世界の粗鋼生産量は3・9%減の18億8540万トンで、15年以来7年ぶりの前年割れとなっています。

19年から4年連続の1億トン割れに

日本鉄鋼連盟が発表した2022年の国内粗鋼生産量は、21年比7・4%減の8923万5000トンでした。海外経済の減速や半導体不足による自動車生産の回復の遅れなどが響き、2年ぶりの前年割れとなりました。

粗鋼の生産量は国の経済活動と比例するとされ、19年まで1億トン前後の水準を維持してきました。しかし、新型コロナウイルス感染症の影響で大幅に落ち込んだ20年以来の9000トン割れとなりました。

21年こそ9634トンと1億トンに迫ったものの、1億トン割れは19年から4年連続です。脱炭素化などを背景に、日本製鉄など鉄鋼大手で高炉の休止や生産体制の再編が進んだこともあり、自動車向け需要が戻っても、生産量が1億トン台に戻るのは難しいとみられています。鉄鋼各社は少ない生産量でも利益を稼ぐ体質への転換を急いでいます。

鋼種別に見ると、自動車など製造業向けに主に使われる特殊鋼が8・9%減、建築・土木向けが多い普通鋼が6・9%減。転炉鋼は9・1%減、電気炉鋼は2・3%減でした。

一方、**世界鉄鋼協会**(**WSA**)が発表した22年の世界粗鋼生産量(世界64カ国)は、18億8540万トンと21年比で3・9%減。15年以来7年ぶりの前年割れとなりました。国別では、インドが1億2530万トンと6・0%増となったものの、主要国の減少が顕著になっています。

日本鉄鋼連盟は24年1月23日、23年の国内粗鋼生産量が23年比2・5%減の8700万トンだったと発表しました。5年連続の1億トン割れとなりました。

熱間圧延鋼材の生産　2022年の粗鋼生産のうち、熱間圧延鋼材の生産は、前年比6.8%減の7,866万トンとなり、2年ぶりの減少となった。このうち、普通鋼熱間圧延鋼材の生産は6.2%減、特殊鋼熱間圧延鋼材は9.0%減。

国内の粗鋼生産の推移

（前年比 増減率%）

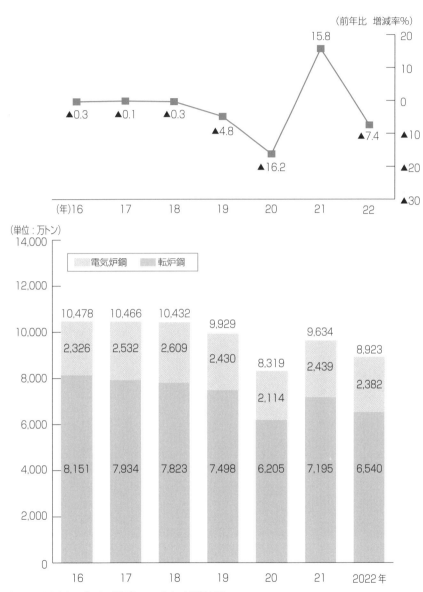

(年)	16	17	18	19	20	21	22
前年比 増減率%	▲0.3	▲0.1	▲0.3	▲4.8	▲16.2	15.8	▲7.4

（単位：万トン）

	16	17	18	19	20	21	2022年
電気炉鋼	2,326	2,532	2,609	2,430	2,114	2,439	2,382
転炉鋼	8,151	7,934	7,823	7,498	6,205	7,195	6,540
合計	10,478	10,466	10,432	9,929	8,319	9,634	8,923

出所：経済産業省／『日本の鉄鋼業 2023』（日本鉄鋼連盟）

世界のメーカー別粗鋼生産　2022年の世界メのーカー別粗鋼生産量では、トップ3年連続で中国の宝武鋼鉄集団。2位のアルセロール・ミッタル以下、鞍鋼集団、日本製鉄、江蘇沙鋼集団とトップ5社に変更はなかった。

Section
1-10 鋼材物流の24年問題への対応

物流の停滞が懸念される「物流2024年問題」への対応として、日本鉄鋼連盟は納入条件の緩和など3つの取り組みを公表し推進しています。鉄鋼製品の安定供給を将来にわたり持続可能にするためです。

日本鉄鋼連盟が三つの取り組み

日本鉄鋼連盟は、鋼材物流における2024年問題への対応を進めています。23年7月に次の3つの取り組みについて公表し、ユーザー団体に協力を呼びかけています。

1．納入条件の緩和
①前弘なオーダータイミングへの見直し（配車リードタイムの確保）
②納入時間の柔軟化・緩和（荷役・荷卸し待ち時間の抑制）
③納入ロットの拡大（積載率の向上）

2．トラック受け渡し条件におけるルールの再徹底
④トラック受け渡し条件におけるルールの再徹底
⑤ガイドラインに則ったさらなる付帯作業および荷待ち・荷役時間の削減

3．さらなる効率的運用に向けた従来からの商慣行の見直し
⑥出荷量の平準化
⑦納入タイミングの調整
⑧その他、個々の具体的な課題点の解決

同連盟会員事業者である鉄鋼メーカー（発荷主）で生産された鋼材は、物流事業者によってコイルセンターや問屋等のユーザー（着荷主）に運ばれます。鋼材物流でも荷積み・荷卸しに際して手待ち時間が発生しているなど、物流の円滑化に向けては様々な課題が存在しています。こうした実情から、3つの取り組みを公表し協力を呼びかけたものです。

発・着荷主の連携　鋼材輸送は特殊な形状の荷姿の重量物・長大物に合わせた輸送形態であり、制約が極めて大きい。このため、「2024年問題」に対応するには発荷主と着荷主が連携した上で、業界独自の取り組みが重要とされている。

「2024年問題」への3つの取り組み

1.納入条件の緩和

❶ 前広なオーダータイミングへの見直し（配車リードタイムの確保）

見直し例

✓製品輸送オーダータイミングを、製品到着期限の2日前から、5〜7日前に見直し

❷ 納入時間の柔軟化・緩和（荷役・荷卸し待ち時間の抑制）

見直し例

✓午前中の納入　✓ XX時〜XX時のレンジの中での納入

✓XX時までの納入（XX時間程度であれば遅れても構わない）

✓受入可能時間の拡大　✓ 受入準備を踏まえた時間でのオーダー

❸ 納入ロットの拡大（積載率の向上）

見直し例

✓小ロット・複数輸送を一括輸送に見直し

2.トラック受渡条件におけるルールの再徹底

❹トラック受渡条件におけるルールの再徹底。受渡条件『トラック持込乗渡（コード：35)』

受渡条件「トラック持込乗渡（コード：35)」では、基本的に、鋼材の荷卸作業は受入側で実施する作業となる。

❺ ガイドラインに則ったさらなる附帯作業および荷待ち・荷役時間の削減

3.さらなる効率的運用に向けた従来からの商慣行の見直し等

❻ 出荷量の平準化

見直し例

✓月末の集中輸送指示を分散化

❼ 納入タイミングの調整

見直し例

✓納入タイミングの融通が利くものについて、配車に余裕があるタイミングの納入

❽ その他、個々の具体的な課題点の解決

見直し例

荷待ち時間が長く発生する場合には、卸能力による制限など、個々の理由を洗い出し、発着荷主の対話のもとで対応方法を検討する。

出所：日本鉄鋼連盟のニュースリリース

荷卸し作業　クレーン・リフト操作、玉掛（含む補助)、開梱、バンド切断、マーキング、ラベル貼付、検収（受領印）など受け入れ側で実施する作業をいう。

Section

1-11 日鉄が鋼板特許の訴訟を放棄

日本製鉄はトヨタ自動車と三井物産に対する特許訴訟で請求を放棄しました。取引関係にある日本を代表する企業同士の異例の訴訟は約2年で終結。自動車と鉄鋼両業界の協力が不可欠という選択をしました。

宝山鋼鉄とは訴訟を継続

日本製鉄は2023年11月上旬、電磁鋼板で特許が侵害されたとしてトヨタ自動車と三井物産を訴えていた損害賠償請求を放棄し終了させたと発表しました。同じく訴えていた鉄鋼世界最大手の中国宝武鋼鉄集団の子会社、宝山鋼鉄とは引き続き訴訟を続けるとしています。

日鉄は21年10月、**ハイブリッド車**（**HV**）など電動車のモーター材料となる鉄鋼製品「無方向電磁鋼板」で自社の特許権を侵害されたとしてトヨタ自動車と宝山鋼鉄を東京地裁に提訴しました。

両社に損害賠償を求めると共に、トヨタ自動車には対象となる電動車の製造・販売差し止めの仮処分を申し立てました。日鉄は同年12月に取引に関わったとみられる三井物産も提訴しています。

日鉄は、請求放棄の終了に関するリリースで、「当社は、自動車業界をはじめ各ビジネスパートナーの皆さまと、脱炭素など様々な分野での共同の取り組みを今後、一層強化していく。また、技術開発の成果としての知的財産権を守り抜くと共に、良質な鉄鋼製品を世界に供給することで、社会の発展に貢献していく」とコメントしています。

カーボンニュートラルに向けた各国での競争が激しくなる中で、自動車と鉄鋼の両業界が強固に協力していくことが欠かせなくなっています。今回の訴訟は、日鉄が最重要顧客であるトヨタまで訴えたという異例の事態でした。しかし、鉄鋼や自動車業界を取り巻く環境は大きく変化。日鉄は、こうした環境の変化から、係争の継続は日本の産業競争力の強化にとって好ましくないと判断したとみられます。

パラメーター特許　日本製鉄の特許は、有用な磁気特性を持つ電磁鋼板の要件を満たす数値範囲を独自の数式で特定した「パラメーター特許」と呼ばれるもの。日鉄は、この特許の侵害を主張していた。

日本製鉄による特許訴訟の一部終了

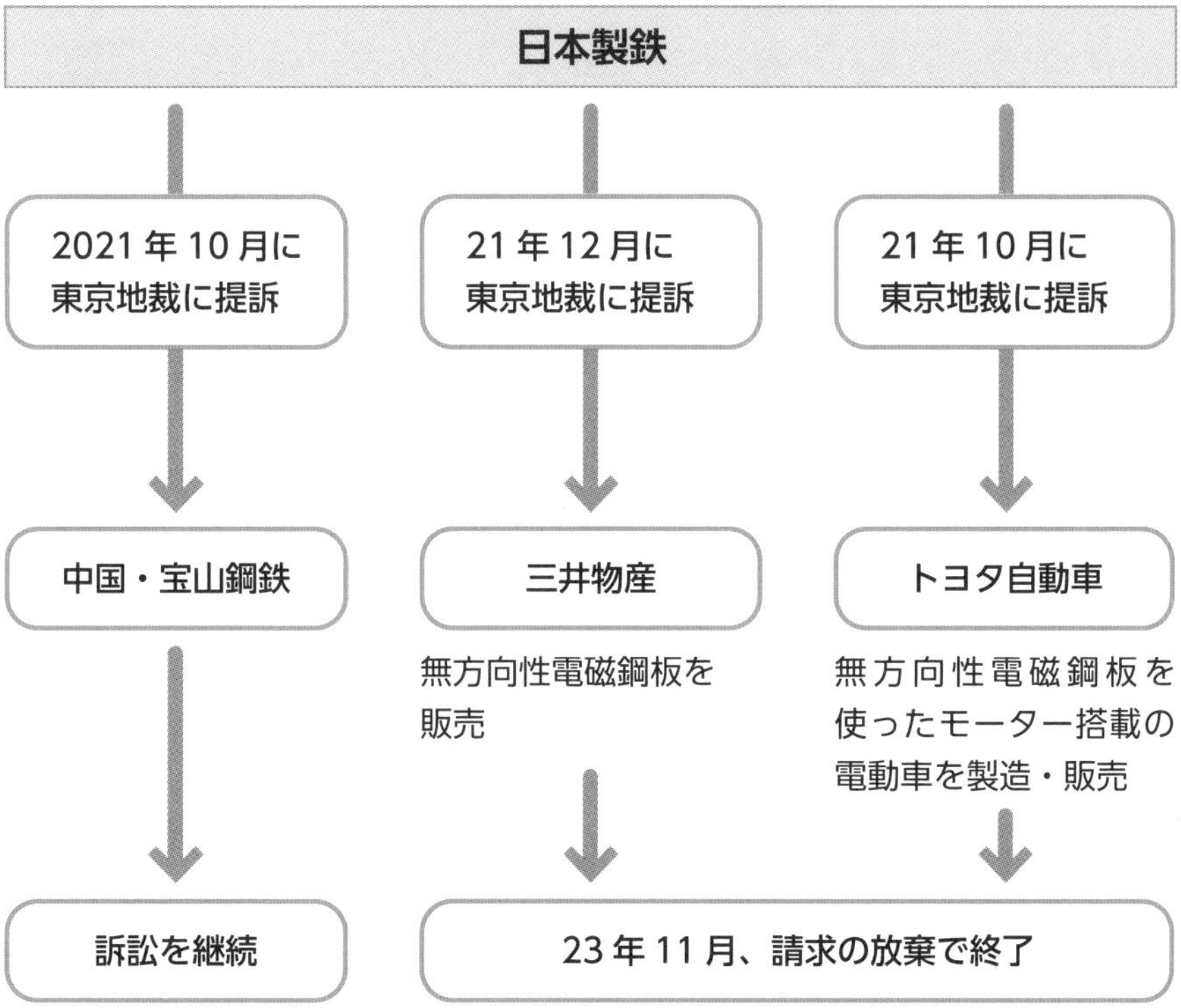

日本製鉄

2021年10月に東京地裁に提訴	21年12月に東京地裁に提訴	21年10月に東京地裁に提訴
中国・宝山鋼鉄	三井物産	トヨタ自動車
	無方向性電磁鋼板を販売	無方向性電磁鋼板を使ったモーター搭載の電動車を製造・販売
訴訟を継続	23年11月、請求の放棄で終了	23年11月、請求の放棄で終了

無方向性電磁鋼板とは

すべての方向に均一な磁気特性を有している。大型発電機やモーター類に使用する3%ケイ素の高級品種から、家電製品のモーターなどに使用する、ケイ素をほとんど含まない汎用品まで数多くある。最近は、OA機器のステッピングモーターなど、小型で精密なモーターへの需要が拡大している。
また、高周波特性に優れたり、高速回転機などで機械的強度を発揮する製品もある。

出所：日本製鉄㈱リリース／『鉄のいろいろ』（日本鉄鋼連盟）

真の狙い　日本製鉄にとって、中国宝山鋼鉄による侵害行為を止めたいというのが、特許訴訟の真の狙い、とみられる。しかし、仮に日本の裁判所で日鉄が勝訴しても、中国での執行は困難が予想されている。

Section

1-12 高炉工程でのCO_2排出量を25%削減

神戸製鋼所は高炉工程でのCO_2排出量を25%削減できる技術の実証に成功したと発表しています。実機大型高炉において、世界最高水準となる削減効果で、「極めて先進的な技術」です。

ミドレックスと高炉操業技術の融合

神戸製鋼所は2023年10月、エンジニアリング事業の**ミドレックス技術***と鉄鋼事業の**高炉操業技術**を融合し、加古川製鉄所の大型高炉（4844立方メートル）でCO_2排出量を25%削減できる技術の実証実験に成功したと発表しました。

21年2月に同社が公表した「KOBELCOグループの製鉄工程におけるCO_2低減ソリューション」での実証結果（CO_2削減約20%）を大幅に上回る世界最高水準の削減効果で、「極めて先進的な技術」（同社）としています。

実証実験は、23年4月から6月にかけて加古川製鉄所の大型高炉で約2カ月にわたって行われました。実証実験では、高炉に**ミドレックス・プロセス**（天然ガスを使った還元鉄製鉄法）の**HBI***を多量に装入し、高炉からのCO_2排出量を決定づける還元材比（高炉で使用する炭素燃料使用量：386キログラム／t-溶銑）に安定的に低減（CO_2排出量を従来比の25%削減）できることを確認しました。

同社は今後もCO_2排出量の更なる削減とCO_2削減コストの低廉化など、低CO_2排出高炉操業技術のブラッシュアップにチャレンジしていく構えです。また、自社のCO_2削減だけでなく、今回のソリューションをベースに、「全世界の高炉でのHBI装入によるCO_2削減が加速されるよう貢献していく」方針。

同社の生産プロセスにおける30年のCO_2排出削減目標は30〜40%（13年度比）。この実現に向けた取り組みを着実に発展させていくとしています。

神戸製鋼所は同月、社会全体のCO_2排出削減にどれだけ寄与したかを示す「削減貢献量」が22年度は21年度に比べて31%増えたと発表しています。

Term

ミドレックス技術　神戸製鋼所の100%子会社（Midrex Technologies,Inc.）が有する直接還元製鉄法に関する技術。

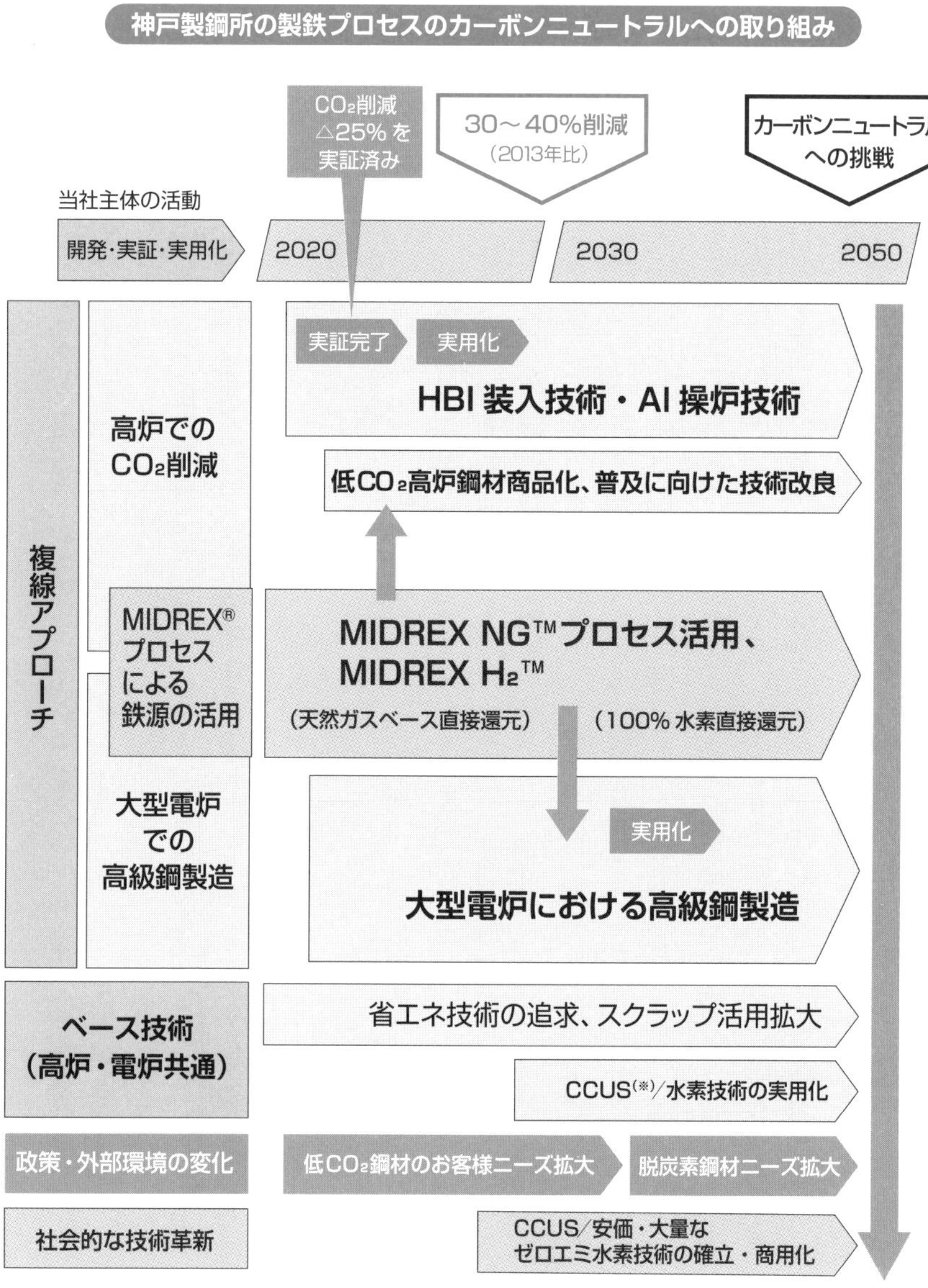

神戸製鋼所の製鉄プロセスのカーボンニュートラルへの取り組み

※CCUS：Carbon dioxide Capture, Utilization and Storageの略。分離・貯留したCO_2の利用

出所：㈱神戸製鋼所リリース

HBI Hot Briquetted Ironの略で、熱間成形還元鉄をいう。還元鉄はそのままでは長距離輸送に適さないため、還元炉より排出された高温の還元鉄をある程度の大きさの塊（Briquette）に押し固めたもの。

Section

1-13 市場に広がる「グリーン鋼材」

製造時のCO_2排出量が実質ゼロとなる「グリーン鋼材」の市場投入が活発化しています。国内で初めて商品化したのは神戸製鋼所ですが、日本製鉄やJFEスチール、東京製鉄も相次いで参入しています。

■自動車分野から他分野へ採用も

「グリーン鋼材」を市場に投入する動きが活発化しています。グリーン鋼材とは、鉄鋼メーカーが製造時のCO_2排出量が実質ゼロとなる鋼材で、排出削減効果を特定製品に割り当てる**マスバランス方式**＊などを活かした製品です。

国内で先駆けとなったのは神戸製鋼所です。同社は2022年5月、高炉品として国内で初めてCO_2排出量を大幅に低減した「**Kobenable Steel**（**コベナブルスチール**）」を商品化しました。同年6月には、トヨタ自動車の競技車両「**水素エンジンカローラ**」＊のサスペンションメンバーに採用されました。

トヨタ自動車は、21年5月よりスーパー耐久シリーズに水素エンジンを搭載した競技車両で参戦しています。競技車両は、モータースポーツの厳しい環境に対応することが必要であり、素材に関しても高い品質が求められます。コベナブルスチールは、「CO_2削減効果だけでなく、素材に対する高い要求品質にも対応可能な商品」と神戸製鋼所はアピールしています。

コベナブルスチールは、同社の加古川製鉄所と神戸線条工場で製造しているすべての薄板、厚板、線条製品が対象です。

従来と同等の品質が維持できることから、同社が強みとする特殊鋼線材、超ハイテンなどの高品質が要求される高炉材についても使用できるといいます。また、自動車分野だけでなく、他分野の多くの顧客からも問い合わせが殺到しているのが現状です。

マスバランス方式　製品の製造工程において、ある特性（例：低CO2品）を持った原料と、そうでない原料とが混在する場合に、その特性を持った原料の投入量に応じて、製品の一部に対してその特性を割り当てる手法。

カギとなる開発コストの価格転嫁

グリーン鋼材は、日本製鉄やJFEスチールも23年度上期に発売しています。両社は鉄スクラップを電気で溶かす電炉の利用を広げ、CO_2排出削減効果をマスバランス方式で活用するというものです。電炉最大手の東京製鉄も大成建設と組んでCO_2排出ゼロの建設用鋼材の生産に乗り出しています。

調達する電力を再生可能エネルギー由来に切り替え、8割の排出を減らす一方、残りの2割は大成建設が植林などで減らしたCO_2排出量と相殺するという仕組みです。

普及のネックとなっているのは価格です。神戸製鋼所のコベナブルスチールは、通常の鋼材の2~3倍とされています。脱炭素化で投資コストも操業コストも高まるのは必然でしょう。

カギとなるのはグリーン鋼材の価格転嫁です。鉄鋼メーカーが技術開発にかけた経費が適切に販売価格に上乗せできなければ、脱炭素への投資が難しくなる可能性があるのはいうまでもありません。

神戸製鋼所の「コベナブルスチール」の製造工程

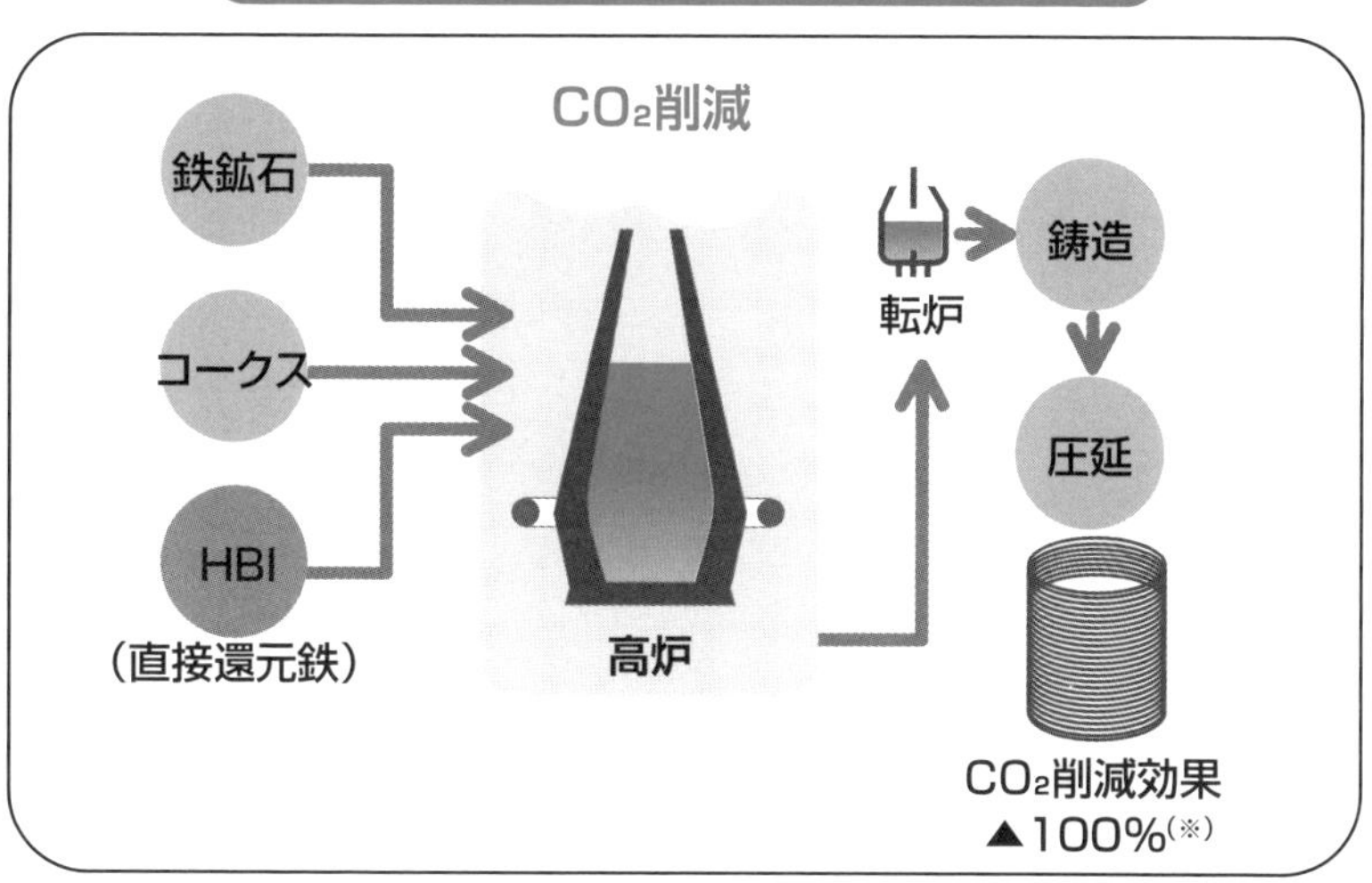

※CO_2削減効果は製造工程で得られたCO_2削減効果を特定の鋼材に割り当てる「マスバランス方式」を採用している。
出所：㈱神戸製鋼所リリース

水素エンジンカローラ　トヨタ自動車がカーボンニュートラルなモビリティ社会実現に向けて開発中の水素エンジンを搭載した車両。モータースポーツに投入することで、開発を加速させている。

Section
1-14 苦境続く中国の鉄鋼業界

住宅など不動産投資の低迷で中国国内の鋼材需要が落ち込み、在庫の余剰感が強まっています。これを受けて、生産抑制の動きが広がっています。鉄鋼業が多く、業界再編の動きも活発化しています。

過当競争で急務の産業構造改革

世界最大の鉄鋼生産国である中国で生産抑制の動きが広がり、苦境が続いています。中国では製鉄企業が乱立し、供給過剰が強まっていることに加え、住宅など不動産投資の低迷で鋼材需要が落ち込み、在庫の余剰感が強まっていることも要因です。

中国の粗鋼生産量は世界でも最大市場ですが、2021～22年は全体の粗鋼生産量で減産しています。23年の中国の粗鋼生産は4年ぶりに10億トンの大台を割り込むとみられています。新型コロナウイルス感染を抑え込む「ゼロコロナ政策」が1月に終了し、中国の鉄鋼メーカー各社は年初から春にかけて生産を拡大しました。

しかし、中国国内の鋼材消費の6割を占める建設関連でも住宅投資などが低調で盛り上がりを欠きました。自動車や家電など製造業の戻りも鈍かったのが実情です。期待先行の増産で鋼材需給は緩み、鋼材価格は下落しました。鋼材市況の悪化からメーカー各社の収益も圧迫され、官民を挙げて減産を進めているというわけです。メーカー数が多く、過当競争に陥りがちな産業構造の改革が急務となっています。

供給過剰感が強まっていることを受けて、中国の鉄鋼業界では再編の動きも活発化しています。粗鋼生産量で世界3位の鞍鋼集団は中堅の鉄鋼会社を買収し、生産量を拡大。粗鋼生産量の世界順位を7位から3位に引き上げています。

世界シェア1位の中国宝武鋼鉄集団もM&Aを積極化しています。中国の鉄鋼企業数は多く、今後5～10年間は再編が続くとみられています。

Column

混戦模様　世界鉄鋼市場の上位勢は混戦模様。欧州企業のアルセロール・ミタルは2020年に宝武鋼鉄集団に抜かれ、世界2位に陥落した。22年の粗鋼生産量は19年比で29%も減り、鞍鋼集団に猛追されている。

中国の粗鋼生産量の推移

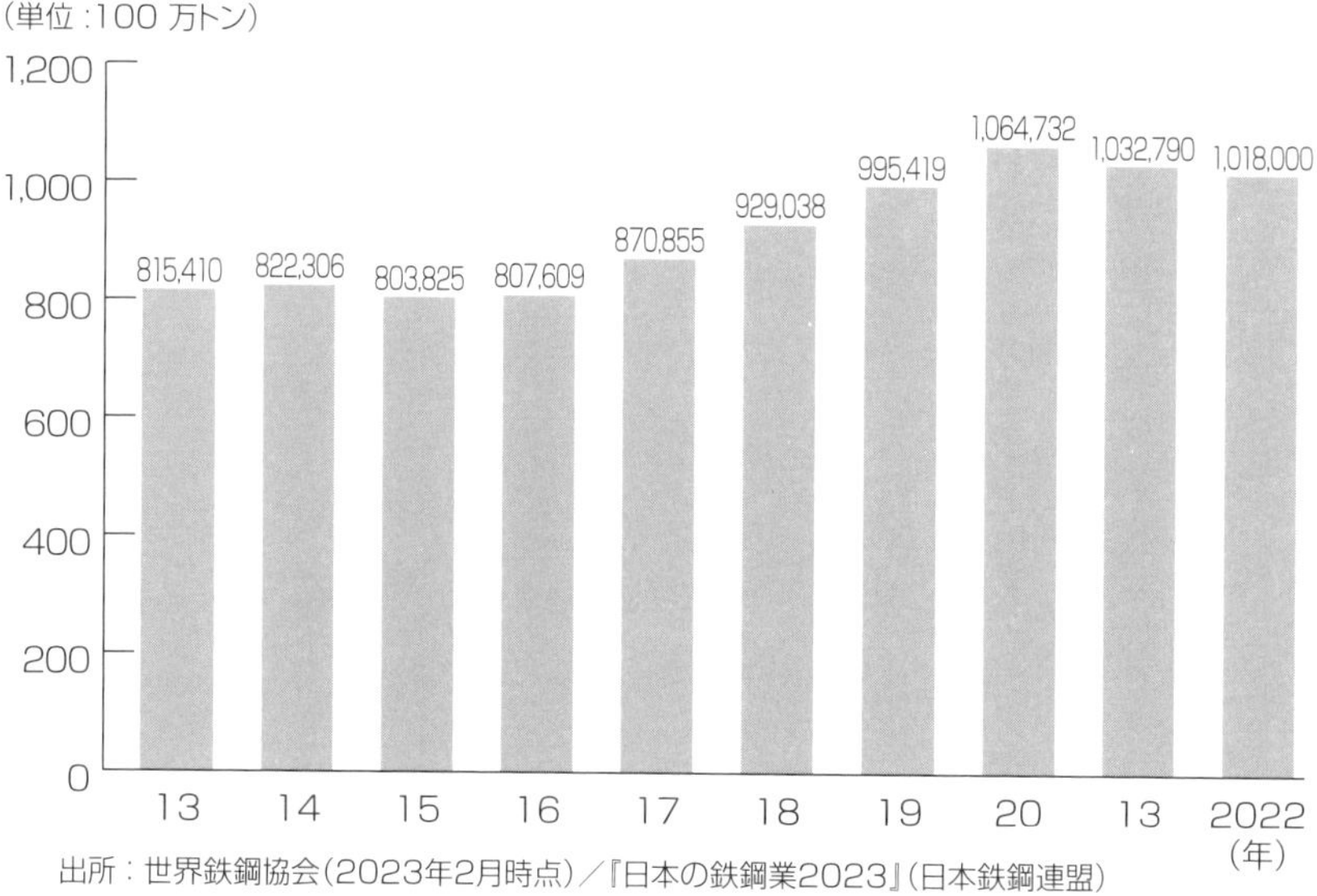

出所：世界鉄鋼協会（2023年2月時点）／『日本の鉄鋼業2023』（日本鉄鋼連盟）

再編の動きが活発化する中国の鉄鋼業界

鞍鋼集団 ➡

- 凌源鋼鉄集団（遼寧省朝陽市）の株式を買い取り、筆頭株主として実質的な支配権を握る（2023 年 6 月）
- 本鋼集団（遼寧省本渓市）に 51% 出資（2021 年 10 月）

中国宝武鋼鉄集団 ➡

- 馬鋼集団（安徽省）に 51% 出資（2019 年）
- 太原鋼鉄集団（山西省）に 51% 出資（2020 年）
- 新余鋼鉄集団（江西省）に 51% 出資

5割超　中国の粗鋼生産量は世界全体の5割超を占める最大市場で、2020年は過去最高を記録した。競合企業の乱立による余剰な生産能力を背景に、中国政府は再編の旗を振っている。

Section
1-15 脱炭素に向けて成長投資

ＪＦＥホールディングスは、公募増資と新株予約権付社債を組み合わせて約２１００億円の資金調達を発表しています。温暖化ガス排出の少ない電炉の導入など、大規模な脱炭素関連の投資に充当します。

■ＪＦＥが２１００億円を調達

鉄鋼業界で脱炭素に向けた巨額投資の資金調達が顕在化しています。ＪＦＥホールディングスは２０２３年９月に総額約２１００億円の資金調達を発表しています。公募増資と新株予約権付社債（転換社債＝ＣＢ）を組み合わせて調達するものです。増資とＣＢはいずれも割当先は海外投資家に限定しての調達です。

増資で調達する約１２１５億円のうち約９５０億円を、電気自動車（ＥＶ）の普及で需要が旺盛な高性能鋼材「電磁鋼板」の生産能力増強投資に充てることにしています。また、約１５０億円はインドにおける電磁鋼板の製造、販売を手がける合弁会社の投融資に充当します。

ＣＢで調達する約９００億円は、東日本製鉄所千葉地区（千葉市）で進めるステンレス用電気炉の新規導入費用や、カーボンニュートラル（ＣＮ）関連投資などに充当します。

同社は、グリーントランスフォーメーション（ＧＸ）戦略を強力に推進しています。具体的なＧＸ戦略として、「２０５０年の鉄鋼製造プロセスのＣＮの実現」と「社会全体のCO_2削減に貢献する事業の拡大」を掲げています。

前者では、30年に向けた投資計画として、西日本製鉄所倉敷地区での高効率・大型電気炉の新設など、１兆円規模の投資が必要になると見込んでいます。後者では、世界的なＥＶの普及や新興国における電力需要の拡大に伴い、電磁鋼板の需要急増が見込まれるため、継続的な投資を続けていくことが必要としています。

ＪＦＥは30年度に13年度比でCO_2排出量を３割以上削減する計画を明らかにしています。

海外募集　JFEホールディングスによる増資とCBはいずれも海外市場の投資家のみを対象としている。「当社の投資家層の多様化を図る観点から」（同社）と説明している。

JFE ホールディングスの脱炭素化の資金調達

増資等 ➡約 1,215 億円

- 約 490 億円　～　倉敷地区での無方向性電磁鋼板の生産能力増強第Ⅰ期工事（2024 年 9 月末まで）
- 約 460 億円　～　同第Ⅱ期工事（2027 年 3 月末まで）
- 約 150 億円　～　インドでの方向性電磁鋼板の製販を手がける合弁会社の投融資

新株予約権付社債（転換社債：CB）の発行 ➡約 900 億円

- 約 150 億円　～　千葉地区でのステンレス用電気炉の新規導入投資（2026 年 3 月末まで）
- 約 750 億円　～　CN 関連投資（2028 年 3 月末まで）など

出所：JFE ホールディングス㈱リリース

大規模な脱炭素関連の投資に充当します。

脱炭素投資　脱炭素投資でJFEホールディングスは2030年度までに1兆円、日本製鉄は50年度までに4兆～5兆円が必要と試算している。業界全体では10兆円が必要とされている。

Section

1-16 和鉄の特性を現代技術で再現

日本古来のたたら製鉄法で製造した、和鉄の特性を現代の技術で再現した鋼材が、竹中工務店と日鉄テクノロジーの共同開発で誕生。重要文化財の太宰府天満宮本田の修理工事に初めて適用されています。

太宰府天満宮の保存修理工事に適用

竹中工務店と日鉄テクノロジーは、和鉄の特性を現代の技術で再現した鋼材を共同開発、太宰府天満宮の保存修理工事に初めて適用したと発表しました。

和鉄は、砂鉄と木炭を原料に「**たたら製鉄法**」によって得られた鉄（ずく）・鋼・鉄の総称です。たたら製鉄法は、日本において古代から近世にかけて発展し、砂鉄や鉄鉱石を粘土製の炉で木炭を用いて比較的低温で還元する製鉄法です。純度の高い鉄を生産できるのが特徴です。

江戸時代末期まで国内の木造建築に使われていた和鉄は、錆びにくく接合が容易であるという特徴を有し、現代鋼で代替することはできないとされてきました。

しかし、たたら製鉄法は明治時代に入って衰退し、和鉄の供給は刀剣用を中心に、ごく少量に限られるようになりました。このため、近現代では建築用途として入手困難な和鉄に代わり、一般構造用圧延鋼材や鉄線などが用いられてきました。

両社が共同開発した和鉄「**REI-和-TETSU**（れいわてつ）」は、たたら製鉄法の成熟期である江戸時代のものを中心とした和鉄の特性を最新の技術で分析・評価し、その成分組成を忠実に再現した鋼材です。2020年1月から22年12月にかけて企画、開発および活用について検討を進めてきました。

重要文化財の太宰府天満宮末社志賀社本殿では、REI-和-TETSUでつくった7枚の八双金具と、448本の鋲釘を桟唐戸（正面扉）に、七本の刀釘を高欄隅部に、9本の鋲を高欄架木にそれぞれ適用しています。

和釘　軸全体が角錐状で、一本一本手で叩いてつくられる鍛造釘。

江戸時代の和鉄の特性を引き継ぐ

REI-和-TETSUは、現代の鋼材に比べて鉄の純度が高く、耐食性や柔軟性に優れた特性を有する江戸時代の和鉄の特性を引き継いでいます。しかも安定供給が可能な鋼材として、主に文化財建造物の保存修理工事や伝統木造建築の復元工事での活用が期待されています。

文化財建造物の保存修理工事や伝統木造建築の復元工事では、できる限り往時を継承した技術や材料を用いることが求められており、和鉄を材料とする**和釘**＊や金物類も例外ではありません。和釘は、表面を覆う錆が木材の中で使用年数と共に強固な酸化被膜を形成し、内部の鉄を保護して錆びの進行を抑制します。

こうした特性をもとに開発したREI-和-TETSUは、和鉄の成分組成をほぼ踏襲しつつ、「微調整を加えた現代の製鋼技術で和鉄として再現した」といいます。大宰府天満宮では、「木造建造物の維持管理が困難になっている中で、伝統とテクノロジーの融合を経て生まれた新技術により、建物をより良い形で未来へ引き継いでいけるのはとても有意義」と話しています。

江戸時代を中心とした和釘の使用年数と耐食性の関係

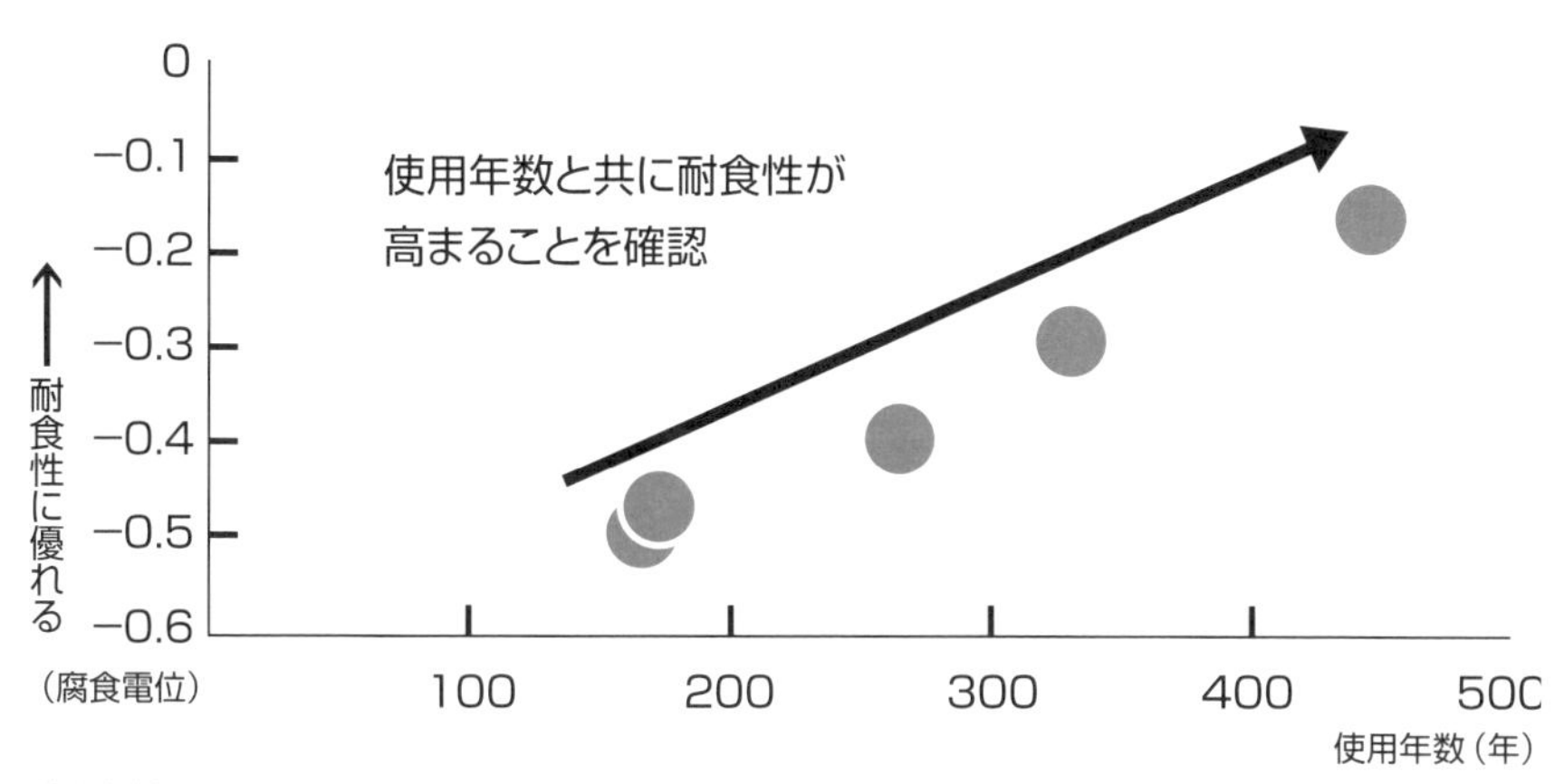

注）安土桃山〜江戸時代の和釘をもとに分析

出所：㈱竹中工務店・日鉄テクノロジー㈱リリース

往時の継承　ICOMOS(International Council on Monuments and Sites：国際記念物遺跡会議)「歴史的木造建造物保存のための原則」(1999年)に従うこととされ、同樹種・同品質・同技術での修理が原則要件。

Column

空振りに終わった「ベストワンへの挑戦」

手元に、かつて筆者が取材・執筆に関わった、ある鉄鋼会社の記念誌があります。『挑戦　ベストワン　トーア・スチール10周年記念誌』と題したA4サイズの冊子です。全ページ（96ページ）カラー印刷で、発行は1998（平成10）年3月31日。いまから21年前、総合電炉メーカーだったトーア・スチールが発行した記念誌です。

記念誌には、10周年を一区切りにそれまでの企業の軌跡を振り返り、同時に次の時代に向けた飛躍への決意を示す意味合いがあります。しかし、発行からわずか1年後の99年3月末、経営破綻（負債総額約2500億円）を余儀なくされて会社解散、NKKグループ（現JFEホールディングス）に営業譲渡しています。

トーア・スチールは87（昭和62）年10月、当時の日本鋼管系の電炉メーカー、東伸製鋼と吾嬬製鋼所の合併により誕生しました。その後、業績を伸ばしたもののバブル崩壊後の鋼材需給環境の悪化と、鹿島製造所の稼働に伴う固定費の負担増により一転して厳しい収益状況となりました。日本鋼管が第三者割当増資を引き受けるなど支援したものの、「予想を超える経済環境の悪化」（98年9月4日付のニュースリリースより）から自力再建を断念、会社解散になったという経緯があります。

取材では、同社の姫路製造所や鹿島製造所、仙台製造所を訪ね、電炉で鉄スクラップが溶解される現場などを目の当たりにしました。オレンジ色に燃え盛る電気炉や、出鋼されたばかりの熱い鋼材が鋳造機に流れていく様は圧巻。まさに「鉄は国家なり」を実感したものです。

もっとも、「新生トーアは、いま“第二の創業期”を迎え、『ベストワンへの挑戦』を合言葉に力強く歩んでいる」という記念誌の宣言どおりにはいかずに経営破綻してしまいました。鉄鋼業を取り巻く環境の厳しさを物語っています。

国内の鉄鋼業は、中国勢の台頭や保護主義の先鋭化という逆風が強まっています。1年先を予測するのも困難な状況にあるといっても過言ではないでしょう。

第2章

鉄と鉄鋼業界の基礎知識

鉄は私たちにとって身近な物質です。現代社会を構築しているハードの多くは鉄によって形づくられ、鉄の大きな恩恵を受けています。その鉄にも様々な種類があります。この章では、鉄の基礎知識について、また業界について概観していくことにします。

Section

2-1

鉄鋼は銑鉄と鋼に分類される

鉄は銑鉄(せんてつ)と鋼(はがね)に大別することができ、つくり方にも違いがあります。豊富な資源量や高い加工性など、他の金属や基礎素材に対して優位性、必要性が国際的視野で改めて再認識されています。

最先端のハイテク産業に様変わり

人の顔かたちや性格は多彩で、実にバラエティーに富んでいます。鉄も同様です。ひと口に鉄といっても軟らかい鉄もあれば、硬い鉄もあるのです。鉄は正確には「鉄鋼」と呼ぶべきですが、その鉄鋼は「鉄を主成分とする金属材料の総称」(日本大百科全書)を指しています。そして、その中に含まれるいろいろな金属元素の割合や使用目的によって細かく分類されています。

大きくは、**銑鉄**＊と**鋼(はがね)**＊に分けることができます。鉄には炭素(C)が含まれており、この含有量が多くなるほど鉄は硬くなり、脆(もろ)くなります。逆に、炭素の含有量が少なくなるほど軟らかくなり、粘りが出てきます。一般的に炭素含有量が1.7%以上の鉄を銑鉄、0.03%から1.7%未満までの鉄を鋼と呼んでいます。

つくり方にも違いがあります。鉄鉱石と原料炭を蒸し焼きにした**コークス**を溶鉱炉(高炉ともいう)に入れて高温の空気を吹き込み、還元・溶解して取り出したものが銑鉄です。さらに、この銑鉄を製鋼炉(転炉や電気炉)に移し、高温で溶かしながら鉄の中の炭素含有量を減らしたり、ある種の金属元素を添加したり不純物を取り除いたものが鋼です。

しかも、こうした炭素や他の金属元素の含有量は、コンピュータ制御によってppmのオーダー(100万分の1=1立方メートルの中の1ccの分量に相当)で精緻にコントロールされ、様々な性格を持つ鋼につくり分けられています。

その意味で、今日の鉄鋼業はひと昔前とは比べものにならないほど技術革新が進展し、最先端のハイテク産業に様変わりしているといってもいいでしょう。

銑鉄　炭素含有量1.7%以上。鉄鉱石を溶鉱炉で還元・融解してつくる。一般的には、炭素含有量が3.5〜4%程度で、硬くて脆く、強く叩けば割れやすいという性質を持っている。ほとんどが製鋼用に使われるが、一部は鋳物用原料にもなる。

安価で大量生産が可能など多くの利点

最新技術でつくられたこれら鉄鋼材料は、安価な製造コストで大量生産が可能なことに加えて、豊富な資源量や高い加工性、リサイクルが容易など多くの利点があります。地球環境保護の観点からも他の金属や基礎素材に対する優位性、必要性が国際的視野で改めて再認識されています。

鉄鋼業では「粗鋼生産」という言葉がしばしば使われます。これは、最終製品に圧延や鍛造などの加工を施す前の鋼塊の合計のことで、半製品ベースでの鉄鋼生産量を示しています。

「粗鋼」というのはあくまでも統計用語で、鉄鋼生産高の代表値として用いられています。実際に粗鋼という商品があるわけではなく、統計上、便宜的に使用される言葉です。

「粗鋼」はあくまでも統計用語で、鉄鋼生産高の代表値。統計上、便宜的に使用される言葉です。

鉄鋼の製造法

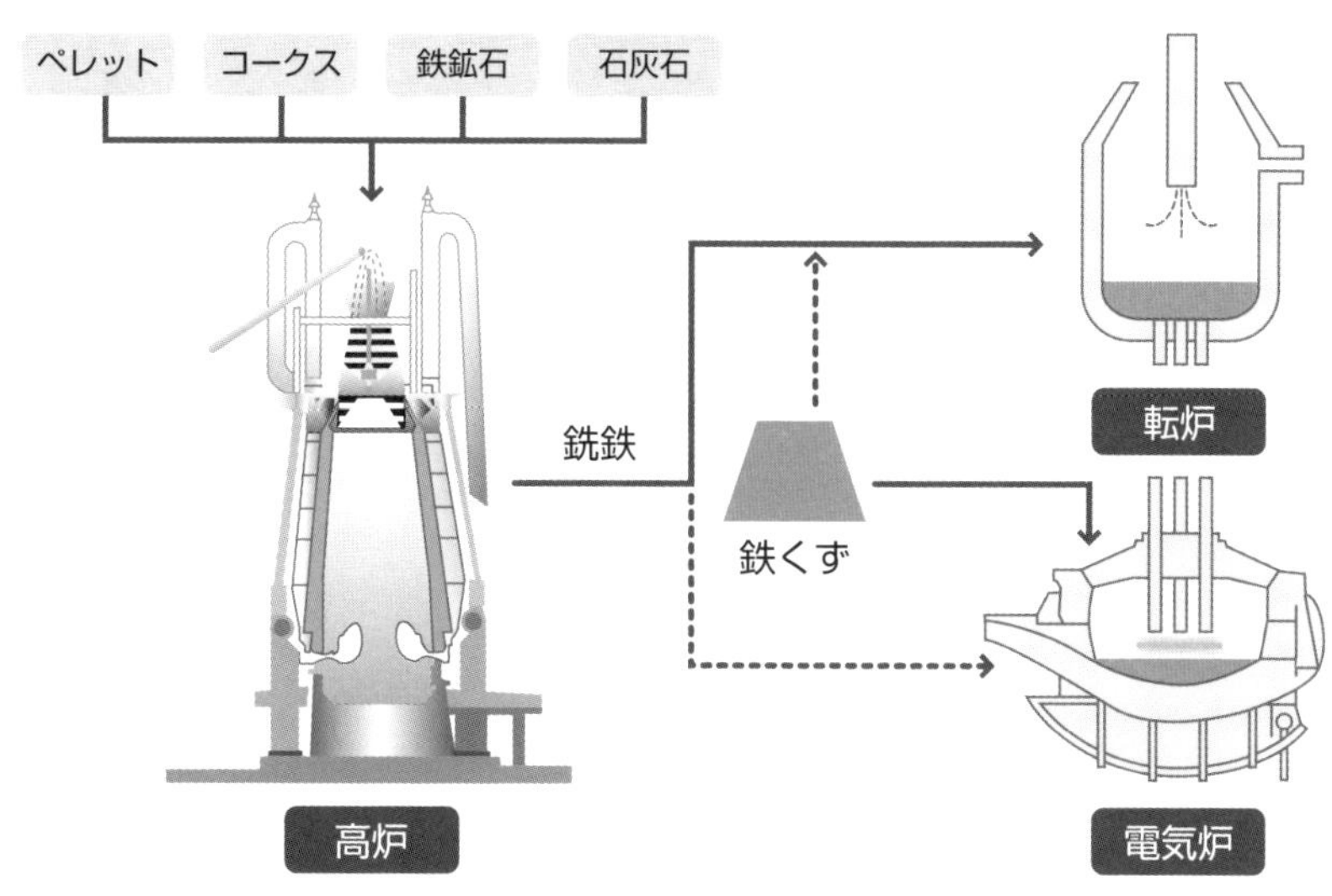

鋼　炭素含有量1.7%未満。溶鉱炉でつくられた銑鉄あるいはスクラップを原料として、転炉や電気炉などの製鋼炉で精錬してつくる。一般的には炭素含有量は0.03～1.7%程度で、性質は銑鉄に比べ軟らかく、粘りがある。

Section

2-2 3つに分類される製鉄所

製鉄所は大きく、高炉、電気炉、単純圧延工場の3つに分類されます。高炉を持つ一貫製鉄所は鋼から多様な鋼材をつくる工場が所内に配置されていることから、輸送コストの面でも有利といえます。

一貫製鉄所は1つの都市

鉄鋼は製鉄所でつくられます。製鉄所は、「鉄をつくる工場」であるのは確かですが、その製鉄所も実は様々な種類があります。大きく次の3つに分類されます。

①**高炉**（溶鉱炉）で鉄鉱石から銑鉄をつくり、それを鋼にし、さらに鋼材をつくる**一貫製鉄所**

②**電気炉**で鉄スクラップを溶かして鋼をつくり、鋼材を生産する**電炉工場**

③高炉も電気炉も持たず、圧延設備で半製品から鋼材をつくる**単純圧延工場**（単圧工場）

一般的に製鉄所としてイメージされるのは、塔のように高い高炉がそびえ、年間生産量も1000万トン以上を誇る一貫製鉄所ではないでしょうか。しかし、現実には年産数万トンから数10万トンクラスの工場をはじめ、鉄を加工して様々な鉄鋼製品を生産する工場も全国各地に点在しています。

年間生産量1000万トン以上の一貫製鉄所の場合、敷地面積はおよそ1700万平方メートルで、東京ドームに換算すると約360個分に及ぶ規模になります。

この広大な敷地内に各種の工場や、鉄をつくる原料を保管しておく**ストックヤード**、事務所棟などが配置され、それぞれの施設を結ぶ連絡バスが定時運行しているほどです。工場内設備や製品を冷却するための大量の水を供給・回収・浄化して再利用する設備の他、発生したガスを回収・配給するパイプラインや自家発電所、変電所など、水やエネル

従業員数　かつて大製鉄所の従業員数は1万人内外が標準だった。それが生産設備・工程の大型化、自動化、連続化やコンピュータによる総合管理システムの導入によって、いまでは2500～3500人で運営される製鉄所も珍しくなくなっている。

ギー関連の施設も配置されています。まるで1つの都市といえるでしょう。

輸送コスト面でも有利に

一貫製鉄所の特徴は、何よりも製鉄所全体として合理的、経済的な生産体制が取られているということでしょう。例えば、高炉でつくられた溶けた銑鉄は、冷やさずにそのまま次の製鋼工程の転炉へ装入することができるため、失われる熱が少なく、効率的という利点があります。

高炉をはじめ転炉、コークス炉などから発生するガスは、残らず所内のエネルギー源として活用されます。また、鉄鉄や鋼を生産するときに分離された鉄鋼スラグも、セメントやコンクリート骨材などの用途に生かされます。鋼から多様な鋼材をつくる工場が所内に配置されていることから、輸送コストの面でも有利といえるでしょう。

これに対して電炉工場や単圧工場は、設備などの資本負担が比較的少ない上に、作業面で敏速な切り替えがしやすく多品種少量生産に適していることなどが大きな特徴となっています。

3種類に分かれる製鉄所

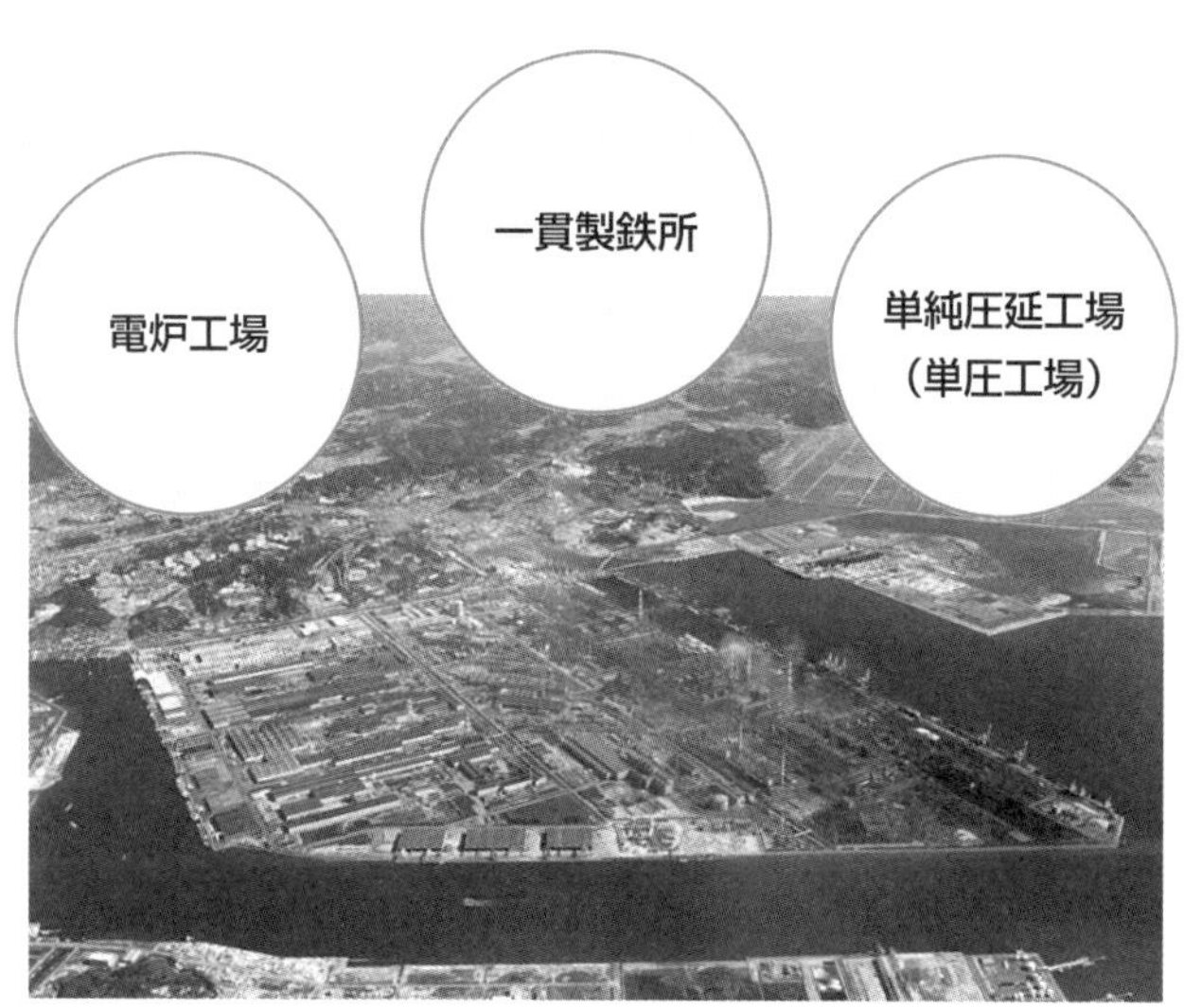

▲製鉄所　写真提供：（社）日本鉄鋼連盟

緑の印象　1つの都市である製鉄所には、豊かな緑も欠かせない。製鉄所では道路沿いに並木を植え、緑地を設けて、美しい環境をつくる努力を続けている。その緑の印象も現代の製鉄所のイメージとなっている。

Section

2-3 高炉の大型化と鉄づくり

見上げるほどに高く大きくそびえ立っているのが製鉄所の高炉です。鉄鉱石から銑鉄という鉄をつくり出す炉で、一貫製鉄所のシンボルにもなっており、大型化が著しく進展しています。

一貫製鉄所のシンボル

鉄鉱石という「石」から、銑鉄という「鉄」をつくり出す炉が**高炉**（**溶鉱炉**）です。高く大きくそびえ立っているため、**一貫製鉄所**のシンボルにもなっているこの炉は、大型化が著しく進展しています。現在の日本では、高さ100メートル以上、内容積4000立方メートル以上で、1日におよそ1万トンもの銑鉄を生み出す、世界最大級の設備が主流になっています。

やぐらのような鉄骨に周囲を支えられている高炉の本体は、細長いとっくり型で、そのてっぺん（炉頂）から原料が装入される仕組みになっています。

主原料の鉄鉱石には、鉄分が約60％含まれています。この鉄分は酸素と固く化合しているため、それを取り出すには、酸素を除去（還元）する必要があります。そのための還元材として使われるのが、前にも触れたコークスです。高炉の鉄づくりはコークスなしには考えられません。

コークスは、炉の下から吹き込まれる熱風や酸素と反応して一酸化炭素や水素などのガスを発生します。この熱いガスは激しい上昇気流となって炉内を吹き上り、鉄鉱石を溶かしながら酸素を奪い取っていきます（間接還元）。

溶けた鉄は炉の中を豪雨のように流れ落ち、コークスの炭素と接触してさらに還元（直接還元）されて炉底の湯だまり部にたまります。

灼熱（しゃくねつ）する原料とガスの奔流、そしてやむことを知らない鉄の雨――高炉の中は、**固相**、**気相**、**液相***が入り乱れた、想像を絶するダイナミックな世界なのです。

豪雨という表現は決して誇張ではなく、日産1万トン級の高炉では毎時500～700ミリメートル（mm）という勢いで、溶けた鉄が降り続いているからです。

鉄鉱石の種類　鉄鉱石には様々な種類がある。主なものは赤鉄鉱、磁鉄鉱、褐鉄鉱などで、日本で実際に使われているのは鉄分の含有率60％前後のものがほとんど。これらの鉄鉱石はほぼ全量を海外に依存しており、その大部分がオーストラリア、ブラジル、インドから輸入されている。

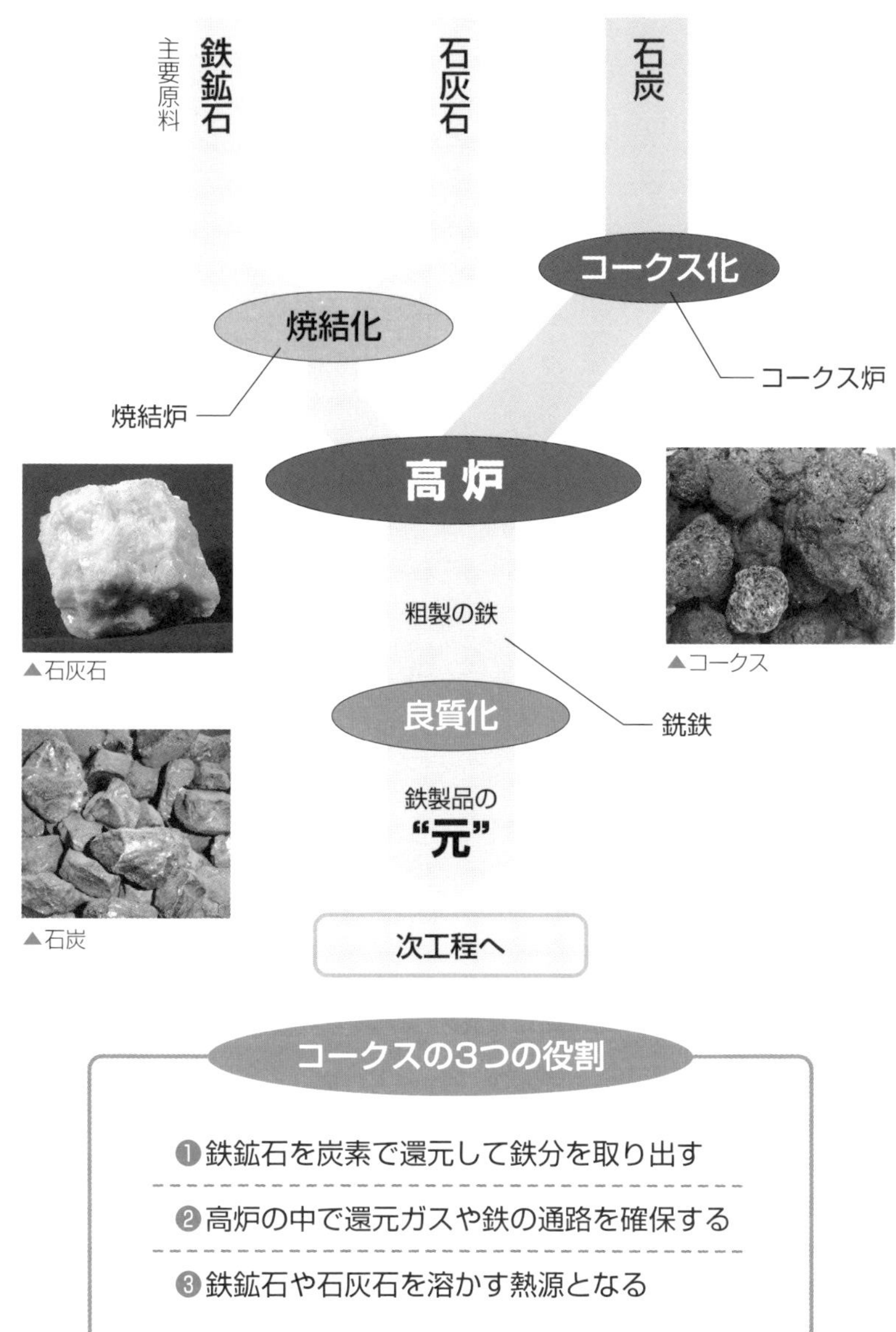

▲石灰石

▲コークス

▲石炭

コークスの3つの役割

❶鉄鉱石を炭素で還元して鉄分を取り出す

❷高炉の中で還元ガスや鉄の通路を確保する

❸鉄鉱石や石灰石を溶かす熱源となる

Section

2-4 進化してきた高炉操業

高炉操業は、多くの技術開発によって目覚ましい発展を遂げています。何よりセンサーとコンピュータの存在が大きく、トラブルの防止と効率の良い安定した高炉操業に貢献しています。

■エキスパートシステムの導入も

高炉操業は近年、多くの技術開発によって著しく向上しています。中でもセンサーとコンピュータの存在が大きく、その進歩に貢献しているといえるでしょう。

高圧・高温の高炉内を肉眼で見ることは不可能です。このため、かつてはベテランのオペレータが長年の経験と勘で炉内の状況を推測し、原料の入れ方や熱風の吹き込み方を調節していました。それでも、〝生きもの〟である高炉は、しばしば〝体調〟を崩して、ガスが流れなくなる、鉄鉱石が還元されないまま下まで落ちてくる、といったトラブルが発生していました。

こうしたトラブルを防ぎ、安定した操業を効率良く続けるために導入されたのが、数々のセンサーと、その情報を処理するコンピュータです。現在の高炉には、１０００点を超すセンサーが炉体全体に取り付けられています。

それらのセンサーが、例えば、炉壁の温度を測り、また還元ガスの温度分布や圧力、成分を測る、熱風の湿分を測定するなどといった具合です。

これらの情報はコンピュータによって集中管理され、高炉がいまどんな状態にあるのか、それに応じてどんな操業をすべきかといった情報や指針がフィードバックされてくるのです。

高炉は、こうしてある程度自動的に制御されるようになっています。さらに進歩し、ベテラン・オペレータの経験をコンピュータの判断に導入する**エキスパートシステム**手法も、各社で積極的に導入されています。

ちなみに、日本での高炉法による近代製鉄（銑鋼一貫製鉄法）は、20世紀初頭の官営八幡製鉄所に始まります。日本の飛躍的な文明発展の原点ともいえるでしょう。

製鉄所の副産物　コークスを乾溜するときのコークス炉ガスおよび乾留の際に発生するタールからは、数多くの副産物が発生する。化学肥料の原料となる硫安や薬剤、合成樹脂など様々な形で役立っている。

高炉による銑鉄工程

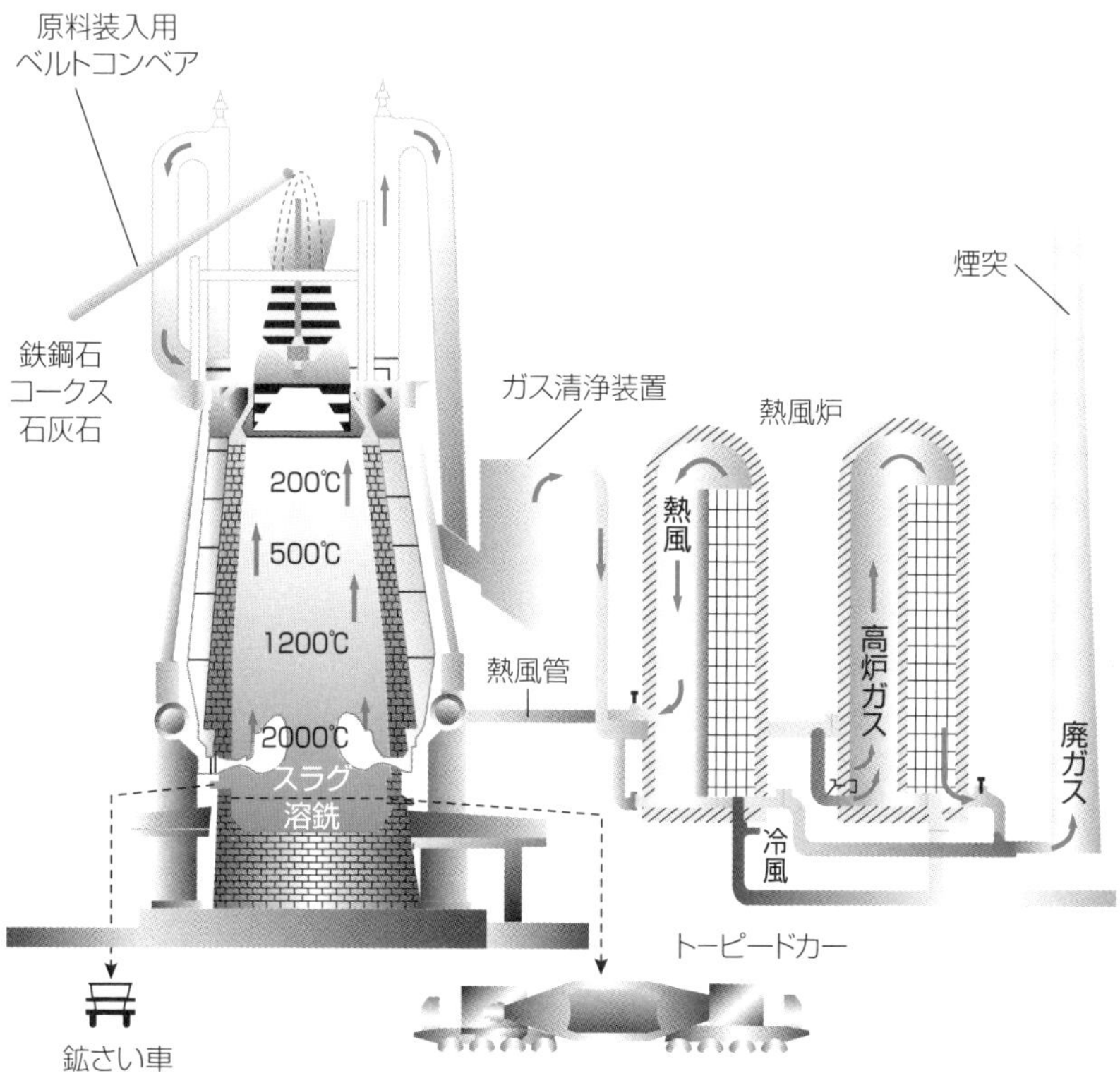

原料装入用ベルトコンベア
鉄鋼石
コークス
石灰石
200℃
500℃
1200℃
2000℃
スラグ
溶銑
ガス清浄装置
熱風炉
熱風
熱風管
高炉ガス
冷風
煙突
廃ガス
トーピードカー
鉱さい車

〈高炉で銑鉄1トンをつくるのに要する原料〉

品目	数量(キログラム)	品目	数量(キログラム)
鉄鉱石(塊鉱石*)	259	コークス	431
焼結鉱	1246	石炭(微粉炭)	80
ペレット	126	石灰石	2
その他鉄源	1	電力	63.4キロワットアワー
マンガン鉱石	1		

塊鉱石　高炉内の通気性と還元性改善のため、8～30ミリ程度の適度の大きさに整えられた鉱石。

Section

2-5 転炉法が製鋼法の主流

製鋼法の主流となっているのは転炉法です。不動の姿勢を取っている高炉に対して、転炉は炉体を動かすことができます。酸化熱を利用する転炉は、「火を使わずに溶鋼をつくる方法」です。

壺（つぼ）型で炉体を動かすことができる

「鉄」と日常的に呼ばれている金属は、多くの場合、「**鋼**」を指しています。その鋼を、**銑鉄**からつくり出すのが**製鋼**で、銑鉄を精錬して鋼に変える工程です。

現在、製鋼法の主流となっているのは**転炉**＊法です。この技術は、1世紀を超える年月の間に改良と発明を重ねて、人類に〝鋼の時代〟をもたらしています。

転炉は、高炉と比較すると極めて対照的です。高炉が細長いとっくり型であるのに対して、転炉はずんぐりした壺型です。不動の姿勢を取っている高炉に対して、転炉は炉体を動かすことができます。高炉で鉄と反応するのはコークス中の炭素ですが、転炉では純酸素といった具合です。

転炉ではどのように精錬が行われるのでしょうか。転炉にはまず、少量の鉄スクラップが装入され、続いて高炉から運ばれてきた溶銑（溶けた銑鉄）が取鍋（とりべ）という巨大な鍋に入れられ、クレーンに吊られて空中をわたってきます。待ち構えていた転炉は炉体を傾け、大きな口を開けて銑鉄をのみ込みます。そして、炉体を立てて精錬を始めます。

精錬は、銑鉄に生石灰などを入れてから、酸素を吹き込むことによって行われます。1センチ平方メートル当たり8から15キログラムという大きな圧力をかけて吹き付けられる高純度の酸素は、銑鉄の中の炭素をはじめ、ケイ素、マンガンなどと急速に反応し、高熱（酸化熱）を発生して溶融させます。この酸化反応で生じた酸化物や、燐（りん）、硫黄などの不純物は生石灰などと化合して、転炉スラグとして固定されます。

1回に精錬する300～350トンの溶銑に、酸素を吹き付ける〝吹錬〟は、わずか20分以内という短時間に行われます。

転炉　銑鉄を鋼に転化する炉という意味で、1856年にイギリスのヘンリー・ベッセマーによって発明された。

酸化熱を利用する転炉は、「火を使わずに溶鋼をつくる方法」です。

火を使わずに溶鋼をつくる方法

はじめは銑鉄に空気を吹き込んでいましたが、20世紀の中ごろにオーストリアで、純酸素を吹き込む現在の技術の原型が誕生しました。この技術の登場によって、日本では当時主流だった**平炉**＊が1977年までに完全に姿を消しています。

純酸素を吹き込む転炉は当初、上から酸素を吹き込んでいました。これに対し、炉底から酸素を噴出させて、鉄を攪拌（かくはん）しながら炭素との反応を強力に進める下吹き（底吹き）の炉が、大型転炉では日本ではじめて実用化されたのです（底吹き法）。さらに、炉の上下両方向から酸素や攪拌用の不活性ガスを吹き込む上下吹き（上底吹き）転炉も開発されました。

鉄鋼の先進国では、この上下吹きが製鋼の主役になっています。もちろん、高炉と同様、転炉にも様々なセンサーが取り付けられ、コンピュータが操業を制御しています。

転炉は炉体を動かすことができる

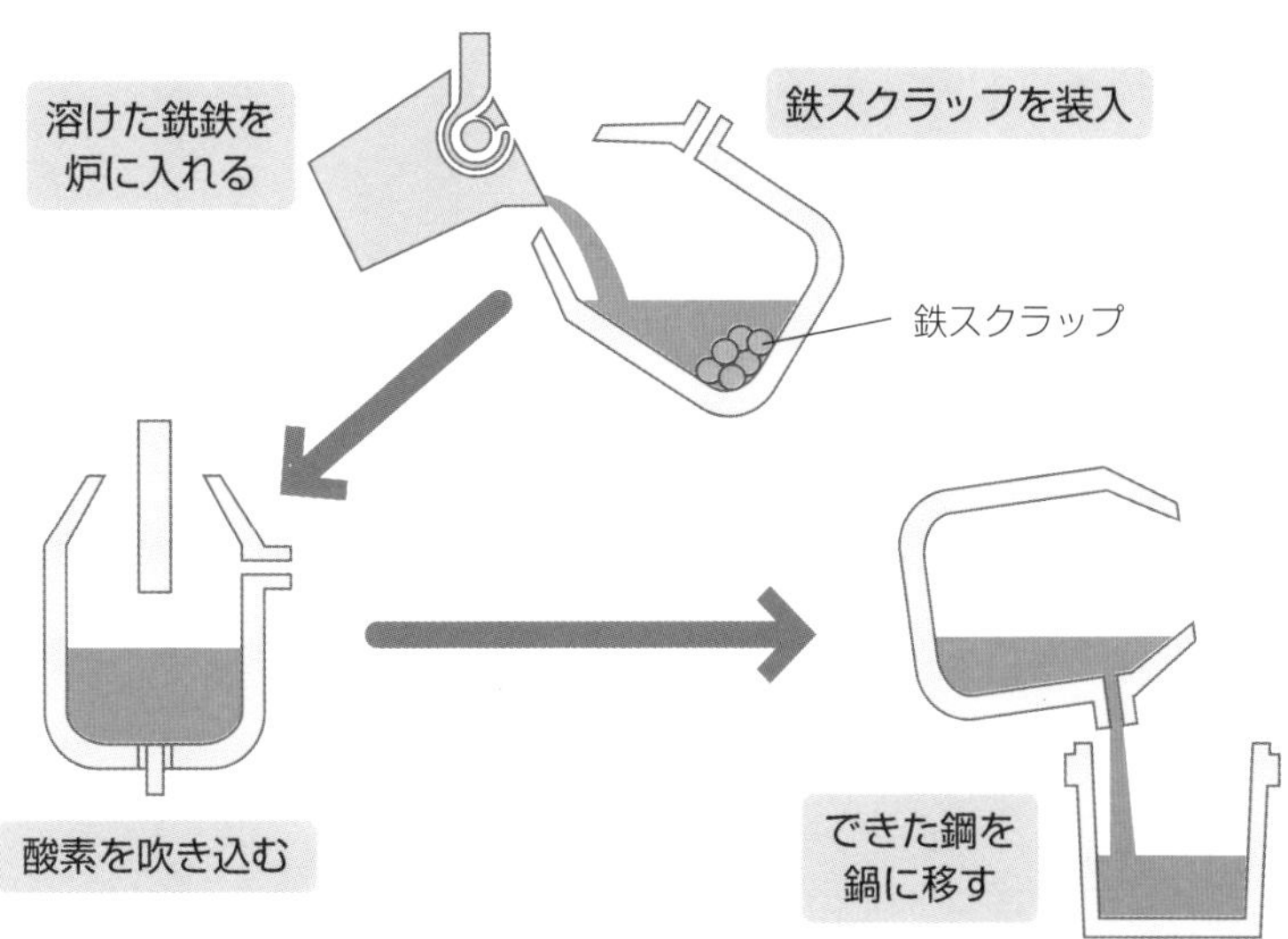

平炉　転炉と対照的に炉の外部に蓄熱室を持った、文字どおり横に平らな炉で、外部で燃焼した高温ガスを導入し、その熱や天井の反射熱で銑鉄などを溶かして鋼に精錬する製鋼法。

Section
2-6 電気の熱を利用する電炉製鋼

転炉と並ぶ製鋼法の1つに電気炉があります。電気の熱を利用して鋼を製造する炉ですが、その鋼の原料は溶銑ではなく、鉄スクラップ。これが転炉との大きな違いで多品種生産に適しています。

小ロットの多品種生産に最適

製鋼には、転炉と並んでもう1つの有力な設備があります。それが、通称、電炉と呼ばれる電気炉です。電炉はその名のとおり、電気の熱を利用して鋼を製造する炉ですが、その鋼の原料は溶銑ではなく、鉄スクラップです。これが、転炉と大きく異なるところです。

電炉には**アーク式**と**高周波誘導式**があります。アーク式は電極と鉄スクラップとの間にアーク*を飛ばして、その熱で精錬する方式で、直流式と交流式があります。

一方の高周波誘導式は、坩堝（るつぼ）の周りにコイルを巻いて高周波の電流を通し、鉄スクラップに誘導電流を発生させて、その抵抗熱で精錬する方式です。ただ、これは極めて小規模な、しかも特殊用途に用いられる方式です。

電炉で一般的なアーク式の形は、蓋の付いた鍋そっくりです。その蓋には、黒鉛でできた太い電極が垂直に差し込まれています。電流を通すと鍋の中の鉄スクラップとの間にアークが発生し、その熱で鉄スクラップは溶けていきます。

そのとき、より高温を狙って酸素を吹き込み、反応熱を得るのですが、この工程を酸化精錬といいます。酸化精錬に続いて、酸素や硫黄を除く還元精錬が行われます。酸化精錬と還元精錬という2段構えの精錬が、アーク式電炉製鋼の特徴です。

還元精錬では、酸化精錬でできた酸化性の電気炉スラグを炉の外へかき出してから、粉コークス、生石灰などを加えて、還元性の電気炉スラグを形成させます。これによって、強力な脱酸、脱硫効果を発揮するのです。

電炉製鋼は、比較的小ロットの多品種生産に適しているだけでなく、原料がほとんどスクラップであり、環境負荷低減にも大きく貢献しています。

アーク 電極に電位差が生じることにより、電極間にある気体に持続的に発生する放電の一種。

スクラップ鋼にリサイクルする電気炉

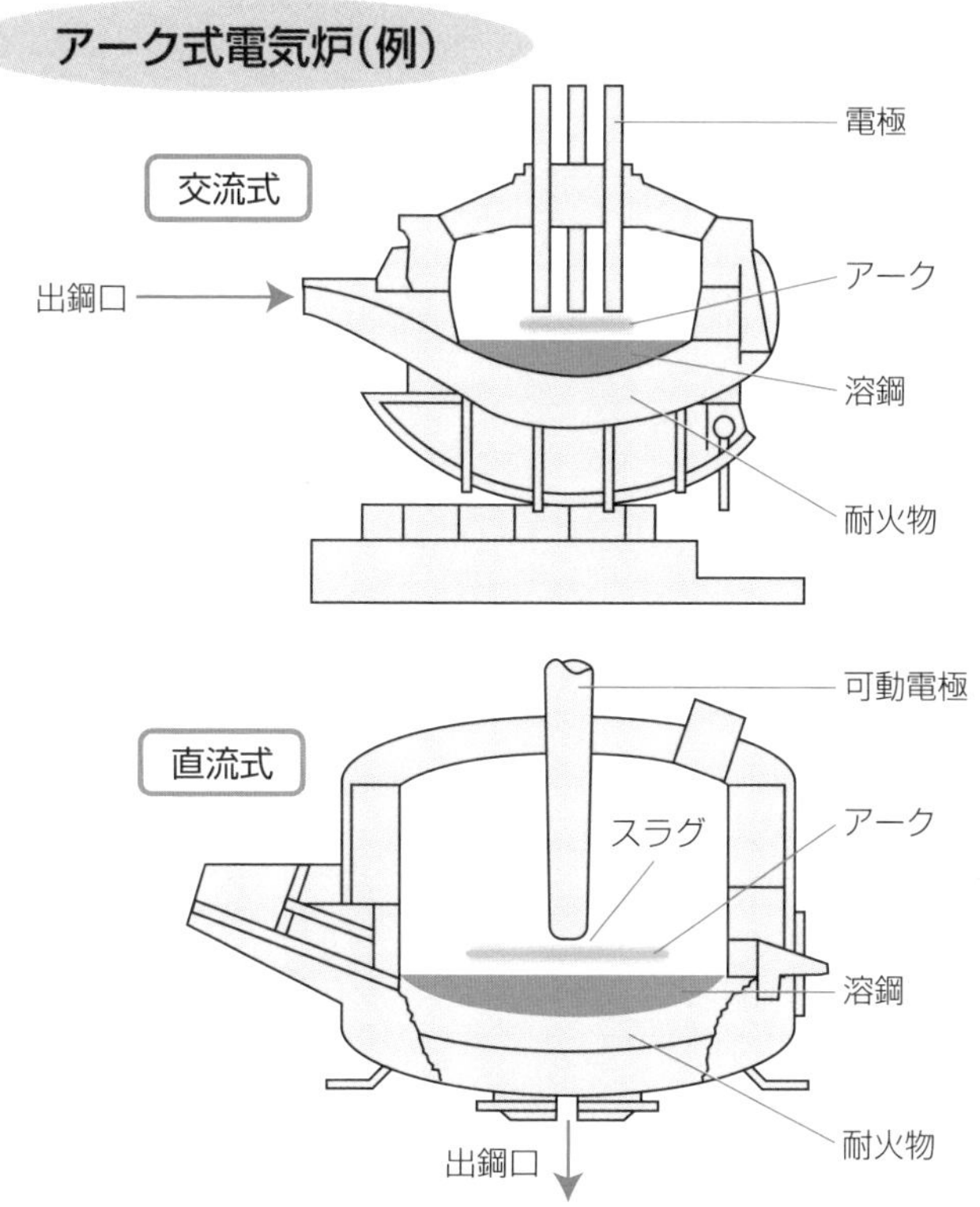

▶電気炉の特徴

熱源	アーク熱
原料	主としてスクラップ
酸化材 (炭素、その他の不純物を除く)	合金鉄、酸素ガスなど
特徴	熱効率が良い/鋼の中の介在物が少ない 温度、成分の調節が容易である
用途	合金鋼、低合金鋼、普通鋼

脱酸、脱硫効果 還元精錬では、酸化精錬でできた酸化性の電気炉スラグを炉の外へかき出してから、粉コークス、生石灰など加えて、還元性の電気炉スラグを形成させる。粉コークスと生石灰などが高い熱によってカーバイド(炭化カルシウム)になり、強力な脱酸、脱硫効果を発揮する。

Section
2-7 国内の多彩な鉄鋼メーカー

株式上場している国内の高炉メーカーは日本製鉄など3社で、日本の粗鋼生産の70％強のシェアを占めています。主な普通鋼電炉メーカーは10社、特殊鋼電炉メーカーは6社となっています。

高炉3社で7割の粗鋼生産シェア

鉄鋼業界を形成している国内の主なプレイヤーについて見てみましょう。

まずは高炉メーカーですが、株式上場している日本の高炉メーカーは、日本製鉄、神戸製鋼所、JFEホールディングスの3社です。この3社で日本の粗鋼生産のシェアは70％強を占めています。**粗鋼生産**のシェアトップは、新日鉄住金から社名を変更した日本製鉄で、40～45％を握っていると見られます。

上場している主な普通鋼電炉メーカーは、合同製鉄、東京製鉄、大和（やまと）工業、東京鉄鋼、北越メタル、大阪製鉄、中部鋼鈑などです。電炉メーカーのうち、粗鋼生産ベースで最大手は東京製鉄ですが、各社とも異なった品種を生産しており、粗鋼生産規模による勢力図は比較できないのが実情です。

トップの東京製鉄は、電炉法により、小型形鋼・異形棒鋼・線材などのいわゆる電炉品種の生産にとどまらず、H形鋼、鋼矢板、厚板ならびにホットコイル、**縞（しま）コイル**＊、酸洗コイル、**溶融亜鉛めっきコイル**＊など高炉メーカーとの競合品種の生産を拡大しています。

特殊鋼電炉メーカーで上場しているのは、大同特殊鋼、日本高周波鋼業、山陽特殊製鋼、愛知製鋼、東北特殊鋼、三菱製鋼などです。特殊鋼市場では、粗鋼生産ベースで日本製鉄や神戸製鋼所など高炉メーカーによるシェアが大きいものの、特殊鋼電炉メーカーとは市場の棲み分けがなされています。

第5章でも触れますが、大同特殊鋼は特殊鋼専業で世界最大級、日本高周波鋼業は神戸製鋼傘下の特殊鋼メーカー、山陽特殊製鋼は日本製鉄子会社の特殊鋼メーカーです。

縞コイル　熱延鋼板の表面に縞目模様を施した鋼板。独自の美しい縞目形状を持ち、優れた滑り止め効果と意匠性を持つ。各種建築物の床面、階段など様々な分野で使用されている。

株式上場している国内の鉄鉱メーカー

高炉

日本製鉄、神戸製鋼所、JFEホールディングス

電炉(普通鋼)

中山製鋼所、合同製鉄、東京製鉄、共英製鋼、大和工業、東京鉄鋼、トピー工業、北越メタル、大阪製鉄、中部鋼鈑　など

電炉(特殊鋼)

大同特殊鋼、日本高周波鋼業、山陽特殊製鋼、愛知製鋼、東北特殊鋼、三菱製鋼　など

▲高炉

電気炉▶

写真提供：(社)日本鉄鋼連盟

溶融亜鉛めっきコイル　熱延鋼板の表面に溶融亜鉛めっき処理を施した鋼板。優れた亜鉛密着性と美しく均一な表面性を実現。良質な加工性と耐食性が高く評価されている。

Section
2-8 普通鋼と特殊鋼に分類

鉄鋼は〝工業材料の王者〟ともいえる存在になっています。品質や用途によって大きく普通鋼と特殊鋼に分けることができ、ごく一般的な用途に使われる普通鋼は、全生産量の約80%を占めています。

全生産量の約80%を占める普通鋼

「鉄は国家なり」。この言葉は、日本が明治時代、製鉄業に力を入れ、国力や産業力の基礎としての性格を持つシンボリックな表現といえるでしょう。現在では、主要国において全金属生産量の8割以上を鉄鋼が占めるまでに拡大し、まさに〝工業材料の王者〟ともいえる存在になっています。

鉄鋼は品質や用途によって大きく**普通鋼**と**特殊鋼***に分けることができます。ごく一般的な用途に使われる普通鋼は、全生産量の約80%を占めますが、残り20%の特殊鋼では、ますます高度化・複雑多様化する時代のニーズを反映し、新機能を付加した品質の鋼種（合金鋼）の開発も活発化しています。

普通鋼の需要は建設分野が約半分を占め、次いで自動車が約20%、産業用機械や電気機械、造船分野がそれぞれ約10%を占めています。「軌条」「鋼矢板」「形鋼」「棒鋼」「線材」「厚中板」「薄板」など、種類も豊富で多彩です。

鋼には大きく分けて**炭素鋼**と**合金鋼**がありますが、炭素鋼が一般に普通鋼と呼ばれているものです。炭素鋼の炭素の含有量は0・02〜2・0%、つまり炭素2%以下の鋼材です。

炭素鋼は炭素の含有量によって低炭素鋼、中炭素鋼、高炭素鋼に分類されています。これらの炭素鋼は、焼入れ・焼戻し・焼なまし・焼ならしなどの熱処理をすることで耐力、引っ張り強さ、伸び、絞り、硬さなどの性質を大幅に改良することができます。

年々拡大する特殊鋼の比率

合金鋼は「鋼の性質を変えたり、それぞれの用途に合っ

Term

普通鋼と特殊鋼　鉄と炭素の合金のうち、熱処理をしないものを「普通鋼」。鉄に炭素以外の元素を加えた合金を「特殊鋼」という。

た特性を得るために合金元素一種類以上を添加した鋼」とされています。

添加される合金元素の種類によって、例えばクロム鋼、クロム・モリブデン鋼などと呼ばれますが、その中でも特に品質を吟味してつくられた鋼を特殊鋼と呼んでいます。

特殊鋼も製鋼の段階で添加する金属元素の種類によって、あるいは特別な製造方法や加工方法によって高張力、耐摩耗性、耐熱性、耐食性といった異なった性質を有する多くの鋼種が誕生しているのが実情です。

特に近年、日本の鉄鋼メーカーでは付加価値の高い特殊鋼の開発に積極的に取り組んでおり、全生産量に占める特殊鋼の比率は年ごとに拡大しています。この傾向は欧米の鉄鋼先進国に比べて顕著で、わが国の特徴にもなっています。

近年、日本の鉄鋼メーカーは付加価値の高い特殊鋼の開発に積極的に取り組んでいます。

特殊鋼の種類と用途

	種類	用途
工具鋼	炭素工具鋼	かんな、やすり、かみそり等
	合金工具鋼	金型等
	高速度鋼	バイト、ドリル、タップ、ダイス等
	中空鋼	鉱山、建設工事の削岩機用のロッド等
構造用鋼	機械構造用炭素鋼	自動車用シャフト、ギヤ、機械部品等
	構造用合金鋼	自動車用シャフト、ギヤ等
特殊用途鋼	ばね鋼	自動車、鉄道車両用各種ばね等
	軸受鋼	ベアリング、モーター等の回転軸等
	ステンレス鋼	屋根材、壁材、自動車、鉄道車両等
	耐熱鋼	原子炉関連機器、タービン、自動車用エンジン等
	快削鋼	機械部品等
	ピアノ線材	ピアノ線、吊り橋用ワイヤストランド等
	高抗張力鋼	自動車、船舶、橋梁、高圧容器、エネルギー関連等
	高マンガン鋼	鉄道のポイント、土木機械等

Column

特殊鋼の用途　特殊鋼の最大の用途は自動車で全生産量の約50%を占めている。自動車の構造部材や外板は普通鋼だが、エンジン回り、トランスミッション系、サスペンション系などの機構部分は高度の機械強度、耐摩耗性、耐衝撃性などが必要で特殊鋼が使用されている。

Section

2-9 製造法による鋼材のいろいろ

鋼材は製造方法によって、大きく圧延鋼材、鋳鋼品、鍛鋼品の3つに分けられます。中でも圧延鋼材は、鋼塊や鋼片の圧延加工によってつくられる鋼材で、形状も様々で最も種類の多い鋼材といえます。

鋼材は3つに姿を変える

鋼材は製造方法によっても分けられます。鉄鉱石から銑鉄をつくり、さらに精錬された鋼は、その後の製造（加工）方法により、大きく**圧延鋼材**、**鋳鋼品**、**鍛鋼品**の3つに姿を変えます。

圧延鋼材は、鋼塊や鋼片の圧延加工によってつくられる鋼材で、形状も様々で最も種類の多い鋼材といえます。大きく鋼板類、条鋼類、鋼管類の3つがあり、それぞれの形状、サイズ別に鋼種が分けられています。

鋼板類は、一般に鋼塊を高温加熱して圧延する**熱間圧延**＊鋼板（熱延薄板ともいう）と、熱延薄板を常温のままでさらに薄く圧延する**冷間圧延**＊鋼板（冷延鋼板ともいう）に分けることができます。条鋼類には、形鋼、棒鋼、線材などがあり、鋼板類と同様に熱間圧延するものと、冷間でロール成形するものに分かれます。

鋼管類は、半製品の素材を押し出したり、引き抜いてつくる継ぎ目のない鋼管（継目無鋼管）と、鋼板を筒状に丸めて、合わせ目（継ぎ目）を溶接したり、鍛接してつくる溶鍛接鋼管に分けられます。

では、鋳鋼品とはどのようなものでしょうか。これは、圧延法では製造が困難な複雑な形状や寸法の鋼材のことで、溶鋼をあらかじめ用意した鋳型の中に注ぎ込んでつくるものです。

外観は銑鉄鋳物と似ていますが、鋳鋼品は特に強靭（きょうじん）性に優れ、衝撃や圧力などが強くかかる箇所の部品に最適という特性を備えています。

鍛鋼品は、赤熱状の鋼塊や半製品をハンマーやプレスで叩いて（鍛錬）成形した鋼材です。素材を鍛錬することにより内部組織が微細化すると共に、気泡や亀裂が圧縮して

熱間圧延と冷間圧延　熱間圧延とは素材の鋼片を加熱して押し延ばす方法。船、橋梁、建築などに用いられる厚板は、この方法だけで製品を仕上げる。冷間圧延とは熱間圧延でできたものを常温でさらに延ばす方法。自動車、家電製品、缶、亜鉛めっき鋼板などに使われる薄板は熱間圧延に続いて冷間圧延を行う場合が多い。

つぶれ、強靭な機械的性質が得られるという特徴があります。

多種類の鋼材が使われる鉄道車両

これらの鋼材はどのような用途で使用されているのでしょうか。

鉄道車両を例に見てみましょう。車両を構成する部材には、まず圧延鋼材として各種の鋼板をはじめ、形鋼、棒鋼、線材、管材の他、レールとして敷設される軌条が挙げられます。軌条の材質は、ほとんどが普通鋼ですが、走る車両の種類などによって、軌条のサイズや材質が微妙に異なっています。

車輪や車軸、連結器、ブレーキシューなどには鋳鋼品や鍛鋼品が使われています。鉄道車両を例にとってみても、実に様々な種類の鋼材が使われ、まるで各種鋼材使用例の縮図を見るようです。私たちが何気なく利用する車両1つをとってみても、多種類の鋼材が使われ、その恩恵を受けていることがわかります。現代社会は、鉄を抜きに成り立たないといっても過言ではありません。

鋼の製造（加工）方法による分類

圧延鋼材	鋼板類、条鋼類、鋼管類の 3 つがあり、最も鋼種の多い鋼材
鋳鋼品	溶鋼をあらかじめつくった鋳型の中に注ぎ込んで加工する、圧延法では製造困難な形状、寸法の複雑な製品
鍛鋼品	赤熱状の素材をハンマーやプレスで叩いて（鍛錬）成形した製品

圧延工程の意味　文字どおり素材を押し伸ばす工程だが、それだけに止まらず、圧延は鋼材の内部的な性質を決定する役割も担っている。例えば、厚板圧延では圧延機の力と鋼板の温度とを精密に関連付けて、鉄の結晶組織を微細化している。

Section

2-10 普通鋼のいろいろ①

圧延鋼材は普通鋼鋼材と特殊鋼鋼材の2つのジャンルに分かれます。普通鋼鋼材のうち、まず軌条、鋼矢板、形鋼はどのような製品なのかについて具体的に見ていくことにします。

■形鋼はH形鋼、山形鋼、I形鋼などの総称

前述のように最も鋼種の多い圧延鋼材は、**普通鋼鋼材**と**特殊鋼鋼材**という2つのジャンルに分かれます。具体的にどのような製品があるのでしょうか。まず普通鋼鋼材から見ていくことにしましょう。

●軌条（きじょう）

全国的に張り巡らされた鉄道輸送網を支えているのが軌条です。簡単にいえば、鉄道などのレールのことで、レールの上を走る車両走行の安全性が重視されるため、製造法や形状、寸法などが厳格に規定されています。

普通レールの場合、炭素0・50～0・75％などと化学成分が規定され、鋼材としては高炭素鋼に属します。最近では、車両の高速化に伴い、振動や衝撃を少なくするため、一本の長さが50メートルもある長尺軌条も生産されています。鉄道用の他、垂直誘導と危険防止用のガイドに用いられるエレベータ軌条、頭部に肉厚を持たせて背丈が低く、底部の広いクレーン用軌条、地下鉄用の第3軌条などがあります。

●鋼矢板（こうやいた）

凹凸状に成形加工した鋼板の両端部分に継ぎ手を設け、それを互いに組み合わせて使用するもので、ほとんどは高炉メーカーで熱間圧延により生産されています。軽量の簡易鋼矢板は建材加工メーカーでつくられます。土木建設工事現場で、土留めの仮設工事用囲いなどに使用されるのが一般的です。

材質は、炭素0・32％前後、りん・硫黄各0・04％以下、防食のために銅0・3％前後を含んでいます。

重軌条と軽軌条　レールの種類は、通常1メートル当たりの重量で表示する。わが国では30キログラム以上を重軌条、30キログラム未満を軽軌条と呼んで区別している。重軌条にはJRの新幹線や在来線と、私鉄各社の鉄道に使う鉄道用などがある。

●形鋼（かたこう）

多様な需要分野ごとに、その目的に見合った様々な断面形状を持っている鋼材で、**H形鋼**をはじめ、**山形鋼、I形鋼など**数多くある品種の総称です。

H形鋼は、断面がH字形の形状で**フランジ**＊幅が広く、しかもフランジ内外面が平行形状の形鋼です。用途は、建築や橋梁、地下鉄、船舶などの構造材用と、岸壁や橋梁、建築物、高速道路などの基礎杭用の大きく二つに分けられます。そのため、材質的には高張力、耐候性、耐食性、耐海水性などが求められます。

山形鋼は、断面の形状がL字形をしており、2辺の幅が等しい等辺山形鋼と、2辺の幅が異なる不等辺山形鋼、それに2辺が不等厚な不等辺不等厚山形鋼があります。材質は普通鋼の他、強度や鋼性を必要とする構造材用には、高張力鋼（特殊鋼）を使用しています。

I形鋼は、断面がI形をしており、フランジの内側にテーパー(勾配)をつけてH形鋼と区別しています。用途は建築、橋梁、各種機械、車両などですが、H形鋼の需要拡大に伴い、生産は減少傾向にあります。

軌条、鋼矢板、形鋼の形状

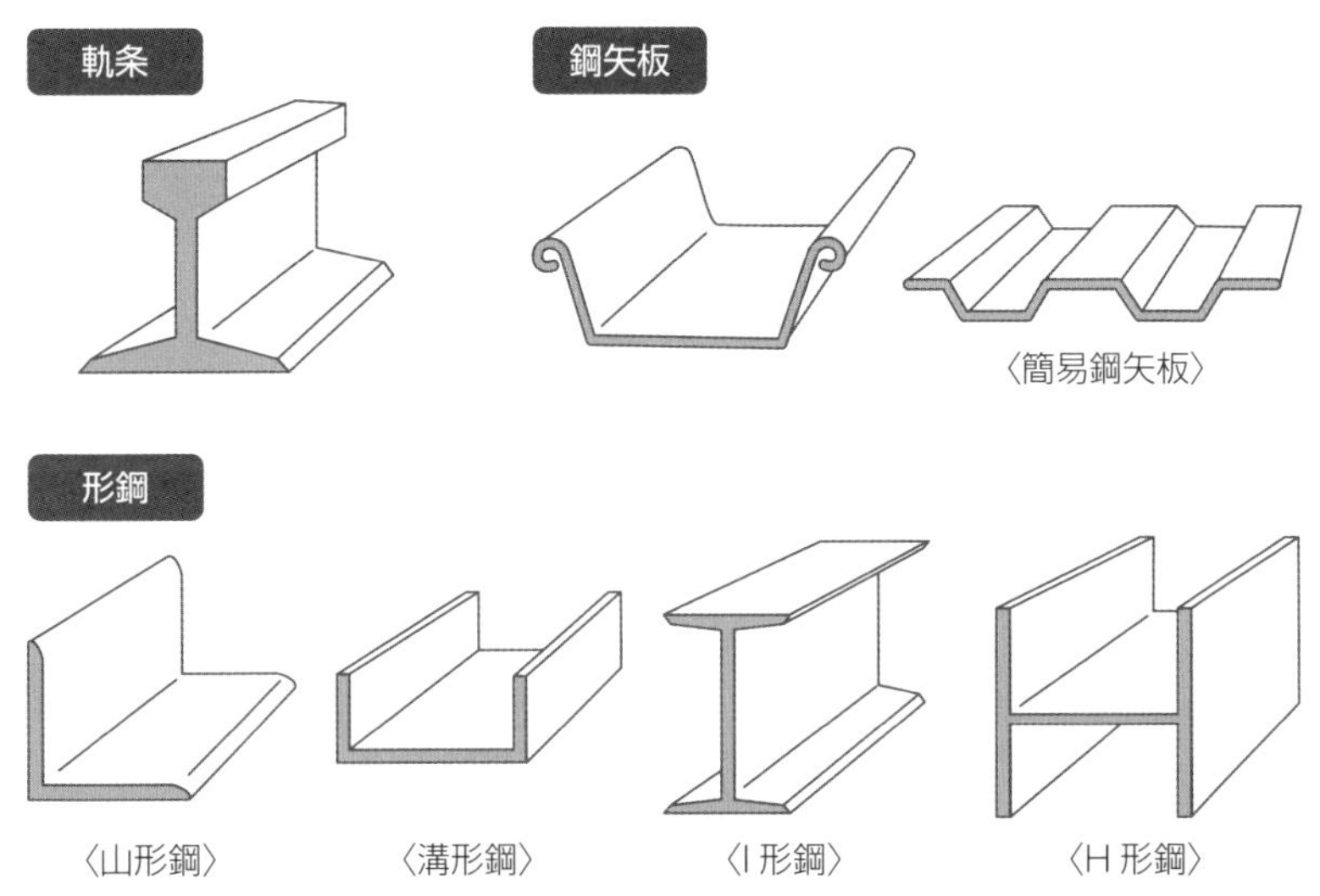

フランジ　円筒形あるいは部材からはみ出すように出っ張った部分の総称。

Section

2-11 普通鋼のいろいろ②

普通鋼鋼材の棒鋼、線材、厚中板、薄板、表面処理鋼板類、鋼管もそれぞれ特徴があり、用途も様々。中でも薄板は自動車や家電、建材など多分野で広く使用され、その需要量は大きく拡大しています。

厚中板は最も重量感のある鋼材

ここでは普通鋼鋼材に分類される棒鋼、線材、厚中板、薄板などについて見ていくことにします。

●棒鋼

切断面が円形や正方形、多角形など、比較的単純な形状をした棒状の鋼材です。製造工程が他の鋼材に比べて簡単で、設備も小規模で対応できるため、多くの中小メーカーが手がけています。

全生産量の約8割が建設現場で使用される鉄筋用で、他は機械構造部材やボルト、ナット、リベット、チェーンの素材など多分野へ供給されています。

棒鋼は種類も多く、形状によって丸鋼、角鋼、六角鋼、八角鋼、平鋼、半円鋼、異形棒鋼に分かれます。

●線材

圧延鋼材の中で最も断面が小さく、細くて長い線状の鋼材です。撚（よ）り合わせてワイヤロープにする他、2次製品用の素材として針金や金網、なまし鉄線、釘、ボルト、ナットなどの日用品や家庭用品といった生活に馴染みの深い製品に姿を変えます。

素材（小鋼塊や鋼片）を断面直径が5ミリメートルから50ミリメートル程度の細くて長い針金状に熱間圧延して、コイル状に巻き取ってつくられます。コイル重量は大きいもので3トン、長さは1万メートルにもなります。

●厚中板（あつちゅういた）

線材とは対照的に、最も重量感のあるダイナミックな鋼材です。熱間で圧延される厚中板は、厚みが3ミリメートル以上のものを指し、統計上は板厚が3ミリメートル以上

異形棒鋼　コンクリートの補強用として開発され、土木、建築用の鉄筋材として使用される。コンクリートの中に埋め込んで使用するため、コンクリートの付着性が高まるよう、リブ（軸線の方向の突起）などを付けることで表面積を大きくしている。

6ミリメートル未満の鋼材を中板、6ミリメートル以上を厚板、150ミリメートル以上を極厚板と呼んで区別しています。

厚中板の分類は用途別が中心で、その代表的なものが構造用鋼板、ボイラー・圧力容器用鋼板、造船用鋼板、自動車用鋼板、床用鋼板、ユニバーサル鋼板です。構造用鋼板には一般用と溶接構造用があり、建築や橋梁、船舶、鉄道車両、海洋構造物などの構造部材として広く使用されています。

●薄板

薄板は、自動車や家電、建材など多分野で広く使用され、その需要量は大きく拡大しています。日本鉄鋼連盟は「とりわけ自動車と家電業界の発展を陰で支えたのが、鉄鋼業界が供給した高品質の薄板だった」と強調しています。

薄板には、熱間圧延された熱延薄板類と、冷間圧延された冷延鋼板類、それに冷延鋼板の一種で磁気特性と電導性に優れた電磁鋼板などがあります。

熱延薄板類は、厚さ3ミリメートル未満の切り板や帯鋼、広幅帯鋼の総称で、板幅600ミリメートル未満でコイル状に巻き取ったものを熱延帯鋼、600ミリメートル以上のものを熱延広幅帯鋼と呼んでいます。用途は自動車、建築、産業機械から道路ぎわのガードレールなど幅広い分野に及んでいます。

冷延鋼板類は、冷間で圧延される切り板（冷延鋼板）、冷延広幅帯鋼、みがき帯鋼の総称で、これらは熱延薄板類を原板（素材）として圧延されます。熱延薄板類より薄く、厚さ精度が高く、しかも表面が美しく、加工性にも優れています。主に自動車、電気機器、鋼製家具などに使用されています。

電磁鋼板は、大型発電機や変圧器の他、家電製品の大小モーターなど電気機器類の鉄心には欠かせない鋼材です。

他の鋼材と異なり、3%程度のケイ素を添加した特殊な鋼板で、かつては「ケイ素鋼板」とも呼ばれていました。その後、ケイ素だけでなく、同様の特性を発揮する他元素を添加した鋼種も開発されたことから、いまでは電磁鋼板、あるいは**電気鋼板**とも呼ばれています。

電磁鋼板は、磁性の方向によって方向性電磁鋼板と無方向性電磁鋼板に分類されています。

●表面処理鋼板類

鋼板は圧延直後、そのままの状態で使用すると、やがて

継目無鋼管　鋼管には継目がない高品質鋼管の継目無鋼管もある。鋼塊や管材（棒状の鋼片）など鋼管の材料となる半製品を加熱して、まず穿孔機で中心部に孔を開け、肉の厚い中空の素材を製造。これを圧延機や引き抜き機にかけて、厚さを薄く細長い管に延ばした鋼管を指す。

表面が酸化・腐食し、使用に耐えられなくなります。また、社会生活が多様化すると共に生活者の趣味や嗜好の違い、高級化指向などによって、例えば建築資材でも装飾的な美観を望むニーズが強まっています。

　こうしたことから、鋼板の表面に亜鉛、クロム、ニッケルといった特定の金属元素でめっきを施し、あるいは鮮やかなカラー塗料で塗装やプリントをする。また樹脂で被覆し、さらには合金化処理をするなどといった加工処理技術が開発されています。

　そうした加工処理をした表面処理鋼板類の中で最も代表的な品種が耐食性に優れた亜鉛めっき鋼板です。この他、塗装処理した塗覆装鋼板、鉄の最大の欠点とされる錆(さび)の発生を抑制する**ブリキ***などがあります。

●鋼管

　断面形状が円形、楕円形、角形などの形をした比較的、肉厚が薄い中空の鋼材です。直径が数メートルの大口径の鋼管から、注射針のように細い管まで各種のサイズがあります。

　水道管やガス管のような家庭用配管から、化学プラント、火力・原子力などの発電プラント、土木・建築、各種の産業機械など幅広い分野で使用されています。軽量化や高精度化、高付加価値化が進み、新しい材質や形状の鋼管が次々に誕生しているのが現状です。

　鋼管の径や肉厚によって、帯鋼、広幅帯鋼、厚中板などを原料とし、鋼管の全生産量の約8割は溶鍛接鋼管が占めています。

　溶鍛接鋼管には、溶接鋼管や電縫鋼管、電弧溶接鋼管などがあります。電縫鋼管は、鋼板あるいは帯鋼を筒状に成形したあと、電気抵抗溶接法によって溶接した鋼管です。

　電弧溶接鋼管は、厚板や帯鋼をプレス、スパイラル、ロールなどによる成形法で円形にしたあと、継ぎ目を電弧溶接法で製管したものです。

　鋼塊や管材（棒状の鋼片）など鋼管の材料となる半製品を加熱して、まず穿孔機で中心部に孔を開け、肉の厚い中空の素材を製造。これを圧延機や引き抜き機にかけて、厚さを薄く細長い管に延ばしたものが継目無鋼管です。特殊な用途向けの中には、冷間で加工するものもあります。

　いずれも、継ぎ目のない仕上がりで、高品質な鋼管を大量生産できるのが特徴です。用途も幅広い鋼管ですが、特殊な用途として、ボイラー用のヒレ付き管、内面に螺旋状の溝が刻まれたライフル（銃）管などにも使われます。

Term

ブリキ　熱間や冷間で圧延した薄板や帯鋼に、錫（すず）めっきした鋼板で、亜鉛めっき鋼板に次ぐ表面処理鋼板の代表品種。食缶や飲料缶など、各種の容器に幅広く利用されている。

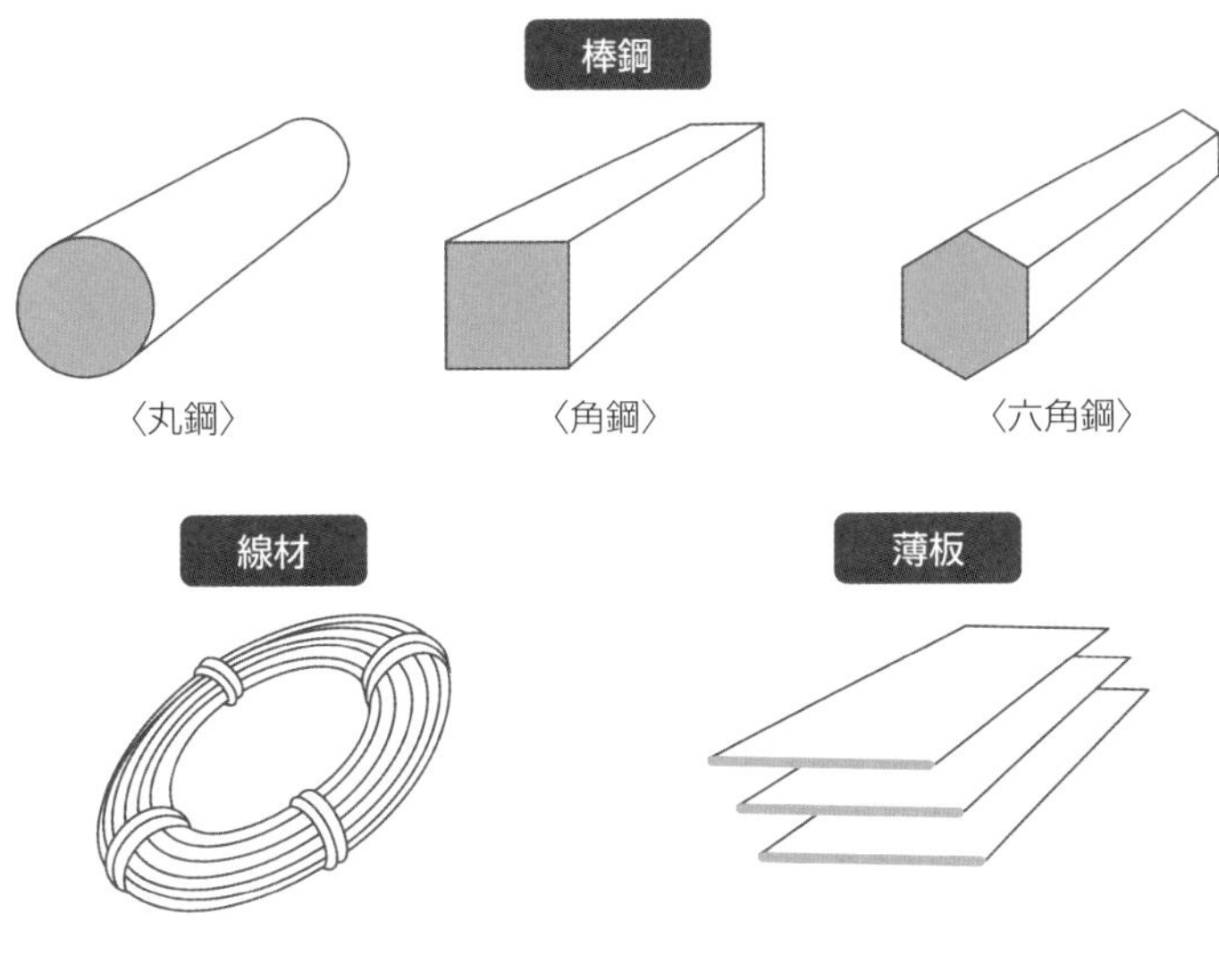

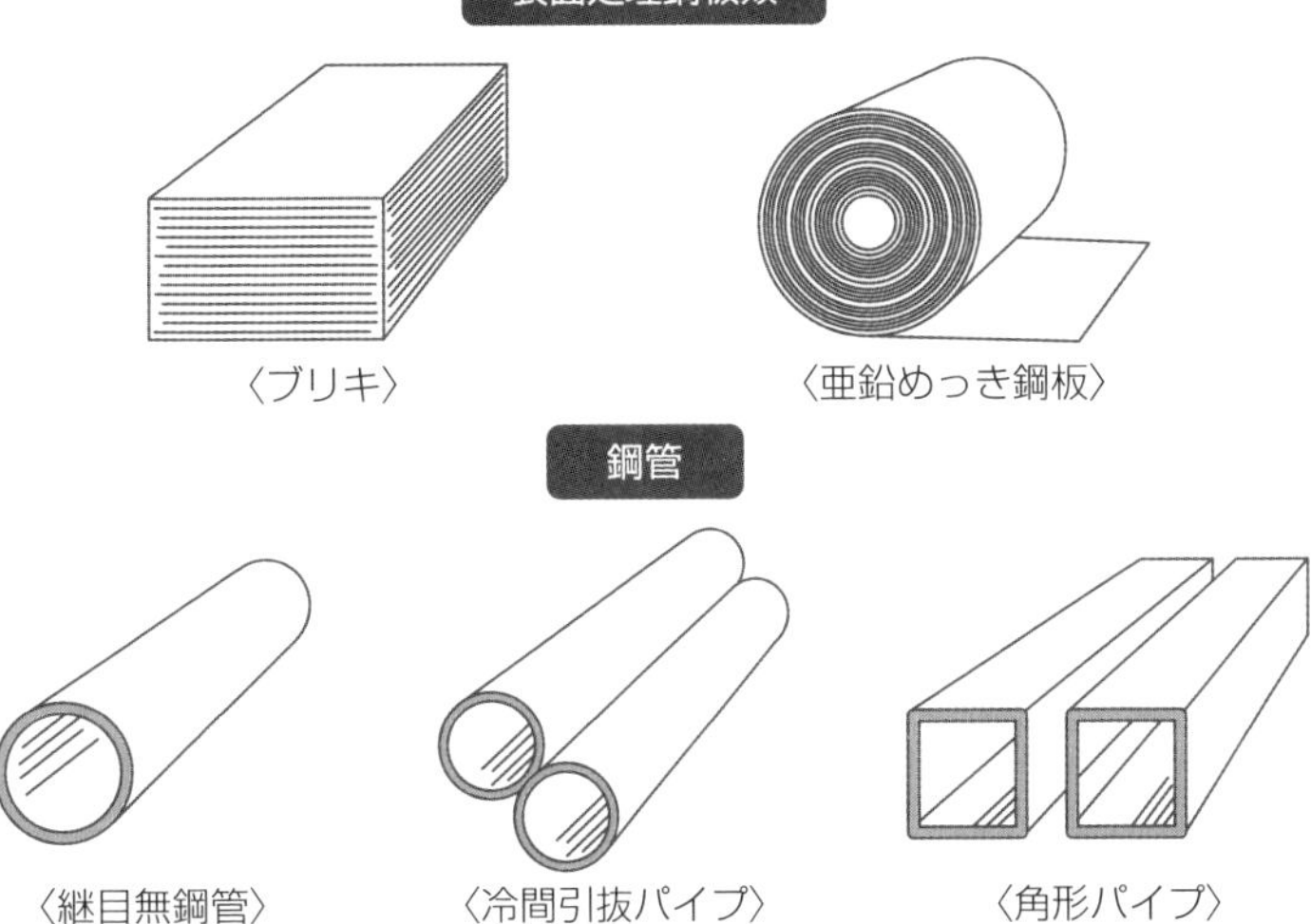

その他の表面処理鋼板　冷延鋼板類に、溶融めっき法により錫と鉛の合金をめっきしたターンシート。表面をなし地仕上げするために、レーザービームを用いて規則的な細かいくぼみを付けた高鮮映性鋼板がある。

Section

2-12 特殊鋼のいろいろ①

耐熱性や耐食性に優れている特殊鋼も様々な種類があり、用途も異なります。工具鋼、構造用鋼、ばね鋼、軸受鋼など、普通鋼とは違った厳しい環境下で使われ、新しい鋼種の開発も活発です。

■相次ぐ新しい鋼種の開発

特殊鋼鋼材は、普通鋼に対して用いられる用語です。ニッケルやクロムなど特殊な元素を添加し、また成分を調整しています。耐熱性や耐食性に優れ、普通鋼では使用に耐えられないような厳しい環境下で使われます。新しい鋼種も次々に開発されています。

主な特殊鋼の概要を見ていくことにしましょう。

●工具鋼

工具鋼は、炭素工具鋼、高速度工具鋼、合金工具鋼に分かれます。炭素工具鋼はかんな、やすり、かみそりなどの要求性能の比較的軽い切削工具などに使われます。高速度工具鋼は**バイト、タップ、リーマ***など高硬度の被加工物を切断、切削するためのものです。タングステンやモリブデン、クロム、パナジウムなどの元素を多量に含み、耐熱性や耐摩耗性などの優れた特性を発揮します。合金工具鋼は、金属やプラスチックなどを所定の形に成形する金型用の鋼材です。

●構造用鋼

機械構造用炭素鋼と構造用合金鋼に大別することができますが、さらにメーカー各社で独自の鋼種が開発されています。機械構造用炭素鋼は、熱間圧延、鍛造加工により棒鋼や平鋼・鋼板として生産され、自動車の重要部品の他、産業機械、建設機械、航空機などに使用されます。

一方の構造用合金鋼は、炭素鋼にマンガン、クロム、モリブデン、ニッケルなど数種の元素を添加して強靭性を高めた合金鋼です。

バイト、タップ、リーマ　バイトは、棒状の金属の先に切れ刃をもった、旋削加工用の工具。タップは金属を加工する際に使う道具。リーマとは、ドリルなどで空けた穴を寸法通りに精密に仕上げる工具。

●ばね鋼

炭素含有量が0・5%と高く、さらに焼入れ性や耐抗性を高めるため、ケイ素やマンガン、クロム、パナジウム、ニッケルなどを1種または数種添加してつくられます。ばねは自動車など車両の重要部品の1つで、弾性値や疲労強度について特に高い特性が要求されます。

●軸受鋼

軸受（ベアリング）は、転動輪（レース）と転動体（ボール）から構成されており、これらに使用する鋼材です。

●耐熱鋼

高温や高圧に耐え、耐酸化・耐食・耐変形性、強靱性、加工性を備えた合金鋼です。

●快削鋼

切削性に優れた特殊鋼で、高速自動旋削に適し、大量生産に向いています。最近は、環境負荷物質である鉛を含まない鉛フリー快削鋼の使用が広がっています。

主な特殊鋼鋼材の用途と特徴

名称	用途と特徴
機械構造用炭素鋼	わずかにケイ素やマンガンなどを含むものの、炭素の他は特殊な合金元素を含まない鋼種をいう。自動車、エンジン、機械などの部品用に使用。
構造用合金鋼	炭素鋼を基本にマンガン、クロム、モリブデン、ニッケル、アルミニウムなど1種または数種を強制添加。強靱性に優れた鋼種である。これらは焼き入れ、窒化などの熱処理を施して使用。
工具鋼	バイトをはじめ、ホブ、カッター、ドリルなど、材料を切断、切削するための工具鋼系と、材料を成形するための金型鋼系がある。最近はエンドミルなどが大きく需要を伸ばしている。
ばね鋼	車両用板ばね、産業用コイルばね、小形用つる巻きばねなどに用いる。いずれも弾性値が高いのが特徴。成形の難易度合いで熱間と冷間の加工方法がある。
軸受鋼	耐久性、耐摩耗性が要求されることから、高炭素クロム鋼系、肌焼き合金鋼系、耐食・耐熱鋼系などがある。

軸受鋼の特性　軸受鋼は、耐摩耗性、耐衝撃性などに優れた特性を発揮し、鋼種には、高炭素クロム鋼系、肌焼き合金鋼系、耐食・耐熱鋼系などがある。中でも高炭素クロム鋼系はその特性に適し、価格も安価であることから需要の大半を占めている。

Section
2-13 特殊鋼のいろいろ②

特殊鋼の中では目に触れる機会の多い鋼種がステンレス鋼です。鉄とクロムの合金鋼で、耐低温性があり、高温強度にも優れた耐熱性も併せ持っています。製造技術の向上で使用量も急拡大しています。

■鉄とクロムの合金鋼

ステンレス鋼は「錆に強い鋼」の代名詞にもなっています。厨房機器や浴槽、鍋やスプーンといった家庭用品などに使われ、特殊鋼の中では目に触れる機会の多い鋼種といえるでしょう。

ステンレスは、ステンレスのスクラップを主原料として電気炉で溶解、あるいは高炉からの銑鉄を溶鋼まで精錬した後、フェロアロイ（合金鉄）を添加してつくられます。ステンレスは硬いため、通常は特殊な圧延機を使います。

鉄とクロムの合金鋼としても知られています。鉄はクロムを12％以上含むと、表面に100万分の数ミリメートルという極めて薄い膜（酸化膜）を生じ、この膜が地金の腐食を防ぐ効果を発揮するのです。耐低温性があり、高温強度にも優れた耐熱性も併せ持っています。

添加成分として、クロムの他にニッケルやモリブデンを加えることもあります。ステンレス鋼は、これらの成分比によって分類され、**オーステナイト系**、**フェライト系**、**マルテンサイト系**の3種が代表的なステンレス鋼材です。

オーステナイト系は、常温においてオーステナイト組織（鋼の組織の一種）であることから、こう呼ばれます。ニッケルを8～11％、クロムを18～20％添加したステンレス鋼が代表的で、耐食性や加工性に優れています。食器などの器物や厨房用品、浴槽などに広く使用されている他、建築分野にも用途が広がり、屋根材や壁材などに使われています。

フェライト系は、熱処理によっても硬化せず、**フェライト組織***を生じることからこう呼ばれています。クロムが16～18％のものが代表的で、耐食性や深絞りなどの加工性に優れているため、主に厨房機器や温水器缶体、内装材、自動

フェライト組織　1種以上の元素を含むα（アルファ）鉄、またはδ（デルタ）鉄固溶体のことで、Fe-C系（鉄-炭素系）では炭素を727℃で最大0.02％固溶する。結晶構造は体心立方晶で軟らかく、加工性に優れている。

車装飾品などに利用されています。

マルテンサイト系は焼入れ状態で**マルテンサイト組織**＊を生じ、硬化するステンレス鋼です。クロムを11～14％含むものが代表的で、刃物や工具などに使われています。

使用量も急激に伸びる

ステンレス鋼には、その他にもオーステナイト系とフェライト系の両方の組織を持った**二相ステンレス**（オーステナイト・フェライト系ステンレス鋼）や、アルミニウムや銅などの元素を少量添加したあと、熱処理をして硬化性をより高めた析出硬化系ステンレス鋼、炭素や窒素などの不純物を極端に少なくして機械的性質や加工性を高めた**スーパーステンレス鋼**があります。

最近では、装飾性の面で様々な特色が求められ、ヘアラインやエンボス模様を付けたステンレス鋼をはじめ、酸化被覆を厚くすることで光の反射角を変え、自然に多彩な色を発色させるカラーステンレス鋼など、多様で親しみやすい製品がつくられています。

「製造技術や加工技術の向上で、使用量も急激に伸びている」（ステンレス協会）のが現状です。

ステンレス鋼の種類

オーステナイト系	ニッケルを 8～11%、クロムを 18～20% 添加したステンレス鋼が代表的
マルテンサイト系	焼入れ状態でマルテンサイト組織を生じ、硬化するステンレス
フェライト系	熱処理によっても硬化せず、フェライト組織を生じる
その他	二相ステンレス鋼やスーパーステンレス鋼がある

マルテンサイト組織　焼入れ加熱時の、元のオーステナイトと同じ化学組成を持つ体心正方晶、または体心立方晶の準安定用固溶体のこと。オーステナイトを急冷した場合に生じる針状の組織で、硬くて脆いのが特徴。

Section

2-14 多彩なその他の鋼材

その他の鋼材には、鋳物用銑鉄、鋳鋼品、鍛鋼品、粉末冶金製品などがあります。圧延法ではなく、使用目的に適した製法を用いることで、複雑な形状をした製品をつくれるのが特徴です。

■複雑な形状の製品化が可能に

圧延によって製品をつくるのではなく、使用目的やその製品が置かれる環境などによって、溶鋼から鋳造し、あるいは鋼塊などの素材を鍛造することでつくられる製品があります。

圧延法と違い、複雑な形状をした製品をつくることができるのが特徴で、鋳物用銑鉄、鋳鋼品、鍛鋼品、粉末冶金製品などがあります。具体的に、その概要を見ていくことにしましょう。

●鋳物用銑鉄

鋳物用銑鉄は、溶融状態で鋳型に注ぎ込み、複雑な形状の製品をつくるための銑鉄です。炭素を2.0%以上含み、湯流れを良くして品質を安定させるため、ケイ素含有量を多くすることで、硫黄などの不純物元素を可能な限り除去しています。

●鋳鋼品

鋳鋼品は、機械の主体部品や不規則な形状をした製品の形状寸法に合った鋳型をあらかじめ製作しておき、この鋳型に溶けた鋼を注ぎ込んで最終製品をつくります。特に強靱性に優れているため、衝撃や圧力などが強くかかる箇所の部品に最適です。

この製法の最大の特徴は、圧延法では製造が困難で、複雑な形状寸法の製品がつくれることです。

主な用途は、製鉄用・ゴム用・製紙用ロール、自動車用ギアケース・アクセルハウジング・ブラケット、鉄道車両用連結器、船舶用クランクシャフト・アンカー、鉱山機械用スプロケット・キャタピラーなどです。

鋳物用銑鉄の分類　成分上の分類によって、破断面がねずみ色をした「普通鋳物用銑（ねずみ銑）」と、「特殊鋳物用銑」に大別される。さらに、「特殊鋳物用銑」は、「可鍛鋳鉄用銑（マリアブル用銑）」と、「球状黒鉛鋳鉄用銑（ダクタイル用銑）」に細分類される。

●鍛鋼品

鍛鋼品は、鋼塊や半製品をプレスやハンマーで鍛錬して成形加工した製品です。鋼材を鍛錬することで、内部組織が微細化すると共に、気泡や亀裂が圧縮されてつぶれ、強靭性が高く機械的性質の優れた製品がつくられます。鍛造の方法には、金型を使う型鍛造と、型を使用しない自由鍛造があり、鋳鋼品と同様、製鉄用・ゴム用・製紙用ロール、船舶用クランクシャフトの他、鉄道車両用車輪や歯車などに使われています。

●粉末冶金製品

使用目的に合わせた特殊な金属粉末を、押し型の中で粉末の融点に近い高温と圧力を加えながら**焼結成形**＊したあと、最終仕上げの加工をして製品にします。

粉末冶金の成形技術には、性質の異なった複数の合金粉を混ぜ合わせることによって、新しい性質を持った複合合金製品が簡単につくれるという特徴があります。

しかも、成分密度が高く、圧延や鍛造、切削などの機械加工ではつくれない、精密で複雑な形状の製品をつくることができます。

鋳鋼品、鍛鋼品、粉末冶金製品の工程

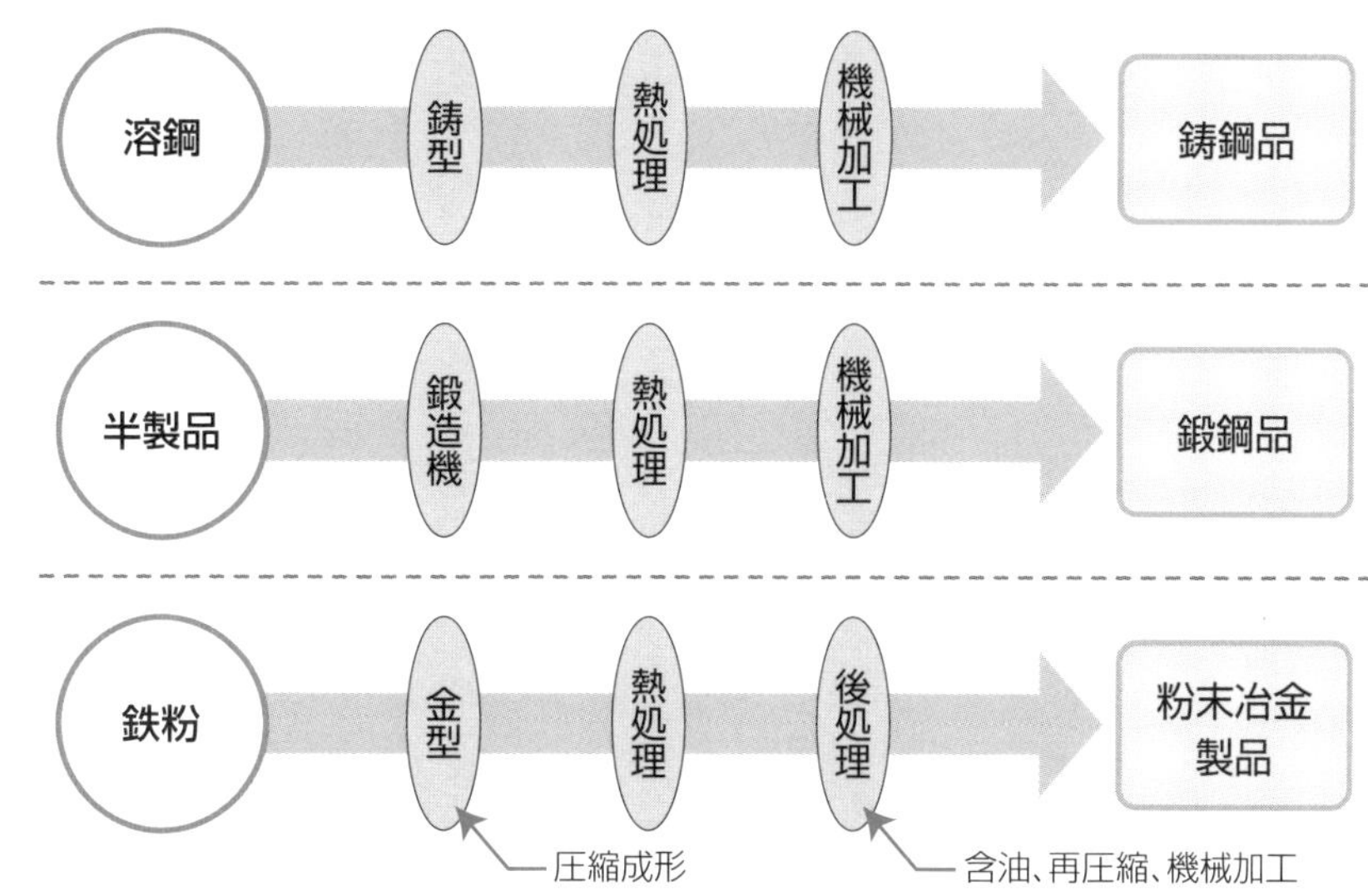

焼結成形　鉄鉱石を高炉に投入する際に、目詰まりを起こさないように鉄鉱石の粉末をコークスと石灰石で固める工程のこと。

Section

2-15 二次製品のいろいろ

一般的に、一次製品（鋼材）から二次的に加工した製品を二次製品と呼んでいます。明確な定義はありませんが、二次製品は、線材二次製品、みがき棒鋼、容器の3ジャンルに分類されます。

■線材二次製品、みがき棒鋼、容器に分類

これまで、鉄鋼を製法や形状による分類で見てきましたが、二次製品という分野もあります。鉄鋼二次製品についての明確な定義があるわけではありません。一般的に、一次製品（鋼材）から二次的に加工した製品をそのように呼んでいます。釘や針金、金網といった三次加工用の素材となるものも含まれます。

二次製品は、線材二次製品、みがき棒鋼、容器の3ジャンルに分類されます。それぞれの概要を見ていくことにしましょう。

●線材二次製品

線材二次製品は、普通鋼の線材を素材としてつくる普通線材製品と特殊線材製品、それに特殊鋼の線材を素材につくる特殊鋼線材製品の3つに分けられます。

普通線材には、素材をダイスに通して冷間伸線した製品も含まれます。その1つに直径を0・18〜18ミリメートル程度に伸線した普通鉄線があります。ヒューム管などコンクリート製品の補強用の他、熱処理でなまし鉄線にして鉄筋や足場管の結束材料に使われます。

特殊線材製品には、硬鋼線材および被覆アーク溶接棒心線用線材、冷間伸線した硬鋼線、PC硬鋼線、亜鉛めっき硬鋼線材などが含まれます。

用途としては自動車用のシートスプリングに代表されるばね材、タイヤを補強するビードワイヤ用のめっき鋼線などのウエイトが高く、次いで建築用コンクリート二次製品が挙げられます。最近は溶接棒用心線の需要が伸びています。

特殊鋼線材製品の分野には、機械構造用炭素鋼、合金鋼、特殊用途鋼といった特殊鋼線材の二次製品が含まれます。

Term

ワイヤストランド ワイヤロープを構成する要素の1つで、中心にある心綱の周囲に素線を何層かより合わせてつくられている。

楽器の弦として開発されたピアノ線が主な用途ですが、最近は自動車の弁ばね、クラッチ用ばねといった高級ばね用や、吊り橋用**ワイヤストランド***などにも使われています。

●みがき棒鋼

丸棒などを素材とした加工製品で、材質は普通鋼をはじめ、機械構造用炭素鋼、快削鋼の他、ニッケル、クロム、モリブデンなどを含む合金鋼（特殊鋼）があります。自動車や各種機械のシャフト類など高品質・高精度が要求される部品類に使われています。

●容器

薄板を素材として加工した製品で食缶、18リットル缶、ドラム缶、一般缶などがあります。食缶は食料品の長期保存用に開発されたもので、ブリキや**ティンフリースチール***を材料としています。

18リットル缶は、ブリキあるいはティンフリースチール製で、容器の形状はやや長い角形。石油やガソリンの他、塗料、食料油、化学薬品などの貯蔵用に使用されています。

線材二次製品の概要

普通線材
- 軟鋼線材 ― 普通鉄線 ― 釘、溶接金網など
  - （めっき）亜鉛めっき鉄線（針金）
  - （熱処理）なまし鉄線
- 冷間圧造用炭素鋼線材（リムド鋼） ― 冷間圧造用炭素鋼線 ― ねじ、ボルト、ナットなど

特殊線材
- 硬鋼線材 ― 硬鋼線 ― ばね、ビードワイヤなど
  - （めっき）亜鉛・その他めっき鋼線
  - PC 硬鋼線
- 溶接棒心線用線材 ― 自動溶接・被覆アーク溶接棒用心線

特殊鋼線材
- 冷間圧造用炭素鋼線材（キルド鋼） ― ねじ、ボルト、ナットなど
- ピアノ線材 ― ピアノ線
  - PC 鋼線
- ステンレス鋼線材 ― ステンレス鋼線 ― ねじ、耐熱・耐食ばね、金網など
- その他特殊鋼線材

ティンフリースチール　すずの付着していないブリキに代わる鋼鈑。対象となる鋼板は数種類あるが、電解クロム酸処理鋼板で、下層が金属クロム、上層がクロム水和酸化物からなる薄い膜で覆われた鋼板を意味する。

Section
2-16 複雑な販売形態

流通・販売形態はどうなっているか①

日本の鋼材の販売形態は、一次問屋と呼ばれる総合商社や専門商社を経由して販売されるもの以外に、特約店と呼ばれる二次問屋にわたったあと、需要家に販売されるものもあるなど複雑です。

縦の流れと横の流れがある

鋼材の国内販売の概要について見てみましょう。結論からいうと、わが国の鋼材の販売形態は複雑です。それはなぜなのでしょうか。

鋼材は鉄鋼メーカー（高炉メーカー、電炉メーカー、単圧メーカー）で生産されると、一次問屋と呼ばれる総合商社や専門商社を経由して販売されるのが一般的です。

こうした問屋経由で販売されるもの以外に、問屋からいったん特約店と呼ばれる二次問屋にわたったあと、需要家に販売されるものもあります。

さらに、特約店の中には一次問屋を通さずに直接、メーカーから鋼材を仕入れ、需要家へ販売するケースもあります。

問屋から**コイルセンター**＊や加工センターと呼ばれる材の加工業者に鋼材が送られるという流通形態も存在します。加工業者に送られた鋼材は、例えば薄板をシャーリング（切断）したり、スリット（細切り）したり、あるいは**条鋼**＊を引き抜き、磨き、溶断するなどといった二次加工をしたあとに、需要家へ納入されます。

また、大口需要家向けには、問屋、特約店、加工業者を通すことなく、メーカーが直接、需要家に販売する「**直売**」という特殊なケースもあります。

これらの販売形態は縦の流れともいえますが、同業者間で鋼材（または加工製品）を融通し合う横の流れ（仲間取引）もあります。

縦の流れにしても多様で、さらに横の流れもあることから、わが国における鋼材の販売形態は複雑なものになっているのです。

コイルセンター　「コイル」と呼ばれる、鉄を薄く伸ばして巨大なトイレットペーパー状に巻き取ったものに、切断加工を行う設備を持ち、鉄鋼メーカーと需要家を結びつける流通業としての役割も兼ね備えた業者。

鉄鋼の国内販売の概要

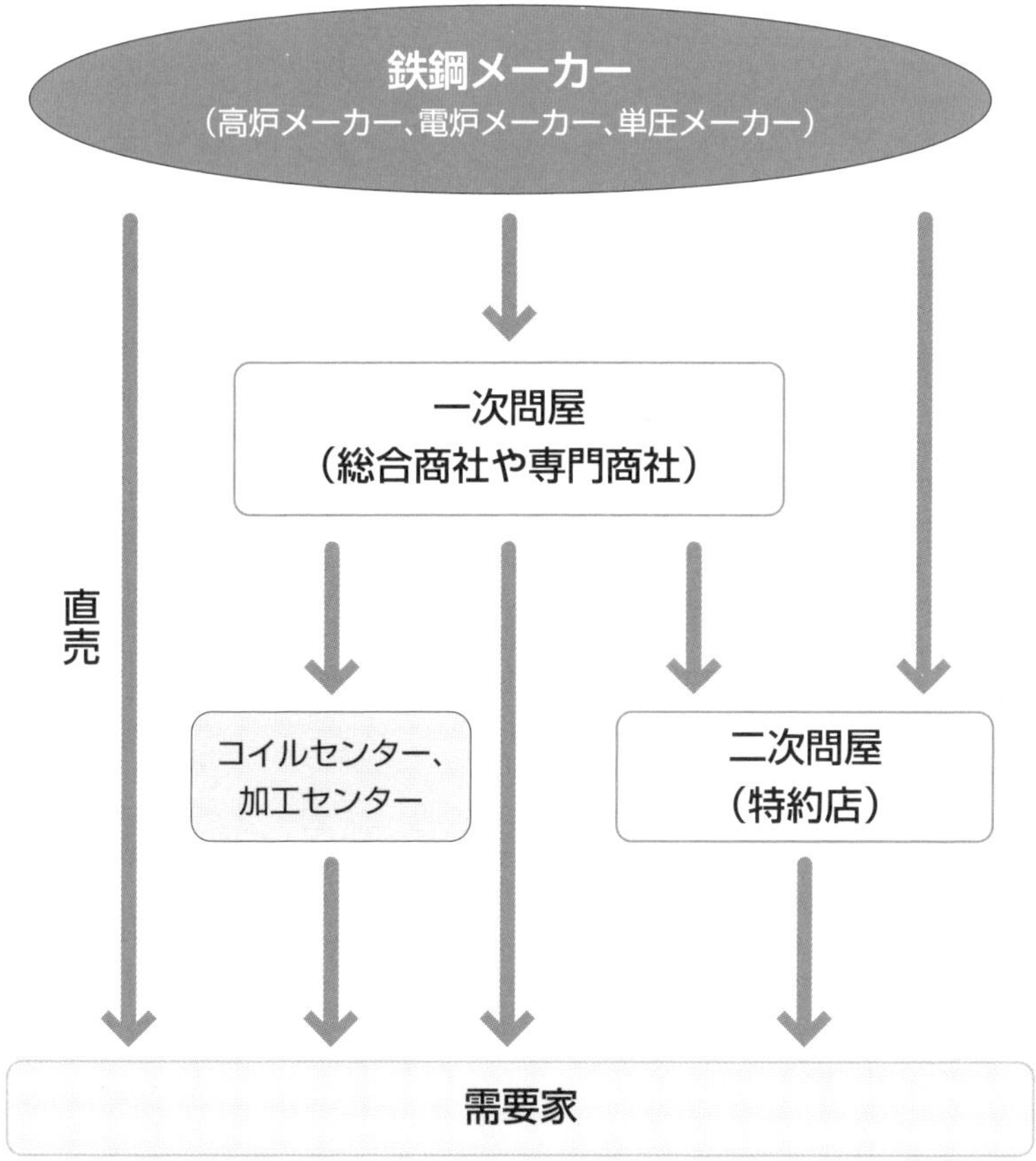

鉄鋼メーカー
（高炉メーカー、電炉メーカー、単圧メーカー）

一次問屋
（総合商社や専門商社）

直売

コイルセンター、
加工センター

二次問屋
（特約店）

需要家

同業者間で鋼材（または加工製品）を融通し合う横の流れ（仲間取引）もあります。

条鋼　形状が平らでない圧延鋼材の総称。形鋼、棒鋼、線材、軌条などがこれに当たる。

Section

2-17 ひも付きと店売り

流通・販売形態はどうなっているか②

販売形態は、高炉メーカーの場合、仕向け先（需要家）が決まっている「ひも付き」契約と、メーカーと問屋が契約する段階では、まだ需要家が特定されていない「店売り」契約に分けられます。

■需要家が決まっている「ひも付き」

鉄鋼製品の販売の大部分は問屋を介して行われます。ただ価格などの販売条件については、メーカー、問屋、それに需要家間で、ケースバイケースで決められます。

契約の形態は、高炉メーカーの場合、仕向け先（需要家）が決まっている**ひも付き契約**と、メーカーと問屋が契約する段階では、まだ需要家が特定されていない**店売り契約**に分けられます。この他に例外的な形態として、メーカーと需要家が問屋を介さず直接契約する「直売」などがあります。

ひも付き販売では、鉄鋼メーカーと需要家が直接交渉で販売価格や数量などを決めますが、これは、メーカーや需要家が共同開発や安定供給を図るためとされています。価格交渉は、原料価格動向をベースに鋼材の需給や国際価格を比較しながら、多くの場合は年1回行われます。そのため、価格は安定的です。

ひも付きとは鉄鋼業界独特の呼称で、新聞紙上では「日本製鉄の橋本英二社長は、自動車メーカーなどに販売する鋼材の価格について、…大口需要家との長期契約である『ひも付き価格』について…」（2023年9月18日付日本経済新聞）などと表現されています。

電炉メーカーの場合、そのほとんどは問屋への「店売り」契約で、「ひも付き」契約は一部のメーカーが少量行っている程度です。

店売り契約では、問屋がメーカーと契約する段階ではまだ需要家が決まっていないため、問屋は自由に鋼材を仕入れて一般の小口需要家の他、問屋仲間にも販売することができます。

品種別に見て販売ウエイトが高いのは、汎用的な小棒、H形鋼などで、条鋼類が大部分を占めています。

Column

ひも付き取引①　統制経済下では、鉄鋼は割当証明書によって販売されていた。証明書を提出して出荷を受け、現品はその証明書提出の需要家に配給されたので、数量、価格ともメーカー→問屋→需要家と一貫してひもが付けられていた。

直売、ひも付き、店売りが基本形態

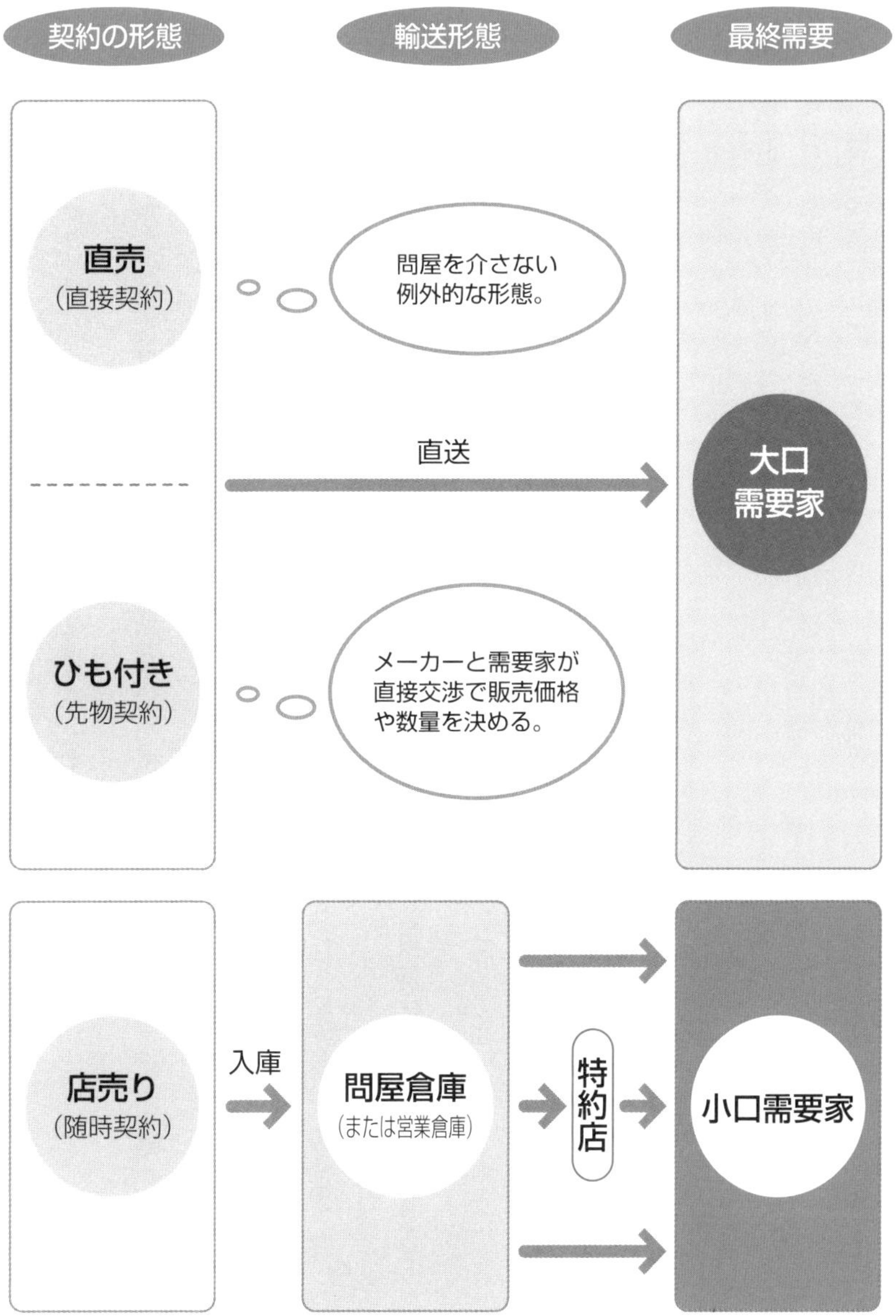

契約の形態
輸送形態
最終需要

直売
（直接契約）

問屋を介さない
例外的な形態。

直送

大口
需要家

ひも付き
（先物契約）

メーカーと需要家が
直接交渉で販売価格
や数量を決める。

店売り
（随時契約）

入庫

問屋倉庫
（または営業倉庫）

特約店

小口需要家

ひも付き取引②　戦後、価格統制が撤廃（1950年）、自由価格制に移行したが、主要メーカーは戦前、販売カルテル時代に行っていた「先物契約」と「建値販売制」を復活させた。これによって、需要家の申し込みは問屋を通じてメーカーに連係された。これがひも付き契約で、現在いわれている「ひも付き」取引の始まりである。

Section

2-18 拡大する問屋の機能

問屋はメーカーの販売事務の代行をはじめ、販売市場の情報収集や在庫管理、二次加工など、メーカーや需要家のニーズを充足させるための多くの機能を担っており、その機能はさらに拡大しています。

在庫管理機能が重要に

問屋は製品を仕入れて販売するだけではありません。ちなみに販売のウエイトが高いのは、汎用的な小棒、H形鋼などで、条鋼類が大部分を占めています。

問屋はそうした製品を鉄鋼メーカーから仕入れて、需要家に販売しているのですが、メーカーの販売事務の代行をはじめ、販売市場の情報収集や在庫管理、二次加工など、メーカーや需要家のニーズを充足させるための多くの機能を担っています。

とりわけ、最近はメーカーと需要家間の信頼を得る一環としての金融代行機能が求められ、また**ジャストインタイム**＊が需要家のニーズとして高まっていることから、在庫（納期）管理が問屋の重要な代行機能になっています。

それぞれの機能について具体的に見てみましょう。

●販売代行

メーカーの販売事務代行は、問屋の基本的機能の1つ。「ひも付き」契約の場合、メーカーの契約事務を代行することで、金融機能を含めた代行機関の意味合いが強いといえます。

●情報収集伝達

需要家やメーカーの動向、ニュースなどの情報収集は、製品を販売していく上での重要なファクターになります。最新の入手情報をすばやく需要家やメーカーに伝達することで、需給の実態把握に大きく貢献することになります。

問屋の在庫手段でニーズを調整

●在庫管理

ジャストインタイムが需要家のニーズとして強く要請さ

Column

ジャストインタイム　製造業における部材調達・製品生産に関する思想で、「必要なものを、必要なときに、必要な数量だけ」調達・生産するという考え方。もともとはトヨタ生産方式を構成する2本柱の1つでもある。

れる時代になっています。こうした中で、メーカーでは調整しきれないデリバリー調整を、問屋が持つ在庫の手段で弾力的にカバーし、メーカーと需要家との間のダム的機能（調整機能）を発揮する重要性が高まっています。

●輸送・保管・加工

現在の鉄鋼販売業界にあっては、海運や陸運の専門業者をはじめ、倉庫保管業者なども存在しています。ただ、仕入れと販売をスムーズに実現するため、問屋もある程度の輸送・保管機能を併せ持っているのが実情です。

また、問屋の中には系列の加工業者を抱えて、**シャーリング業**＊やコイルセンター、加工センターなどを運営するといったところも出てきています。問屋の機能はさらに拡大しているのが現状です。

問屋の機能とは

販売代行	メーカーの販売事務を代行する
情報収集伝達	需要家やメーカーの動向、ニュースなどの情報を収集する
在庫管理	デリバリー調整を在庫の手段で弾力的にカバーし、メーカーと需要家との間のダム的機能を発揮する
輸送・保管・加工	仕入れと販売をスムーズに果たすための機能

シャーリング業　鉄鋼材のうち、主に鋼板を納入先の必要とする寸法に切断や溶断する事業を指す。鉄鋼メーカーから最終ユーザーに至る鉄鋼流通において重要な役割を果たしている。

Section

2-19 貿易は商社介入の取引が基本

鉄鋼の輸出に際しての輸送手段は海上輸送で、輸出入取引はほとんどの場合、商社を通じて行われます。輸出取引は海外需要家からの引き合いが商社を通じてメーカーに寄せられ、海上輸送されます。

鉄鋼輸出の手段は海上輸送

わが国の大手高炉メーカーの製鉄所は、そのほとんどが臨海地域に立地しています。そのため、製鉄所から流通基地（物流拠点）までのいわゆる**第一次輸送**については、大量かつ長距離の輸送が可能な**船舶**の活用が圧倒的なウエイトを占めています。

流通基地では、需要家への納入に従って保管や配送が行われ、**第二次輸送**には主に小回りが効く**トラック**が採用されています。鉄鋼業においては、製品（鋼材）の輸送にとどまらず、原料や製造段階での運搬なども含めた輸送コストの削減が、製造費のコストダウンに大きく影響します。小回りが利くトラックの活用は、このためなのです。

鉄鋼の輸出に際しての輸送手段は海上輸送です。2022年のわが国の全鉄鋼輸出は前年比6・1％減の3200万トン強という規模になっています。（4－6節参照）。輸出取引は海外需要家からの引き合いが商社を通じてメーカーに寄せられます。受注した製品（鋼材）は、海運業者の手によって海上輸送され、相手国の需要家に納入される仕組みです。輸入取引の場合は、これとほぼ逆の流れになります。

国内取引では、一部にメーカー直売が存在するのに対して、輸出入取引はほとんどの場合、商社を通じて行われます。商品の受け渡し業務は、メーカーと商社間の国内取引と、商社と海外需要家（あるいは現地商社）間の海外現地取引という2つから成り立っています。

商品の受け渡しは、国内取引と海外現地取引という2つから成り立っています。

Column

受け渡し条件①　国内段階での取引では、メーカーが製品を本船に積み込むまでの危険と費用をメーカー側が負担するFOB（Free on Board＝本船積み込み渡し）が契約の主流になっている。

鉄鋼製品の輸送形態

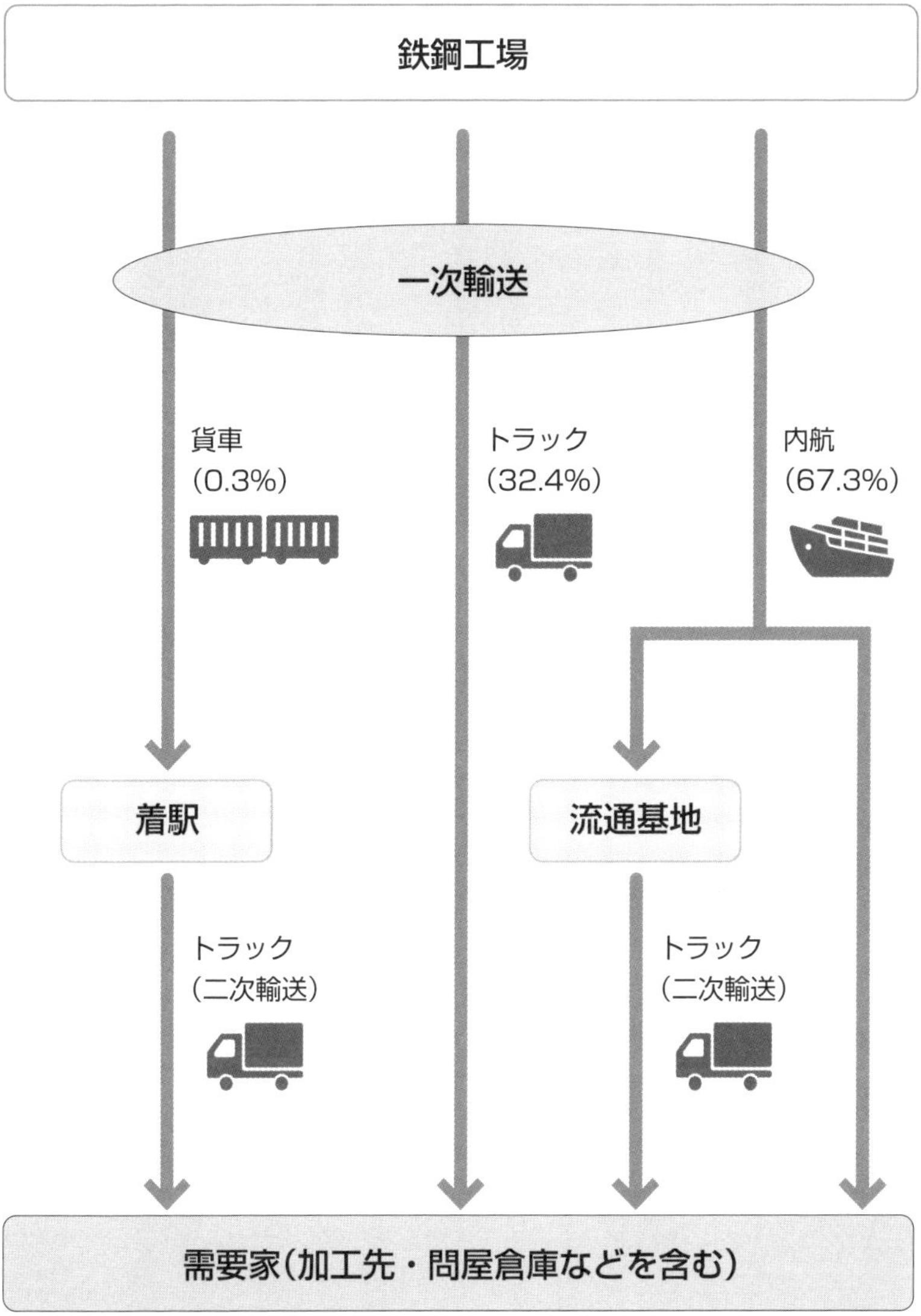

鉄鋼工場

一次輸送

貨車
(0.3%)

トラック
(32.4%)

内航
(67.3%)

着駅

流通基地

トラック
(二次輸送)

トラック
(二次輸送)

需要家(加工先・問屋倉庫などを含む)

注)カッコ内の数字は2022年における構成比
出所:『日本の鉄鋼業2023』(日本鉄鋼連盟)

受け渡し条件② 商社と海外需要家との国外段階では、FOBの他に保険費用、輸送費用なども輸出者(商社)が負担するCIF(Cost Insurance & Freight=運賃・保険料込み渡し)などの条件がある。CIFは世界的に最も広く利用されている。

Section

2-20 鉄鋼業界の全国組織「日本鉄鋼連盟」

鉄鋼業界の全国組織が日本鉄鋼連盟です。会員は鉄鋼を生産する主要メーカー約50社強と鉄鋼流通を担う商社などで構成されています。統計・調査活動をはじめ、その活動は広範囲に及んでいます。

50社の主要メーカーなどで構成

鉄鋼業界の全国組織が、東京・中央区日本橋茅場町の鉄鋼会館に本部を置く、一般社団法人**日本鉄鋼連盟**です。戦時統制団体だった鉄鋼統制会の解散後、日本鉄鋼会と労働問題の調査研究機関だった日本鉄鋼業経営者連盟が統合し、1948年11月に設立された民間団体です。

2001年11月には、鋼材懇話会・銑鉄懇話会の流れをくむ鋼材倶楽部（47年設立）と日本鉄鋼輸出組合（53年設立）を加えた鉄鋼3団体を統合して、新生・日本鉄鋼連盟として発足しました。11年4月には社団法人から一般社団法人に移行し、現在に至っています。

会員は鉄鋼を生産する主要メーカー50社（23年10月30日現在）と鉄鋼流通を担う商社56社（22年11月28日現在）、それに関連6団体（19年4月12日現在）で構成されています。

日本鉄鋼連盟の会長は北野嘉久氏（JFEスチール社長）、副会長には橋本英二氏（日本製鉄社長）、山口貢氏（神戸製鋼所社長）、宇野元明氏（三井物産副社長）、北村京介氏（メタルワン社長）の4氏が名を連ねています（23年7月20日現在）。

鉄鋼の生産・需要・流通に関する統計および調査・分析事業として、毎月、鉄鋼生産概況や鉄鋼輸出入実績概況、さらには用途別受注統計概要などを調査し発表している日本鉄鋼連盟ですが、環境問題への対応や、労働・経営の改善合理化など、その事業活動は広範囲に及んでいます。

事業活動は、環境問題への対応や労働・経営の改善合理化など広範囲に及んでいます。

Column

総合会員　製鉄、製鋼、圧延、その他の鉄鋼業を営む法人およびこれらの者を構成員とする団体からなり、鉄鋼連盟のすべての事業・機能を分担・受益する会員。

日本鉄鋼連盟の概要

鉄鋼業界の全国組織

日本鉄鋼連盟(一般社団法人)

本部：東京都中央区日本橋茅場町 3-2-10(鉄鋼会館)
http：//www.jisf.or.jp

会員

メーカー	50社	(2023年10月30日現在)
商社	56社	(2022年11月21日現在)
団体	6団体	(2019年4月12日現在)

- 一般社団法人日本鋳鍛鋼会
- 全国厚板シャリング工業組合
- 全国ファインスチール流通協議会
- 普通鋼電炉工業会
- 全国コイルセンター工業組合
- ステンレス協会

専門会員 製銑、製鋼、圧延、その他の鉄鋼業を営む法人およびこれらの者を構成員とする団体からなり、総合政策委員会等の政策系事業・機能を分担・受益する会員。

日本企業の最新技術に支えられた東京スカイツリー

東京メトロ半蔵門線の押上駅を降りて地上に出ると、高さ634メートル、世界一の電波塔「東京スカイツリー」が天高くそびえ立っています。その高さには、やはり圧倒されます。思わず「すごいな」という声を発してしまったほどです。

「かっこいいものは、いつだって鉄でできている」——日本鉄鋼連盟のかつての新卒採用ポスターには、空に伸びるスカイツリーをバックにこの文言が踊っていました。鉄の持つ無限の可能性を見事に表現した言葉といえるでしょう。

展望台を含む地上本体の鉄骨重量は約4万1000トンとされています。高炉各社が鋼材を供給したのはいうまでもありませんが、その鋼材は普通のビルや橋の1.5〜2倍の強度があり、地震や強風で揺れても破断しない粘り強さを持っています。それらの製造や加工には、世界トップレベルの鉄鋼技術を持った全国の企業が分担して携わっています。

例えば、足元部分の最も太い柱（直径2.3メートル、厚さ10センチメートル）の1つをつくったのは北九州市にあるプラントメーカー「リージェシー・スティール・ジャパン」です。太い柱をつくるには、まず鋼板の両端をプレス機で9000トンの力で押して曲げます。さらに、ベンディングロール機と呼ばれる円筒形に曲げる機械を操作し、ローラーの間に挟んで少しずつ押し曲げ、丸めていきます。円弧の型版を内側に押し当て、人の目で丸みを確認しながらの作業です。

押したあとの「戻り」は鋼板や気温によってもわずかに異なるため、それらを見極めながら、曲げ過ぎないようギリギリまで押し曲げるそうです。スカイツリーは、まさに経験と勘で培った日本の職人技が、随所に生かされているのです。

技術は鋼材だけではありません。例えば、塔のど真ん中にある「心柱（しんばしら）」を使った制振システムは世界初で、日本古来の木造建築「五重塔」にヒントを得ています。スカイツリーは足元からてっぺんまで日本企業の最新技術に支えられているのです。こうした視点でスカイツリーを眺めれば、日本と日本人の"底力"を改めて実感するかもしれません。

第3章

鉄の歴史と鉄鋼業の歩み

鉄が文明の主役に躍り出たのは、18 世紀の産業革命以降です。人類の文明を支え続けているのが鉄なのです。この章では、そうした鉄の歴史と共に、わが国鉄鋼業の変遷について、たどってみることにしましょう。

Section

3-1 鉄は宇宙がくれた豊富な資源

古代オリエントのメソポタミア地域での鉄製装飾品は、人と鉄の結び付きを示す最も古い出土品です。紀元前1600年ごろから栄えたヒッタイト王国では、鉄をはじめて精錬することに成功しています。

■鉄は地球の3分の1を占める

いまから138億年前、ビッグバンと呼ばれる大爆発が起こり、この宇宙が誕生しました。

そのとき発生した各種の原子がいったん飛び散り、再び集まって、やがて恒星が誕生しました。

恒星の中では、各種の原子同士がくっついて核融合を繰り返したあと、最も原子構造が安定した物質、つまり鉄が誕生したのです。

そして恒星である太陽のまわりで微惑星＊が集まってできたのが地球です。地球では質量の大きい鉄が集合することで、地球の中心部である地核となりました。また、他の質量の小さい物質とくっついて化合した鉄は、地表近くに残りました。

これが現在の〝**鉄鉱床**〟で、私たちはここで採掘される鉄鉱石を製鉄の主原料としています。しかも、鉄は地球総質量の3分の1を占めるといわれるほど豊富な資源なのです。

人と鉄の結び付きを示す最も古い出土品は、古代オリエントのメソポタミア地域での鉄製装飾品などで、紀元前5000年ごろと推定されています。いまでも宇宙から降ってくる隕石の1種である**隕鉄**からつくられたといわれています。

隕鉄は鉄とニッケルを主成分とした、不純物の少ない上質な鉄です。隕石は地球の大気圏に突入すると高温になり、大半が地上に落ちる前に燃え尽きてしまいます。つまり、隕鉄は燃え尽きないで残った〝芯〟の部分ということになります。

微惑星　びわくせい。惑星を形成する材料となった、直径1～10kmの天体のこと。微惑星が相互重力による衝突合体を繰り返して惑星が形成されたと考えられる。

■文明は鉄を基盤に拓かれた

紀元前1600年ごろから栄えたヒッタイト王国*では、鉄をはじめて精錬することに成功し、武器類をはじめとした道具としての鉄の普及が始まりました。

鉄でつくった道具は、それまで自然界にあったものを応用してつくったどんな道具よりも強く、丈夫で使いやすい形のものでした。戦争や狩・農耕は、鉄の使用によって大きく変わり、人類の歴史も発展の歩調を速めました。

鉄が文明の主役に躍り出たのは、18世紀の産業革命以降です。機械文明が発達するのに歩調を合わせ、鋼の大量生産技術が確立されて、鋼は文明の基礎材として大量に使われるようになりました。言い換えれば、産業革命以降の文明は、鉄を基盤に拓かれたものであり、鋼と共に飛躍的な発展を遂げたのです。

20世紀は、〝鉄の世紀〟といっても過言ではありません。アジア圏での製鉄も20世紀はじめに日本の官営八幡製鉄所で始まりました。そして今日に至るまで、鉄はつねに人類の文明を支え続けてきたのです。鉄なくして文明の発展はありえなかったといえるでしょう。

鉄は宇宙がくれた豊富な資源

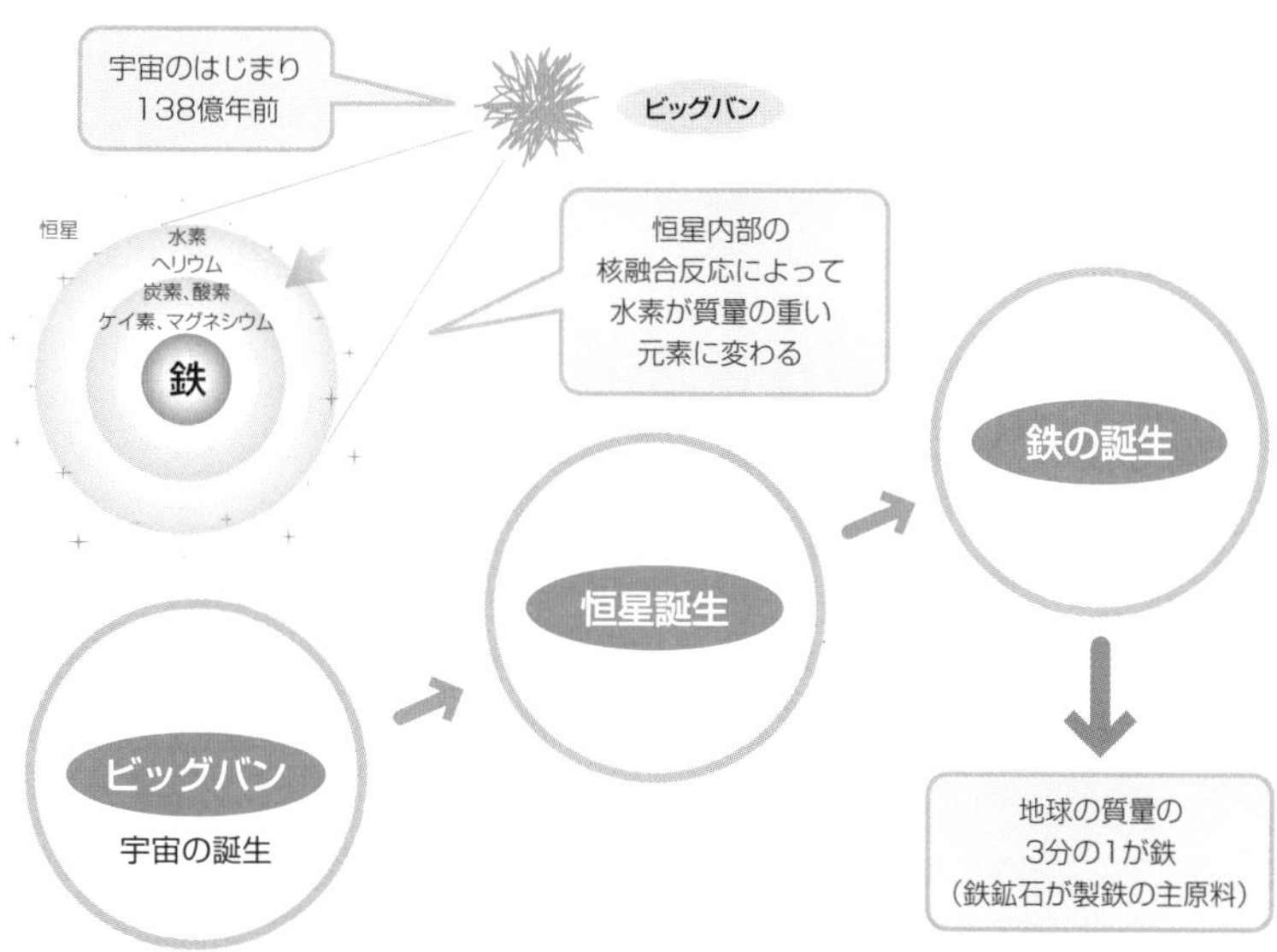

ヒッタイト王国　ヒッタイト人はインド=ヨーロッパ語族に属し、紀元前17世紀中ごろ、小アジア中心に王国を建設し、一時はメソポタミアに進出し帝国の支配を広げた。西アジアで最初に鉄器を使用したとされる。

Section
3-2 古代から中世の製鉄法

古代の木炭高炉による製鉄法は、水車の力で空気を送り込む方式の出現で大きく変化。17世紀の初頭には石炭をコークスにする技術が登場し、木炭の代わりに高炉で使うという挑戦が始まりました。

石炭をコークスにする技術が登場

古代から中世にかけての製鉄法は、どのようなものだったのでしょうか。最初は穴を掘っていましたが、やがて耐火性の石や粘土で炉を築き、木炭と鉱石を入れ空気を送り込んで、木炭の燃焼による一酸化炭素で鉄鉱石の酸素と結合させ、還元するという方法でした。

しかし、この方法では鉄が溶解するほど十分に高い熱を発生させることができないため、半溶融の状態でした。そこで、これを取り出して、さらに赤熱して不純物を叩き出す必要がありました。

その後、人力に頼っていた空気を送り込む方式が14世紀ごろから水車の力を使うようになり、製鉄法は大きく変化しました。炉内の温度を高くすることが可能となり、炭素と接触してこれを取り込んだ炭素含有量の多い溶融状態の銑鉄が得られるようになったのです。そして、この木炭高炉は従来の炉に比べて生産性が高く、イギリスやスウェーデンなどに広範に普及しました。

それでも日産1トン、最高でも3トン程度と見られ、18世紀に始まる産業革命での膨大な鉄の需要に応えることはできなかったのが実情です。

一方で、17世紀の初頭から石炭を**コークス**にする技術が登場し、木炭の代わりに高炉で使うという挑戦が始まりました。

1735年には**コークス高炉法**が確立されましたが、この製法でつくった銑鉄は硫黄分や燐分が多く、これを解決したのが炉内の銑鉄に火炎を当てて、炭素や不純物を酸化して鋼に変えていくというプロセスでした。

炭素濃度　製鉄の長い歴史の中で、最も努力が重ねられてきたのが、いかにして炭素濃度の高い鋼をつくり出すかである。銑鉄がつくられるようになった15世紀以降、改良と発明を繰り返し、現在の転炉、電気炉による製鋼法にたどり着いた。

古代から中世にかけての製鉄法

木炭高炉

耐火性の石や粘土で炉を築く
（木炭と鉱石を入れ空気を人力で送り込む）

水車の力を使う（14 世紀ごろ）

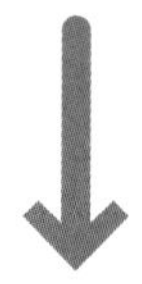

従来に比べ
生産性が向上。

イギリスやスウェーデンなどに普及

石炭をコークスにする技術の登場

コークス高炉法の確立
（1735 年）

炉内の銑鉄に火炎を当てて、
炭素や不純物を酸化して鋼に変えていく
プロセスの導入で、より生産性が向上

副産物　コークスには、いくつかの重要な副産物がある。石炭を蒸し焼きにするとき、コークス炉から大量のタール油、ピッチ、ガスなどが発生するが、タール油からはナフタリンや染料、ピッチからは炭素繊維、ガスからは純水素などがつくられる。

Section
3-3 今日の製鉄法を支える技術体系

19世紀を迎え、イギリスの鉄鋼業は技術革新と膨大な鉄道需要を背景に著しく隆盛しました。この発展の中で、今日の製鉄法を支える3つの技術体系の原型が出揃うことになります。

19世紀末に出揃う3つの技術体系

19世紀に入ると、イギリスの鉄鋼業は目覚ましい発展を遂げました。

コークス高炉などの技術革新と、国内の産業革命下での原料・製品輸送の大動脈としての膨大な鉄道敷設用レール需要などに支えられたからです。ちなみに、イギリスの鉄鋼生産は1800年には約16万トンでしたが、50年には約200万トン、1900年には約900万トンに拡大しています。

こうした生産量の拡大と共に、製鋼法も改善され、1855年には今日の製鋼法の原型となっている**吹錬製鋼法**が発明されました。

この方式では、溶融状態の銑鉄を上から炉に注入し、下部から空気を吹き込み、空気中の酸素で溶銑中の炭素や不純物を燃焼（酸化）させます。これにより、溶融状態で鋼を取り出す製法で、空気で鋼に変えるという画期的なものでした。

ところが難点もありました。ヨーロッパの鉄鉱石は燐や硫黄分が多く、これらをうまく除去することができなかったのです。

そこで、炉の耐火レンガを燐や硫黄分を除去するのに適したものに変更することで改良を図りました。いわゆるトーマス転炉*です。さらに時代は進み、1900年には電力によってスクラップを溶解して精錬する**電気炉法**も開発されています。

こうして、ほぼ19世紀末までに、今日の製鉄法を支える3つの技術体系の原型が出揃うことになりました。

トーマス転炉　イギリス人のシドニー・G・トーマスによって発明された、燐を含む鉄鋼石の利用を目的とした製鋼炉。トーマス転炉は、日本の鉄鋼業界の発展に大きく貢献し、世界屈指の鉄鋼生産国に日本を成長させる基礎をつくった。

西部開拓でアメリカ鉄鋼業は飛躍

3つの技術体系とは、第1に**コークス高炉**による銑鉄の製造であり、第2に平炉、電炉などによる**溶鋼精錬法**、第3に蒸気機関を駆動力とした圧延機によって、溶鋼を様々な形状に圧延する**圧延技術**です。これらの3つの技術体系は、1つの総合的技術体系としての今日の世界の主流である鉄鋼一貫体制へと開花していくことになります。

こうした技術体系を背景に、イギリスは19世紀後半まで世界一の鉄鋼生産国でしたが、1890年にはアメリカに銑鉄、粗鋼双方の生産で抜かれ、ドイツにも粗鋼で95年に、銑鉄でも1903年に追い抜かれてしまっています。

アメリカ鉄鋼業の飛躍のきっかけは、19世紀半ばまでの西部開拓による鉄道関連を中心とした鉄鋼需要の増大でした。

ドイツはウィルヘルム1世治下で国家政策として石炭、鉄鋼などの基礎産業部門を中心とした重工業育成策がとられ、大規模な設備投資が行われたことが、鉄鋼の需要、生産拡大の原動力となりました。

今日の製鉄法を支える3つの技術体系

コークス高炉による銑鉄の製造

平炉、電炉などによる溶鋼精錬法

蒸気機関を駆動力とする圧延技術

▲コークス炉

◀かつてのコークス炉

Section

3-4 戦時統制下で生産拡大

日本鉄鋼業の変遷①

日本は明治維新を迎え、殖産興業政策によって軽工業から重工業へと移行するに伴い、大量の鉄鋼需要が出てきました。全量を輸入に頼らざるを得ない状況下、官営八幡製鉄所、日本製鉄が誕生しました。

国内需要の大半は輸入に依存

日本で近代製鉄法が始まったのは、いまから160年以上も前の1857（安政4）年で、現在の岩手県釜石市に建設された木炭高炉が初出銑した12月1日（鉄の記念日）であるとされています。明治維新を迎え、**殖産興業**＊政策が軽工業から重工業へと移行するのに伴い、大量の鉄鋼需要が出てきました。

しかし、当時の国内での生産はほとんどなく、ほぼ全量を輸入に頼らざるを得ない状況でした。例えば、1894（明治27）年では、国内鋼材需要8万8000トンに対し、輸入は8万6000トン。1904年ごろでは、26万～38万トンの需要に対して、輸入は20万～30万トンと約80％を輸入に依存していました。

このため、国際収支の赤字の大部分を鋼材輸入が占める状態が慢性的に続いていたのです。こうした中で、明治政府は1896（明治29）年、年間約6万トンの鉄鋼一貫製鉄所を、現在の北九州市八幡に建設することを公布しました。原燃料となる石炭は筑豊炭田から、また鉄鉱石は釜石などの国内産の他、中国の鉱石を購入することにしました。

これが**官営八幡製鉄所**で、1901（明治34）年に高炉、製鋼、圧延の一貫作業を開始しています。設備と技術は当時、世界最高水準であったドイツから輸入し、国の歳出の約1割に当たる巨額の投資によってつくられました。

この官営八幡製鉄所は徐々に生産を拡大し、収益も上げていったものの、国内需要の大半は依然として輸入に依存するという状況でした。

殖産興業　明治時代前期に政府が推進した「産業育成政策」のことで、生産を増やし、産業を興せという意味。繊維工場や軍需工場など、民間の模範として経営した官営模範工場や直営事業場などを指す。

鉄は戦略物資として統制下に

第１次世界大戦（１９１４〜18年）後の産業活動の長期停滞に加えて、29年の世界恐慌などで世界的に鉄鋼需要は低迷し、成長途上の日本鉄鋼業も大きなダメージを受けることになりました。

こうした状況から、「鉄鋼業を大合同し、銑鋼一貫体制を強化すべし」という提言が大正末期から昭和初期にかけてなされ、34（昭和９）年に日本製鉄が設立されたのです。

このころから日本の鋼材自給率は、需要３２２万トンに対して生産３３２万トンの１０３％という鉄鋼の自給国になっています。

一方で、31（昭和６）年の満州事変勃発に続き、33年の国際連盟脱退、37年の盧溝橋事件*と軍事化の道を歩み、戦時統制経済へと移行していくことになります。

鉄は戦略物資として統制下に置かれ、増産を最大の目標にして設備の拡充が図られ、43年には７６５万トンの粗鋼を生産するまでに規模が拡大しました。

日本の鉄鋼業の歴史～戦前まで

1857年12月　岩手県釜石市の木炭高炉が初出銑
→近代製鉄法の始まり

1901年　官営八幡製鉄所で高炉、製鋼、圧延の一貫作業を開始

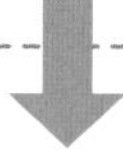

1934年　「鉄鋼業を大合同し、銑鋼一貫体制を強化すべし」との提言を受け、日本製鉄が発足

盧溝橋事件　1937（昭和12）年7月7日夜に始まる盧溝橋一帯での日中両軍の軍事衝突で、日中全面戦争の発端となった事件。盧溝橋は北京（当時は北平）の南西郊外にある。

Section
3-5 日本鉄鋼業の変遷②
戦後復興から世界水準に

終戦時の粗鋼生産量は大きく落ち込んだものの、1960年には2320万トンと、世界第5位の鉄鋼生産国となり、技術レベルもほぼ十分な国際競争力を持つ水準に達しています。

臨海一貫製鉄所の建設も

第二次世界大戦中の日本では、鉄は戦略物資として設備や生産、労働、販売、経営の全般にわたって戦時統制下に置かれていました。

増産を最大の目標に、1939（昭和12）年から43年までの5年間に17基の高炉が火入れされるなど、設備拡充によって粗鋼生産量が拡大したのは前述のとおりです。しかし、戦況の悪化と共に原料不足となり、終戦時の粗鋼生産量は196万トンまで落ち込むことになりました。

戦後の日本の鉄鋼業は、戦後復興期（昭和45～50年）、第1次（昭和51～55年）、第2次（昭和56～60年）、第3次（昭和61～65年）合理化期を経て、第一次石油危機ごろまでの新鋭拡大期、石油危機以降の安定成長期、バブル崩壊後の長期低迷期に大別することができます。

戦後復興期の鉄鋼生産は、石炭・鉄鉱石・電力の不足から減少し続け、石炭の増産もできないという悪循環に陥りました。

これを断ち切るため、資源を石炭と鉄鋼の生産に集中するという**傾斜生産方式***を取ったのです。こうしたことから、鉄鋼生産は46年の56万トンから50年には484万トンまで回復することになりました。

第1次合理化期では、増大する鉄鋼需要に対応した増産と、品質・価格の国際水準への向上が主眼とされ、圧延部門の合理化と鉄鋼一貫メーカー化が進みました。

第2次合理化期では、国内需要の急速な拡大に対応した供給力の整備が課題となり、**臨海一貫製鉄所***の建設と設備の大型化・高速化による量産体制の確立が志向されました。

Term

傾斜生産方式　特定の重要産業へ資金・資材を重点的に投入して生産を行うこと。第2次大戦後の経済危機を乗り切るために実施した経済政策。

臨海一貫製鉄所　鉄鉱石や石炭のほとんどを海外に依存しているため、日本の製鉄所の多くは臨海地域に立地。

60年に世界第5位の鉄鋼生産国に

戦後はスクラップを利用する**平炉**＊法が主流でしたが、スクラップの蓄積が不十分で、かつエネルギー源として低廉な天然ガスを持たない日本では、平炉法に限界がありました。そこで、当時オーストラリアで開発された**転炉**＊法を導入することにより、こうした問題を見事に克服しています。

51年から60年までの2次にわたる合理化の結果、国内需要の拡大と相まって、日本の粗鋼生産は51年の678万トンから56年には1170万トンと、戦前のピークをはるかに上回る規模となりました。

60年には2320万トンと、世界第5位の鉄鋼生産国となり、技術レベルもほぼ十分な国際競争力を持つ水準に達しています。また、銑鋼一貫体制による鉄鉱石の需要増大に対応するため、日印（インド）協力による新規鉱山開発と、安定的な輸送のための鉱石専用船の新造なども開始されました。

日本の鉄鋼業の歴史～第2次合理化期

戦後復興期
（1945～50年）

↓

第1次合理化期
（1951～55年）

↓

第2次合理化期
（1956～60年）

↓

世界第5位の鉄鋼生産国に

▲転炉　写真提供：（社）日本鉄鋼連盟

平炉と転炉　平炉は、炉内の溶鉄に燃焼で得られた高温の空気から輻射熱を伝えることで炭素を除去できる。1865年にフランスのマルタン兄弟によって発明された。また、転炉は炉内の溶鉄に空気を吹き込むことで銑鉄に含まれる炭素を化学反応により除去できる。これにより粘り強い鋼を短時間で大量生産できるようになった。

Section
3-6 第3次合理化期

日本鉄鋼業の変遷③

第3次合理化期では、新規立地の年産能力500万〜1000万トン級までの大型臨海製鉄所が建設されました。生産量、生産設備、技術の面で世界第一級の水準に達したことも特筆されます。

第3次合理化期では、新産業都市*形成の一環として新規立地の年産能力500万〜1000万トン級までの大型**臨海製鉄所***が建設されました。旧住友金属工業（現・日本製鉄）和歌山製鉄所の第一高炉の完成（61年）などです。

60年代前半には、日本の機械産業も本格的に始動し、製鉄機械も国産化が可能となりました。同時に鉄鋼業の技術輸出も始まっています。

60年代後半には、生産設備の大型化や高速化、コンピュータ制御による自動化が徹底的に追求され、生産量、生産設備、技術の面で世界第一級の水準に達したことも特筆されます。

結果として供給能力の拡大を果たし、鋼材価格の安定化と共に鉄鋼産業の国際競争力を強化する基盤を築くことになったのも事実です。

世界第3位の鉄鋼生産国に

1960年代に、日本の鉄鋼需要は急速に拡大しました。日本経済は重化学工業化による高度成長が本格化し、自家用車や家電耐久消費財の普及、さらには新幹線など社会資本の充実に支えられたからです。

ちなみに粗鋼見掛消費量（粗鋼生産に輸入を加えて、輸出を控除した統計上の数値）は、60年2110万トン、65年2850万トン、70年7060万トンと、60年代後半の5年間で4200万トンも増加しています。国内需要の増加に輸出増も加わり、粗鋼生産量は65年の4130万トンから70年には9240万トンまで拡大し、日本は世界第3位の鉄鋼生産国となりました。

また、鋼材輸出では69年に当時の西ドイツを抜いて世界第1位の輸出国に成長しています。

Term

新産業都市　かつての日本の開発拠点。1962年に制定された新産業都市建設促進法（新産法）に基づいて、「産業の立地条件及び都市施設を整備することにより、その地方の開発発展の中核となるべき」（第1条）として指定された地域。

日本の鉄鋼業の歴史～第3次合理化期

第3次合理化期
（1961～65年）

日本の鉄鋼需要は急速に拡大

1965年に世界第3位の鉄鋼生産国に

大型臨海製鉄所の建設
→旧住友金属工業（現・日本製鉄）和歌山製鉄所の第一高炉（1961年）など

1960年代前半
鉄鋼業の技術輸出も始まる

1960年代後半
生産設備の大型化や高速化、コンピュータ制御による自動化の追求

生産量、生産設備、技術の面で世界第一級の水準になる

臨海製鉄所　資源の少ない日本の製鉄所は、鉄鉱石と石炭の大半を輸入に依存するため臨海部に立地し、大規模な設備を配置した。

Section

3-7 国際競争力の強化

日本鉄鋼業の変遷④

二度のオイルショックが日本の鉄鋼業に与えたインパクトは大きく、低操業・低収益などを余儀なくされました。これに対して業界は、国際競争力の強さを背景にした対応で乗り切っています。

■原料輸送コスト面で優位性

日本の鉄鋼業界は、戦後の数回に及ぶ合理化と新鋭拡大期を経て、二度の**オイルショック***を乗り切ってきました。オイルショックが鉄鋼業へ与えたインパクトは大きなものがありました。

例えば、需要の低迷に伴う鉄鋼メーカーの低操業と低収益が挙げられます。また、石油や石炭、鉄鉱石などの資源エネルギー価格の高騰も大きなダメージとなり、需要家ニーズの変化と、新たな競合材料の出現をもたらしました。

需要家ニーズの変化とは、小型軽量化や耐久性の向上、極限環境での使用などが特徴的です。競合材料では、**エンジニアリング・プラスチック***、アルミ合金、炭素繊維、チタン合金などの軽量・高機能材料が出現しています。

こうした数々のインパクトに対して、業界は3つの対応をしています。第1に、老朽設備の廃止や存続設備の新鋭化による生産設備体制の変更、第2に徹底した省エネルギーと脱石油、歩留まり向上、第3にユーザーニーズに合った新製品の開発です。

これらの対応を可能にした背景には、日本鉄鋼業の設備規模や技術水準、生産性などにおける圧倒的な国際競争力の強さが挙げられます。前述のように日本の場合、一貫製鉄所はすべて臨海製鉄所で、日本の粗鋼生産能力の約80％を占めるといわれ、原料輸送コスト面での相対的な優位性が、国際競争力の強さに反映されていることも見逃せないでしょう。

日本の鉄鋼業は、原料輸送コストの面で相対的な優位性があります。

オイルショック　OPEC加盟国のうち中東の6カ国が、原油公示価格を引き上げたことと生産削減を決定したことで起きた、石油の価格高騰とそれに伴う世界規模の経済的混乱。1973年の第一次と1979年の第二次がある。

Term

日本の鉄鋼業の歴史〜オイルショック

新鋭拡大化期
(1966〜70年)

安定成長期
(1971〜75年)

第1次オイルショック(1973年)
第2次オイルショック(1979年)

需要の低迷に伴う鉄鋼メーカーの低操業と低収益

業界の3つの対応

①老朽設備の廃止や存続設備の新鋭化による生産設備体制の変更

②徹底した省エネルギーと脱石油、歩留まり向上

③ユーザーニーズに合った新製品の開発

エンジニアリング・プラスチック　エンプラと略される。機械的な強度に優れ、耐熱性が高いなどの特徴を持つ。主に高い性能の求められる工業用部品などに使われる。明確な定義はないが、引っ張り強さで約500kg/c以上、曲げ弾性率で2万kg/c以上 耐熱性100℃以上といった条件を満たすものを指すことが多い。

Section

3-8 日本鉄鋼業の変遷⑤

新技術の導入とオイルショック

欧米から要素技術を導入し、日本独自の改良とノウハウの体系化で量産化志向の生産技術は世界一の水準に達しました。オイルショック後は製造プロセス全体の見直しを図ることになりました。

製造プロセス全体を見直し

日本の鉄鋼業は、1970年初頭までに今日の一貫製鉄所群の骨格の建設を終えていましたが、主要な要素技術は欧米からの導入でした。

製銑工程では、63年の高炉高圧操業に始まり、炉体冷却用ステーブクーリング、ペレット製造技術、コークス乾式消火技術が代表的です。

製鋼工程では、酸素上吹転炉法や真空脱ガス処理法、連続鋳造法、底吹転炉技術など、今日の製鋼法の基礎となった当時の最新技術が導入されています。圧延工程ではストリップ圧延技術や連続亜鉛めっき、電気ブリキ技術、ゼンジミア圧延技術などが挙げられます。

これらの導入技術は操業経験の蓄積と共に、日本独自の改良が加えられ、新規立地の製鉄所において、そのノウハウが体系化されていったのです。この過程を経て、各設備の大型化・高速化と共にコンピュータ制御による自動化などの量産化志向の生産技術は世界一の水準に達しました。同時に設備の国産化にとどまらず、技術輸出も可能にしたのです。

ところが、オイルショック以降は省エネ・省資源、省力・歩留まり向上によるコストダウンと、製品の多様化や小ロット化ニーズへの対応が最優先の技術的課題となり、**製造プロセス全体の見直し**が行われるようになりました。

連続鋳造設備の導入に拍車

オイルショックは連続鋳造設備の導入に拍車をかけることになりました。オイルショックが起きた73年の同設備の

炉壁構造 高炉の炉壁構造は、鉄皮の内側に内部冷却機構を備えたステーブ（クーリングステーブ）を設け、このステーブの内側に炉内側耐火物が保持される構造となっている。

粗鋼生産に占める比率は21％でしたが、88年には93％へと大きく拡大しています。

同設備の導入は鋼材歩留まり（粗鋼生産量に対する鋼材生産量の比率）の向上に大きく寄与しており、オイルショック後の15年間で10ポイント上昇し、88年には94％に達しています。

また、鉄鋼業全体の省エネルギーに大きな役割を果たし、73年度を100とする粗鋼トン当たりのエネルギー消費量は、88年度には81へと減少しています。

エネルギー単価の低減を目指した脱石油への対応は、高炉のオイルレス操業に代表されます。つまり、高炉での重油吹き込みをオールコークス操業で置き換え、急騰した石油系燃料から安価な石炭へとエネルギー転換を図ったのです。

その結果、脱石油は目覚ましい成果を上げ、エネルギー消費に占める石油系燃料の比率は73年度の21・3％から80年度に9・5％と半減し、88年度には7・0％まで低減しています。

日本の鉄鋼業の歴史〜新技術の導入

オイルショック以降に高まる、製造プロセス全体の見直しの気運

連続鋳造設備の導入に拍車

<連続鋳造設備の粗鋼生産に占める比率>

21％（1973年）➡ 93％（1988年）

<鋼材歩留まりの向上>

84％（1973年）➡ 94％（1988年）

ゼンジミア圧延機　堅固な一体の鍛鋼製の装置を保護する覆い部品中に、極めて小径のワークロールと、これを補うための多段ロールの組み合わせから成っている機械。優れた寸法精度を実現することができる。

Section
3-9 工程の連続化と直結化

日本鉄鋼業の変遷⑥

オイルショックを契機として活発化したのが、工程の連続化・直結化です。製造プロセスを1つのシステムとして運用する統合化の技術によって実現したもので、コストダウンに成果を上げています。

新製品の製造も可能になる

日本の鉄鋼業界は、省資源や省エネルギーの他にも工程の連続化・直結化によってコストダウンに成果を上げてきました。とりわけ、オイルショックを契機に活発化したといえますが、1980年代の具体例を見ていくことにしましょう。

連続鋳造工程と熱間圧延工程の直結化は、まず当時の新日鉄大分が80年に、そのプロセスを稼働させています。これを契機に、81年に新日鉄堺、同室蘭、日本鋼管福山（現JFEスチール西日本製鉄所）で実施され、省エネルギーや省力化、生産性向上に大きな効果を上げています。

酸洗＊・冷間圧延工程では、新日鉄君津で81年に世界初の直結化が行われ、85年には川崎製鉄水島でも実施されました。冷間圧延・連続焼鈍（しょうどん）工程に関しては、新日鉄広畑で82年に月産9万トンの直結ラインが稼働を始めました。

全連続式冷間圧延機では、当時の日本鋼管福山が71年に世界初の実機化に成功しています。既存設備における全連続化の改造例としては、82年の新日鉄八幡を皮切りに、住友金属工業鹿島（83年）、川崎製鉄千葉（84年）と続いています。小規模の投資で大きな成果を上げているのが特徴です。

こうした工程の連続化・直結化は単一技術の確立はもとより、製造プロセスを1つのシステムとして運用する統合化の技術の確立なしには実現できないのはいうまでもありません。連続化や直結化が、従来にない新製品の製造を可能にしたことも特筆されるでしょう。

酸洗　熱間圧延された金属製品を熱処理すると、表面にスケールと呼ばれる酸化皮膜が付く。このスケールや錆などの金属表面に付いた酸化物を除去するため、酸溶液中に比較的長い時間浸けて、表面を清浄にする方法をいう。

日本の鉄鋼業の歴史～工程の連続化・直結化

オイルショックを契機に活発化

連続鋳造工程と熱間圧延工程の直結化
→省エネルギー、省力化、生産性向上に効果

酸洗・冷間圧延工程の直結化
→新日鉄君津で1981年に世界初の直結化

冷間圧延・連続焼鈍工程の直結化
→新日鉄広畑で1982年に実施

既存設備の全連続化
→新日鉄八幡（1982年）、住友金属工業鹿島（1983年）、川崎製鉄千葉（1984年）

新製品の製造を可能に

焼鈍　焼きなましともいい、金属材料を高温に保持したのち徐冷する熱処理。徐冷とは、目標温度までゆっくり冷却することで、アニーリング（Annealing）とも呼ばれている。

Section

3-10 日本鉄鋼業の変遷⑦ 多様化と高級化への対応

オイルショック後に顕著になったのが、自動車や電機産業などを中心にした鋼材需要の多様化や高級化です。これに対して業界は、ニーズを的確にとらえ、不断の研究開発で製品を供給してきています。

より使いやすい高性能を追求

日本の鉄鋼業は、需要の量的変動に対応してきただけではありません。オイルショック後に顕著になったのが需要の質的変化、すなわちニーズの多様化や高級化です。こうした変化への対応にも怠りがありませんでした。

自動車や電機、機械産業、造船業といった鉄鋼需要産業が求める品質を的確にとらえた製品を不断の研究開発によって供給してきたのです。

このことは、鉄鋼業の国際競争力を高めただけではありません。自動車産業など鉄鋼需要産業向けに内需として出荷された鋼材は、これら産業の国際競争力を高める一端を担っています。鉄鋼需要産業の輸出に伴う鋼材の間接輸出は、鋼材全出荷量の2割以上に達していたほどです。

鋼材は、鉄鉱石の還元➡精錬➡圧延というプロセスを経て生産され、その限りでは品種間の違いはありません。また、伝統的な材料であることから新味に乏しい材料と見られることも少なくありません。

しかし、現実には技術開発や付加価値の向上が図られ、より使いやすい、しかもより高性能な新素材としての鉄が登場しています。その意味で、鉄は「永遠の新素材」ともいえ、機能性に優れた鋼材を**ファインスチール**と呼ぶこともあります。

日本の鉄鋼業は、間断ない需要の質的な変化に対応して、時には新たな用途を創出しながら開発に専心してきたともいえるでしょう。いずれにしても、ニーズの多様化や高級化への対応を追求してきたのは確かです。

強い鉄　鉄は熱処理や合金化をすることで、強度がさらに飛躍するという性質を持っている。鉄が強くなれば、それだけ同じ強度の構造物をつくるのに、より少量の鉄で済むようになる。

日本の鉄鋼業の歴史～多様化・高級化

オイルショック後に顕著になった
鋼材需要の多様化・高級化

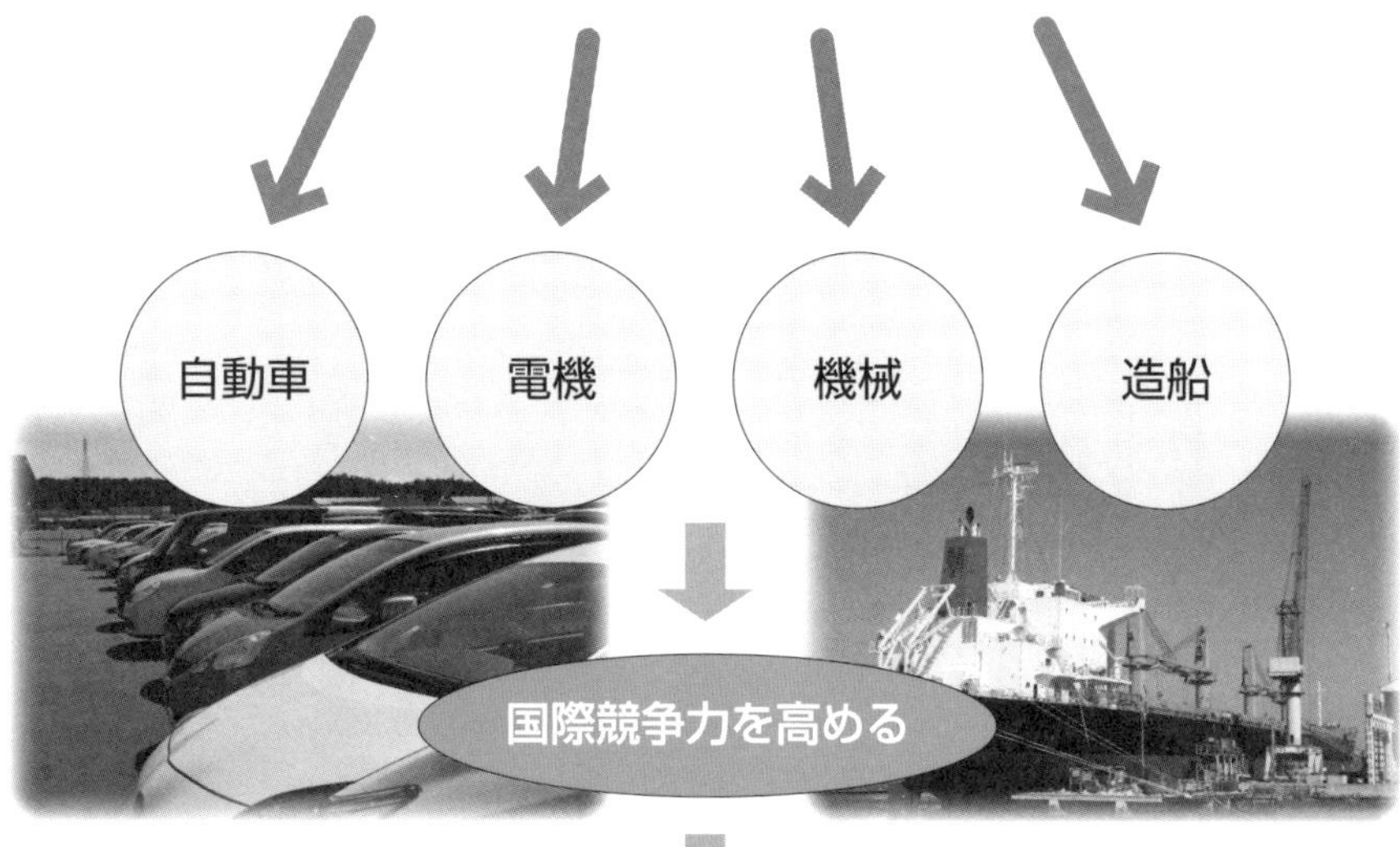

技術開発や付加価値の向上

より高性能な新素材としての鉄の登場

鉄は「永遠の新素材」

しなやかな鉄　熱処理や合金化は、鉄をしなやかにすることもできる。緩衝装置や計り、シャープペンの内部のバネなど、鉄は用途に合わせ、適度なしなやかさに調整されて文明の利器の進化を支えている。

Section

3-11 ゴーン・ショックが引き金

日本鉄鋼業の変遷⑧

八幡製鉄と富士製鉄が合併して誕生したのが新日本製鉄です。その32年後に川崎製鉄とNKKが経営統合してJFEホールディングスが誕生しています。「ゴーン・ショック」が引き金でした。

価格決定権を失い再編へ

鉄鋼業界は「再編の歴史」といってもいいでしょう。戦前の1934年、日本製鉄に統合された官営八幡製鉄所、釜石鉱山など各社は、戦後の50年に**集中排除法**＊などで解散され、別法人として八幡製鉄と富士製鉄が新たに設立されました。

その八幡、富士製鉄は過当競争を排し、競争力ある製鉄会社をつくるとの理由から1970年に合併、新日本製鉄が誕生しています。2002年には、川崎製鉄と日本鋼管（NKK）が経営統合し、JFEホールディングスとなりました。前後して、新日本製鉄、住友金属工業、神戸製鋼所が資本業務提携をしています。

日産自動車の調達戦略や欧州アルセロール・ミタルの買収攻勢への対応が再編の引き金でした。当時の日本経済は、80年代後半のバブルを経て変調していました。資産デフレで、企業は3つの過剰（債務・設備・人員）、金融機関は不良債権に苦しむことになったのです。そうした中で起きたのが、日産自動車のカルロス・ゴーン社長（当時）による「**ゴーン・ショック**」でした。

99年、経営危機に見舞われた日産が、徹底的に調達費を削り始めたのです。ゴーン氏は慣習で決まっていた鉄鋼メーカーごとの自動車メーカーへの納入比率を改め、入札に変更しました。

これを機に鋼材の2割ほどを占める自動車向けの分野で価格競争が始まりました。価格決定権を失った鉄鋼業界は動揺し、NKKと川崎製鉄は経営統合し、新日鉄、住金、神戸製鋼所はソフトリライアンス（緩やかな連合）を選んだというわけです。

Column

カルロス・ゴーン　ルノーの取締役会長兼最高経営責任者（CEO）、日産の代表取締役社長兼CEO、三菱自動車の代表取締役会長などに登りつめた、稀代のカリスマ経営者。2018年11月以降、金融商品取引法違反容疑などで逮捕された。2019年12月、日本を密かに出国し、中東レバノンに逃亡した。

日本の鉄鋼業の歴史～ゴーン・ショック

1934年

日本製鉄に官営八幡製鉄所、釜石鉱山などが統合

1950年

八幡製鉄と富士製鉄の設立

1970年

新日本製鉄の誕生（八幡製鉄と富士製鉄が合併）

2002年

- JFEホールディングスの誕生（川崎製鉄とNKKが経営統合）
- 新日本製鉄、住友金属工業、神戸製鋼所が資本業務提携

「ゴーン・ショック」が引き金に

鉄鋼業界は価格決定権を失う

集中排除法　第2次世界大戦後、占領軍による経済民主化政策の1環として、1947年12月18日に公布・施行され、55年7月25日に廃止された法律。正確には過度経済力集中排除法という。

Section
3-12 生き残りをかけた挑戦

日本鉄鋼業の変遷⑨

新日本製鉄と住友金属工業が合併して誕生した新日鉄住金。その6年半後には社名を「日本製鉄」に変更し新体制で活動しています。とはいえ、かつてない変革を迫られています。

リーマン・ショックで危機感募る

２０１２年10月1日、新日本製鉄と住友金属工業が合併し、新日鉄住金が発足。業界では02年にＮＫＫと川崎製鉄が統合してＪＦＥホールディングスが誕生して以来の大型合併になりました。合併の下地は10年以上も前にできていたというのが通説です。

前項でも触れたように、日産自動車による１９９９年の「ゴーン・ショック」が引き金でした。住友金属工業は日産への納入から締め出されて窮地に陥り、株価が額面割れしたのです。そこに手を差しのべたのが当時の新日鉄で、資本提携を通じて関係を強化しました。

02年の資本業務提携から10年が経過していました。両社トップにとって、統合は「暗黙の認識」ではありましたが、いくつかの契機を経て、ようやく合併の機が熟したということでしょう。中でも、世界最大の鉄鋼会社アルセロール・ミタルの登場は衝撃でした。

ミタルはインドネシアの小さな鉄鋼メーカーでしたが、買収を繰り返して世界1位に上り詰め、06年には2位のアルセロールへの敵対的買収*を成功させました。国境を越えた企業の合従連衡*が進み、鉄鋼メーカーにとって「川上」の資源会社、「川下」の自動車メーカー共に規模を追い、価格決定権を握ろうと必死だったのです。

挟撃された鉄鋼メーカーも大型化を急ぐ必要が生じました。新日鉄にとっても人ごとではありませんでした。そして、08年秋のリーマン・ショックによる世界景気の大減速で、危機感はいっそう強まりました。

こうした変遷を経て、新日鉄と住金は合併に踏み切ったのです。

Term **敵対的買収**　買収者が、買収対象会社の取締役会の同意を得ないで買収を仕掛けること。敵対的TOBともいう。

■「総合力世界一」への挑戦

新日本製鉄名誉会長の今井敬氏（当時）は、日本経済新聞の連載「私の履歴書」の中で、新日鉄と住金の合併について「真に総合力ナンバーワンの製鉄会社をつくるためである」と記しています（02年9月1日付）。

1970年にはUSスチールを抜いて当時の1位になった新日鉄ですが、合併によって粗鋼生産で世界2位になったとはいえ、1位のアルセロール・ミタルの半分、世界の粗鋼生産量の3％を握るだけの「小さな巨人」に過ぎませんでした。

いまや鉄鋼生産・消費における中国やインドなど新興国の存在感は高まるばかりです。02年には中国の鋼材消費量は世界の2割強の約2億トンでしたが、11年には6億2300万トン、世界の45％に達しています。

新日鉄住金は19年4月1日付で日本製鉄に社名を変更。新体制で活動している日本製鉄ですが、統合を繰り返し、規模拡大で国内首位の座を維持してきた「鉄の巨人」は、かつてない変革を迫られているのは確かです。

日本の鉄鋼業の歴史～新日鉄住金の発足から日本製鉄へ

1999年	ゴーン・ショックが引き金
2002年	新日本製鉄と住友金属工業が資本提携で関係強化
2008年	リーマン・ショックによる世界景気の大減速
2012年	新日鉄住金の発足

2019年4月　日本製鉄に社名変更

合従連衡　そのときの状況や利害に従って、国や組織、企業などが結びついたり離れたりすること。または、そうした駆け引きや外交戦略のことをいう。もとは中国・戦国時代に策士が唱えた外交政策。

鉄鋼会社がモデルの『大地の子』と『華麗なる一族』

中国の大手鉄鋼メーカー、宝武鋼鉄集団の中核となっているのが上海市の宝山製鉄所です。1977年に当時の新日鉄（現日本製鉄）が、中国政府からの協力要請を受けて技術供与をして建設されました。日中経済協力のシンボルといわれ、小説家・山崎豊子氏の代表作の1つである『大地の子』の舞台となったことでも知られています。

『大地の子』は感動的な作品でした。日本人残留孤児で、中国人の教師に養われて成長した、陸一心という青年のたどる苦難の旅路を文化大革命の中国を舞台に描いた大河小説です。あらすじは、次のようなものです。一心の本名は松本勝男。日本人ゆえの苦難の日々を経て、彼はようやく日中共同の大プロジェクト「宝華製鉄」建設チームに加わります。

一方、中国に協力を要請された日本の東洋製鉄では、一心の実父である松本耕次を上海事務所長に派遣します。松本はかつて開拓団の一員として満州にわたり、妻子と生き別れになっていました。奇しくも日中合作の「宝華製鉄」建設に参加していた2人は、やがて互いの関係を知り、確執を越えて数10年ぶりの再会を喜び合います。

7年がかりで完成した製鉄所の高炉に火が入り、日中参画者の心は1つになります。プロジェクトを終えて、2人は父子水入らずの長江下りの旅行に出かけます。その船の上で、松本は一心に日本でいっしょに暮らすことを持ちかけますが、一心は涙ながらに「私はこの大地の子です」と答え、中国に残ることを決意するのです。

山崎豊子氏の作品に『華麗なる一族』という小説もあります。この小説は、山陽特殊製鋼の戦後最大といわれた破綻劇がモデルになっています。その山陽特殊製鋼は再建を果たし、独立路線で歩んできましたが、2019年3月に新日鉄住金（現日本製鉄）の子会社となっています。現日本製鉄傘下入りで、新たな歴史を刻んでいくことになります。

第4章

鉄鋼業界の構造と特徴

鉄鋼業は素材産業であり、需要産業が広範囲に及んでいます。他産業の生産動向にも大きな影響力を持っています。その鉄鋼業の事業所数や従業者数、市場規模はどの程度なのか。併せて鉄鋼業界の特徴などについても見ていくことにしましょう。

Section

4-1 鉄鋼業とは何か

鉄鋼業は素材産業であり、その鉄を使用する産業分野は極めて広く、国民生活の隅々に及んでいます。他産業の需要の変動を受けやすく、同時に他産業の生産動向にも大きな影響力を持っています。

需要の減退で収益が悪化しやすい

ここで、改めて鉄鋼業とは何かについて見ていくことにしましょう。

鉄鋼は素材であり、**中間財**＊として産業活動を通して国民生活に貢献するという性格を持っています。そして、その鉄を使用する産業分野は極めて広く、国民生活の隅々まで、鉄鋼を素材に他の材料と組み合わせたかたちの商品として普及しています。

鉄鋼業はまさに素材産業であり、需要産業が広範囲に及んでいることも大きな特徴です。鉄鋼業の需要の変化が、他産業の生産動向に与える影響度も高いといえます。つまり、鉄鋼業が他産業の需要の変動を受けやすいということと同時に、他産業の生産動向にも大きな影響力を持っていることを示しています。

しかし、消費財を直接生産するわけではないため、最終消費者のニーズの変化を先取りしにくい産業であることも確かです。また、鉄鋼業は巨大な装置産業です。裏を返せば、スケールメリットの追求には最適であるものの、いったん需要の減退に見舞われると膨大な固定費＊負担から収益が悪化しやすい体質であることを意味しています。

鉄鋼業はたんに鋼材を供給するだけではありません。需要先業界のニーズを満たすための独自の製品開発に加え、需要先業界との共同研究によって開発を行っています。これによって、需要家の競争力を高めると同時に、自らの競争力も高めるという良好な循環関係が培われ、相互の信頼関係を強固なものにしています。

Term

中間財　一般消費者が消費する商品の原材料となる製品・生産物、中間生産物。製品そのものは生産財と違って完成品だが、最終的に消費者の手にわたるまでに、何らかの加工が行われ、付加価値を付けて販売される。

鉄鋼業とは何か

鉄鋼業

素材産業

需要産業は広範囲に及ぶ

需要の変動を受けやすい

他産業の生産動向に与える影響大

巨大な装置産業

- スケールメリットの追求には最適
- 需要の減退で収益が悪化する

需要産業との共同研究による開発

お互いに競争力を高める

鉄鋼業界独自の製品開発

固定費　企業が事業活動をする上で、生産量や売上高の増減とは関係なく発生する一定の費用のこと。従業員の給与や賞与、福利厚生費、設備の減価償却費、オフィスや店舗の家賃、光熱費などが該当する。

Section
4-2 鉄鋼業の産業分類

基幹産業でもある鉄鋼業は、日本標準産業分類で製造業（大分類）の中の中分類「鉄鋼業」として分類されています。小分類として「製鉄業」など6分野、細分類として24分野に分かれています。

■日本標準産業分類の「鉄鋼業」

第2章、第3章で見てきたように、鉄鋼業の歴史は古く、製品の種類や需要産業も多岐にわたる巨大産業です。「産業のコメ」といわれる基礎資材を供給する鉄鋼業の日本経済に占める役割は大きく、他産業に及ぼす影響も少なくありません。

そうした鉄鋼業は、**日本標準産業分類***でも製造業（大分類）の中の中分類「鉄鋼業」として分類されています。鉄鋼業の重要性と基幹産業であることを象徴しているともいえるでしょう。

日本標準産業分類では、鉄鋼業の小分類として、「製鉄業」「製鋼・製鋼圧延業」「製鋼を行わない鋼材製造業（表面処理鋼材を除く）」「表面処理鋼材製造業」「鉄素形材製造業」「その他の鉄鋼業」の6分野に分けています。また、細分類として24分野があります。

「製鉄業」の細分類は、「高炉による製鉄業」「高炉によらない製鉄業」「フェロアロイ製造業」の3つで、フェロアロイ製造業とは、一般に合金鉄と呼ばれている製造分野です。

「製鋼を行わない鋼材製造業（表面処理鋼材を除く）」の細分類には、「熱間圧延業（鋼管、伸鉄を除く）」「冷間圧延業（鋼管、伸鉄を除く）」「冷間ロール成型形鋼製造業」「鋼管製造業」「伸鉄業」「磨棒鋼製造業」など9分野が位置付けられています。

また、「鉄素形材製造業」の細分類は「銑鉄鋳物製造業（鋳鉄管、可鍛鋳鉄を除く）」「可鍛鋳鉄製造業」「鋳鋼製造業」「鍛工品製造業」「鍛鋼製造業」の5分野となっています。

日本標準産業分類　統計調査の結果を産業別に表示する場合の統計基準で、個々の産業を定義するものではない。産業構造の変化を踏まえ、2013年10月に見直し（第13回改訂）された。

日本標準産業分類の中分類「鉄鋼業」

22	鉄鋼業	
	221	製鉄業
	2211	高炉による製鉄業
	2212	高炉によらない製鉄業
	2213	フェロアロイ製造業
	222	製鋼・製鋼圧延業
	2221	製鋼・製鋼圧延業
	223	製鋼を行わない鋼材製造業（表面処理鋼材を除く）
	2231	熱間圧延業（鋼管、伸鉄を除く）
	2232	冷間圧延業（鋼管、伸鉄を除く）
	2233	冷間ロール成型形鋼製造業
	2234	鋼管製造業
	2235	伸鉄業
	2236	磨棒鋼製造業
	2237	引抜鋼管製造業
	2238	伸線業
	2239	その他の製鋼を行わない鋼材製造業（表面処理鋼材を除く）
	224	表面処理鋼材製造業
	2241	亜鉛鉄板製造業
	2249	その他の表面処理鋼材製造業
	225	鉄素形材製造業
	2251	銑鉄鋳物製造業（鋳鉄管、可鍛鋳鉄を除く）
	2252	可鍛鋳鉄製造業
	2253	鋳鋼製造業
	2254	鍛工品製造業
	2255	鍛鋼製造業
	229	その他の鉄鋼業
	2291	鉄鋼シャースリット業
	2292	鉄スクラップ加工処理業
	2293	鋳鉄管製造業
	2299	他に分類されない鉄鋼業

鉄鋼業　日本標準産業分類の「鉄鋼業」では、「221 製鉄業」の前に、「220 管理、補助的経済活動を行う事業所（22 鉄鋼業）」として、「2200 主として管理事務を行う本社等」「2209 その他の管理、補助的経済活動を行う事業所」が分類されている。

Section

4-3 従業者数は減少傾向に

鉄鋼業の事業所・従業者数①

日本の鉄鋼業の事業所数は約4900社。従業者数は約22万人となっています。経済産業省の『工業統計表』によるもので、2020年を機に事業所数は増加、従業者数は減少に転じています。

■従業者30人以上は1300社弱に

経済産業省の『2021年工業統計表（2020年実績相当）産業編』（一般財団法人経済産業調査会）によると、日本の鉄鋼業の**事業所**＊数（全事業所）は4945社、従業者数は22万153人となっています。

規模を比較できる、従業者4人以上の事業所で見ると、2016年から20年までの事業所数、従業者数の推移は次のようになっています。

16年…4066社、21万5684人
17年…4051社、22万408人
18年…4048社、22万3717人
19年…4015社、22万3524人
20年…4213社、21万8553人

減少し続けていた事業所数は、20年を機に増加に転じたものの、従業者数は減少しています。

直近の20年を従業者4～29人の事業所で見ると、事業所数は2938社、従業者数は3万6356人となっています。また、従業者数30人以上の事業所で見ると、事業所数は1275社、従業者数は18万2197人となっており、従業者全体の約8割（83・3％）は30人以上の規模の事業所に所属していることがわかります。

従業者4人以上の事業所を、小分類、細分類で見ると、最も事業所数が多いのは「その他の鉄鋼業」（小分類）で、20年は2637社、従業者数は6万1644人。細分類では、**鉄鋼シャースリット業**＊が多く、事業所数は1227社、従業者数は3万567人となっています。

事業所　経済活動が行われている場所ごとの単位。原則として、①一定の場所（1区画）を占めて、単一の経営主体のもとで経済活動が行われていること、②従業者と設備を有して、物の生産や販売、サービスの提供が継続的に行われていること、という要件を備えているものをいう。

日本の鉄鋼業の事業所数と従業者数

〈2016～2020年の従業員4人以上の事業所〉

鉄鋼業	事業所数	従業者数(人)
2016(平成28)年	4,066	215,684
2017(平成29)年	4,051	220,408
2018(平成30)年	4,048	223,717
2019(令和1)年	4,015	223,524
2020(令和2)年	4,213	218,553

〈2020年の従業者数30人以上の事業所〉

	事業所数	従業者数(人)
22 鉄鋼業	1,275	182,197
221 製鉄業	25	40,062
2211 高炉による製鉄業	13	37,835
2213 フェロアロイ製造業	12	2,229
222 2221 製鋼・製鋼圧延業	71	24,634
223 製鋼を行わない鋼材製造業(表面処理鋼材を除く)	273	38,262
2231 熱間圧延業(鋼管、伸鉄を除く)	23	7,228
2232 冷間圧延業(鋼管、伸鉄を除く)	24	5,805
2233 冷間ロール成型形鋼製造業	16	988
2234 鋼管製造業	52	7,843
2235 伸鉄業	3	431
2236 磨棒鋼製造業	37	2,745
2237 引抜鋼管製造業	30	2,274
2238 伸線業	88	10,948
224 表面処理鋼材製造業	27	3,009
2241 亜鉛鉄板製造業	7	877
2249 その他の表面処理鋼材製造業	20	2,132
225 鉄素形材製造業	364	39,868
2251 銑鉄鋳物製造業(鋳鉄管、可鍛鋳鉄を除く)	193	19,191
2252 可鍛鋳鉄製造業	17	2,088
2253 鋳鋼製造業	50	5,829
2254 鍛工品製造業	99	10,453
2255 鍛鋼製造業	5	2,307
229 その他の鉄鋼業	515	36,362
2291 鉄鋼シャースリット業	313	18,923
2292 鉄スクラップ加工処理業	93	6,061
2293 鋳鉄管製造業	16	2,344
2299 他に分類されない鉄鋼業	93	9,034

出所：『2021年工業統計表（2020年実績相当）産業編』（経済産業調査会）

鉄鋼シャースリット業　コイル状の薄板や中厚板を連続切断機械にかけて、需要先や特約店が希望する大きさに切断するコイルセンターと、板状の薄板や厚板をシャーリング機械にかけて同様な加工をするシャーリング業者の総称。

Section
4-4 300人以上の企業の割合は2%

鉄鋼業の事業所・従業者数②

他の製造業と同様に、鉄鋼業も小規模・中小企業が多く、従業者数で4～19人の規模が約2400社と、全体の約6割を占めています。従業者数300人以上の企業は92社で、全体の2%となっています。

全体の6割は4～19人の規模

日本標準産業分類の鉄鋼業で、2020の従業者*4人以上の事業所4213社を、規模別にさらに詳しく見てみましょう。

従業者4～9人は1348社、10～19人は1037社と多く、以下次のようになっています。20～29人553社、30～99人887社、100～299人296社、300人以上92社。

他の製造業と同様に、鉄鋼業も小規模・中小企業が多く、従業者数で4～19人の規模が2385社と、全体の約6割(56・6%)を占めています。従業者20～99人1440社、100～299人296社、300人以上は92社で、全体の2%。この92社の従業者数は8万6078人で、全体(21万8553人)の約4割を占めています。

製造品出荷額等*は、事業所規模が小さい企業群では少なく、逆に大きい企業群で多くなるのは、ある意味当然でしょう。

ちなみに、従業者数4～9人における1348事業所の製造品出荷額等は、3072億5700万円。10～19人の1037社では6011億8100万円、20～29人では6175億5100万円。これに対して、従業者30～99人における887事業所の製造品出荷額等は2兆3855億8700万円、100～299人における296事業所は2兆8771億4200万円。300人以上の92社では、8兆2835億6700万円と巨額になっています。

日本の鉄鋼業の従業者別内訳（2020年）

	事業所数	従業者総数(人)	製造品出荷額等(100万円)
鉄鋼業	4,213	218,553	15,072,285
従業者数　4～9人	1,348	8,387	307,257
10～19	1,037	14,439	601,181
20～29	553	13,530	617,551
30～99	887	46,420	2,385,587
100～299	296	49,699	2,877,142
300人以上	92	86,078	8,283,567

〈小分類による内訳（一部）〉

	事業所数	従業者総数(人)	製造品出荷額等(100万円)
221　製鉄業	28	40,085	5,201,728
従業者数　4～9人	2	13	—
10～19	1	10	—
30～99	3	256	—
100～299	8	1,528	129,685
300人以上	14	38,278	—
2211　高炉による製鉄業	13	37,835	5,002,099
従業者数　300人以上	13	37,835	5,002,099
222 2221　製鋼・製鋼圧延業	73	24,664	2,279,637
従業者数　4～9人	1	5	—
20～29	1	25	—
30～99	7	490	—
100～299	43	8,869	812,855
300人以上	21	15,275	1,449,714

出所：『2021年工業統計表（2020年実績相当）産業編』（経済産業調査会）

製造品出荷額等　2020年の1年間における製造品出荷額、加工賃収入額、くず廃物の出荷額およびその他の収入額の合計であり、消費税、酒税、たばこ税、揮発油税および地方揮発油税を含んだ額。

Section

4-5 生産は2年ぶりの減少に

粗鋼生産と国内需要の規模

2022年の粗鋼生産は、自動車生産の回復の遅れなどから2年ぶりに減少。20年以来の9000万トン割れとなりました。国内向け鋼材受注量と共に、普通鋼鋼材の受注量も2年ぶりに減少しています。

20年以来の9000万トン割れ

日本の鉄鋼生産や需要の規模はどのくらいになっているのでしょうか。日本鉄鋼連盟によると、2022年の粗鋼生産は、海外経済の減速や半導体不足による自動車生産の回復の遅れなどから、前年比7.4%減の8923万トンと2年ぶりに減少。新型コロナウイルス感染症の影響で大幅に生産が落ち込んだ20年以来の9000万トン割れとなりました。

鋼材別に見ると、熱間圧延鋼材の生産は6.8%減の7866万トンとなり、2年ぶりの減少となりました。このうち、普通鋼熱間圧延鋼材の生産は、6.2%減の6177万トン、特殊鋼熱間圧延鋼材生産は、9.0%減の1689万トンとなり、いずれも2年ぶりに減少しています。

普通鋼鋼材の受注量（内需）を用途別に見ると、建設は6.4%減の976万トンと2年ぶりに減少。土木部門では、公共土木は国土強靭化対策などの整備があったものの、資材高や人手不足の問題から減少が続き、民間土木も同様の要因から前年水準を下回り、部門全体では前年比減少となりました。

製造業では、6.5%減の1497万トンと2年ぶりに減少。造船は、手持ち工事量の回復から前年水準を上回りました。一方、自動車は半導体をはじめとした部品供給制約などで生産回復が抑制され、前年水準を下回りました。産業機械や電気機械は、部品不足が影響し、前年水準を下回っています。

Column

世界経済　2022年は、新型コロナウイルスの感染症による落ち込みからの回復途上にあったものの、中国ロックダウン、ロシア・ウクライナ戦争などを契機とした原燃料価格の上昇に伴うインフレなどにより、世界経済は前年から減速した。

日本の粗鋼生産の推移

単位：万トン

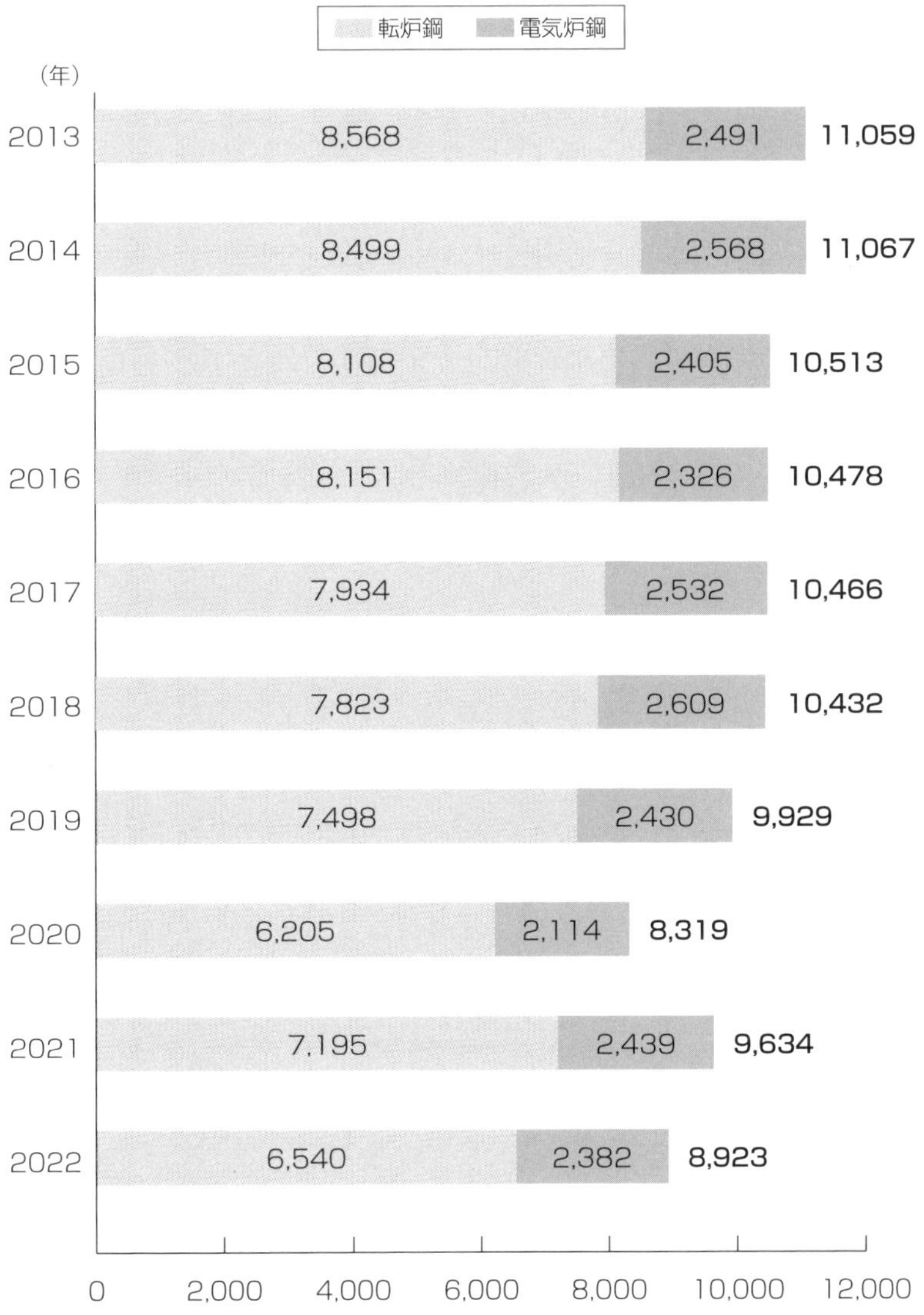

(年)	転炉鋼	電気炉鋼	合計
2013	8,568	2,491	11,059
2014	8,499	2,568	11,067
2015	8,108	2,405	10,513
2016	8,151	2,326	10,478
2017	7,934	2,532	10,466
2018	7,823	2,609	10,432
2019	7,498	2,430	9,929
2020	6,205	2,114	8,319
2021	7,195	2,439	9,634
2022	6,540	2,382	8,923

出所：『日本の鉄鋼業2023』(日本鉄鋼連盟)/経済産業省

需要減　2022年の日本では、行動制限の緩和などで需要の増加が期待されたものの、資材価格の高騰や建設部門における人手不足による工事遅延などの影響により、同年の鋼材需要は前年比で減少した。

Section
4-6 2年ぶり減少の鉄鋼輸出量

鉄鋼輸出入の規模

わが国の鉄鋼輸出は、2022年で前年比6・1%減の3230万トンと2年ぶりの減少となっています。一方、鉄鋼輸入は同1・2%減の746万トンと、こちらも2年ぶりの減少となっています。

■全鉄鋼輸入量も2年ぶりの減少

わが国の鉄鋼輸出入はどのような状況になっているのでしょうか。

日本鉄鋼連盟によると、2022年の全鉄鋼輸出（財務省貿易統計）は前年比6・1%減の3230万トンと2年ぶりの減少となりました。

主要仕向け先別では、韓国（10・9%増、543万トン）は増加したものの、ASEAN*（10・0%減、1090万トン）、中国（22・9%減、395万トン）、台湾（22・7%減、181万トン）は減少しています。

全鉄鋼輸出のうち、普通鋼鋼材輸出は前年比3・3%減の2140万トンと2年ぶりの減少となりました。主要品種別では、熱延薄板・鋼帯（1・6%増、1087万トン）、厚中板（9・7%増、294万トン）は増加したものの、亜鉛めっき鋼板（20・0%減、204万トン）、冷延鋼板類（20・5%減、168万トン）は減少しました。

一方、22年の全鉄鋼輸入は前年比1・2%減の746万トンと、輸入も2年ぶりの減少となっています。このうち、普通鋼鋼材輸入は0・9%増の423万トンと2年連続の増加となりました。

鉄鋼輸入を主要品種別に見ると、熱延薄板・鋼帯（11・1%増、138万トン）、亜鉛めっき鋼板（5・4%増、94万トン）は増加。一方、冷延鋼板類（9・8%減、79万トン）、厚中板（18・6%減、37万トン）は減少しました。

仕入れ先では、台湾（7・0%増、80万トン）、中国（29・9%増、65万トン）は増加しましたが、韓国（3・0%減、263万トン）は減少しています。

ASEAN　東南アジア諸国連合の意味で、1967年の「バンコク宣言」によって設立された。現在はタイ、インドネシア、シンガポール、フィリピン、マレーシア、ブルネイ、ベトナムなど10カ国で構成されている。

日本の鉄鋼輸出量と輸入量の推移

〈鉄鋼輸出量の推移〉

〈鉄鋼輸入量の推移〉

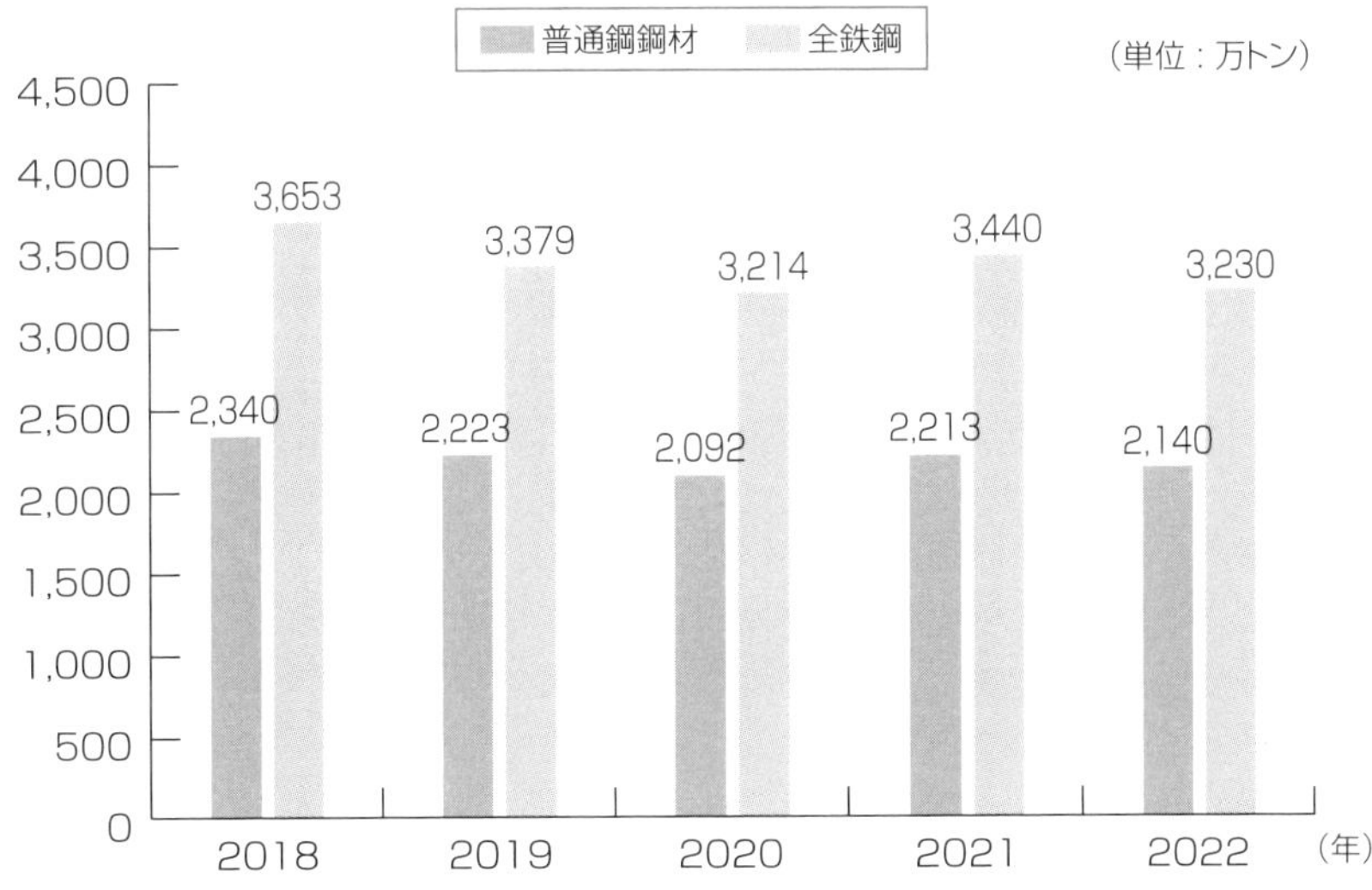

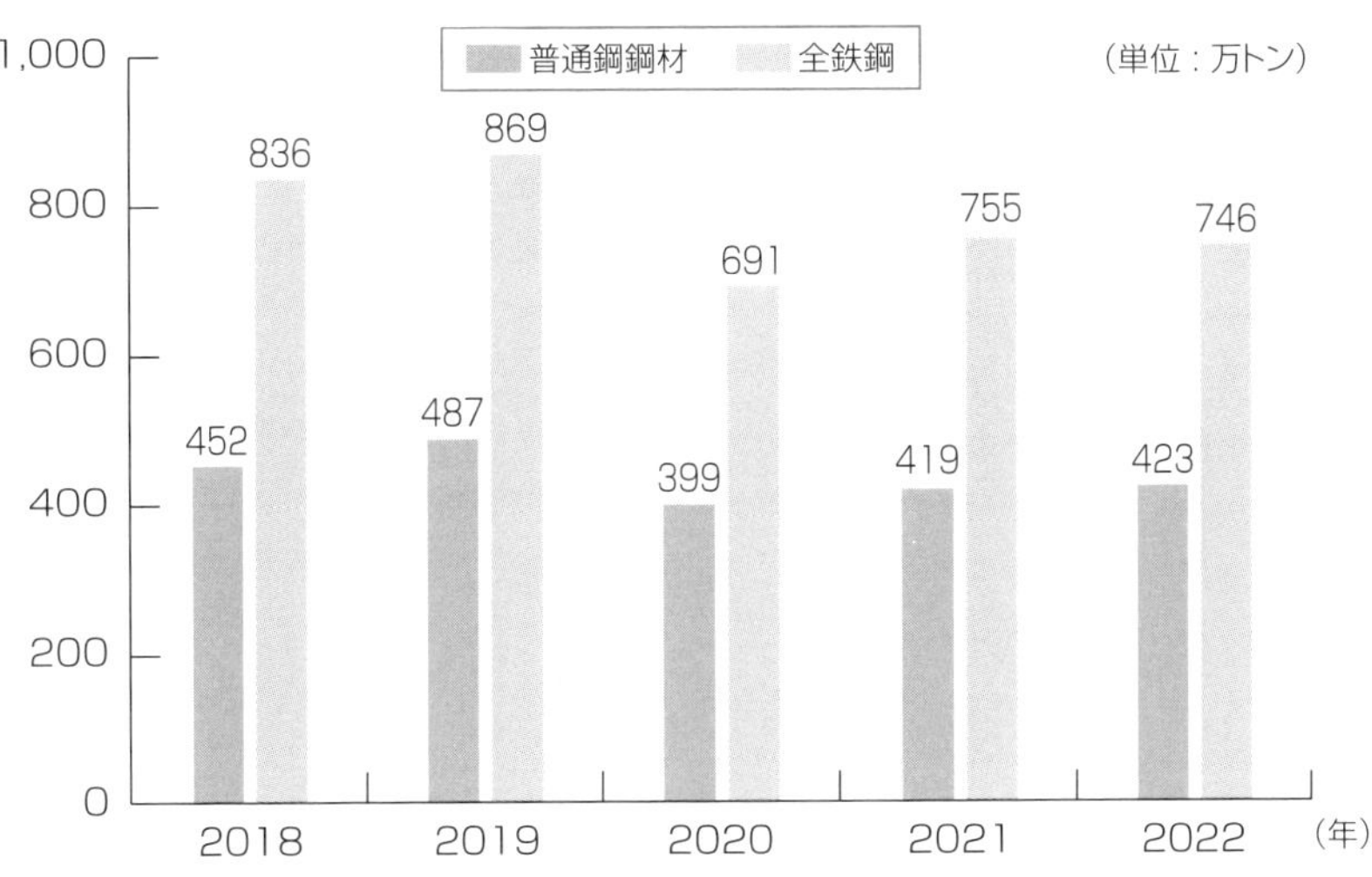

出所：『日本の鉄鋼業2023』(日本鉄鋼連盟)/財務省貿易統計

Column

仕向け先別構成比　2022年の全鉄鋼輸出の仕向け先別構成比は、ASEAN33.7%、韓国16.8%、中国12.2%、欧州7.2%、台湾5.6%、米国3.9%、メキシコ3.9%、インド2.6%、中東2.4%、その他11.7%となっている。

Section

4-7 鉄鉱石、原料炭は輸入に依存

日本の鉄鋼業は、主原料である鉄鉱石や原料炭を100%海外からの輸入に依存しており、その輸入規模は鉄鉱石で1億トンを超えています。主な仕入れ国はオーストラリア、ブラジルなどです。

■1億トンを超す鉄鉱石の輸入量

日本の鉄鋼業は、主原料である鉄鉱石や原料炭を100%海外からの輸入に依存しています。その輸入規模はどのくらいに達しているのでしょうか。

日本鉄鋼連盟によると、2022年の鉄鉱石の輸入量は1億424万トンで前年比884万トン、7・8%減となっています。

主な仕入れ国を入着量の多い順に見ると、オーストラリアが全体の60・2%（前年比5・6%減）を占めてトップ。続いてブラジルが全体の28・0%（3・1%減）と、この上位2ヵ国で全体の約88%を占めています。以下、カナダ5・9%（12・9%減）、南アフリカ2・9%（19・0%減）の順となっています。

また、22年の原料炭の輸入量は5323万トンで前年比270万トン、4・8%の減少でした。主な仕入れ国は、全体の74・4%（1・5%減）を占めるオーストラリアをはじめ、カナダ9・4%（11・4%減）、米国5・9%（10・4%増）、ロシア4・6%（50・3%減）、インドネシア3・9%（39・1%増）。ロシア産回避のため、前年に比べて調達シェアは大きく変化しています。

鉄鉱石は、中国が鉄鋼減産によって輸入を激減させた影響で需要が緩み、21年に更新した過去最高値から下落。一方、原料炭は21年から高騰が続き、22年度第1四半期では526ドルと異例の高値となりました。ウクライナ侵攻のロシア産原料炭の回避による代替調達を背景にした動きといえます。

鉄くず　わが国の鉄くずは、1996年以降、輸出量が輸入量を上回り、純輸出国となっている。2022年の輸出量は前年比99万トン減の631万トンと、2年連続の減少となった。

鉄鉱石と原料炭の国別輸入量（2022年）

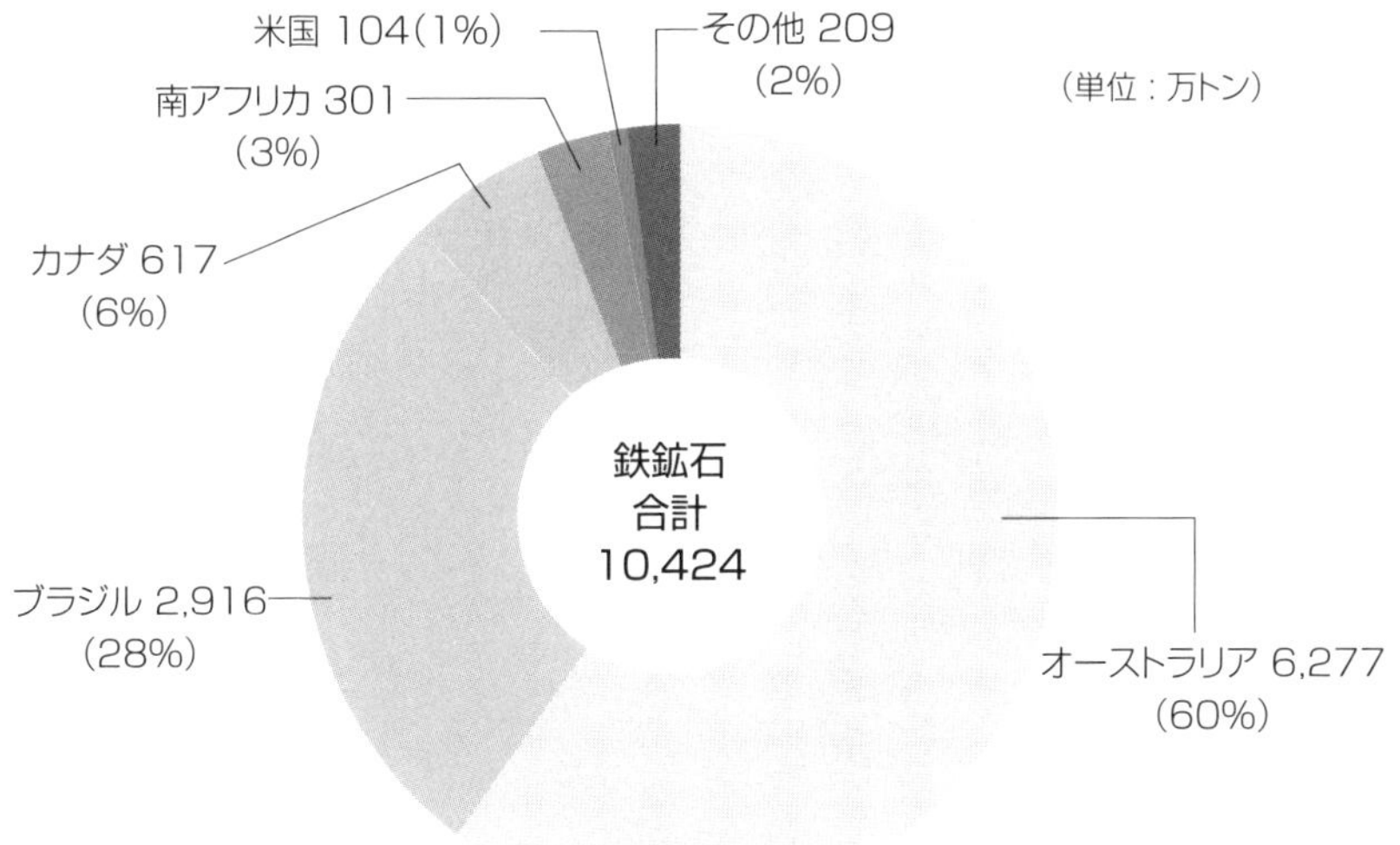

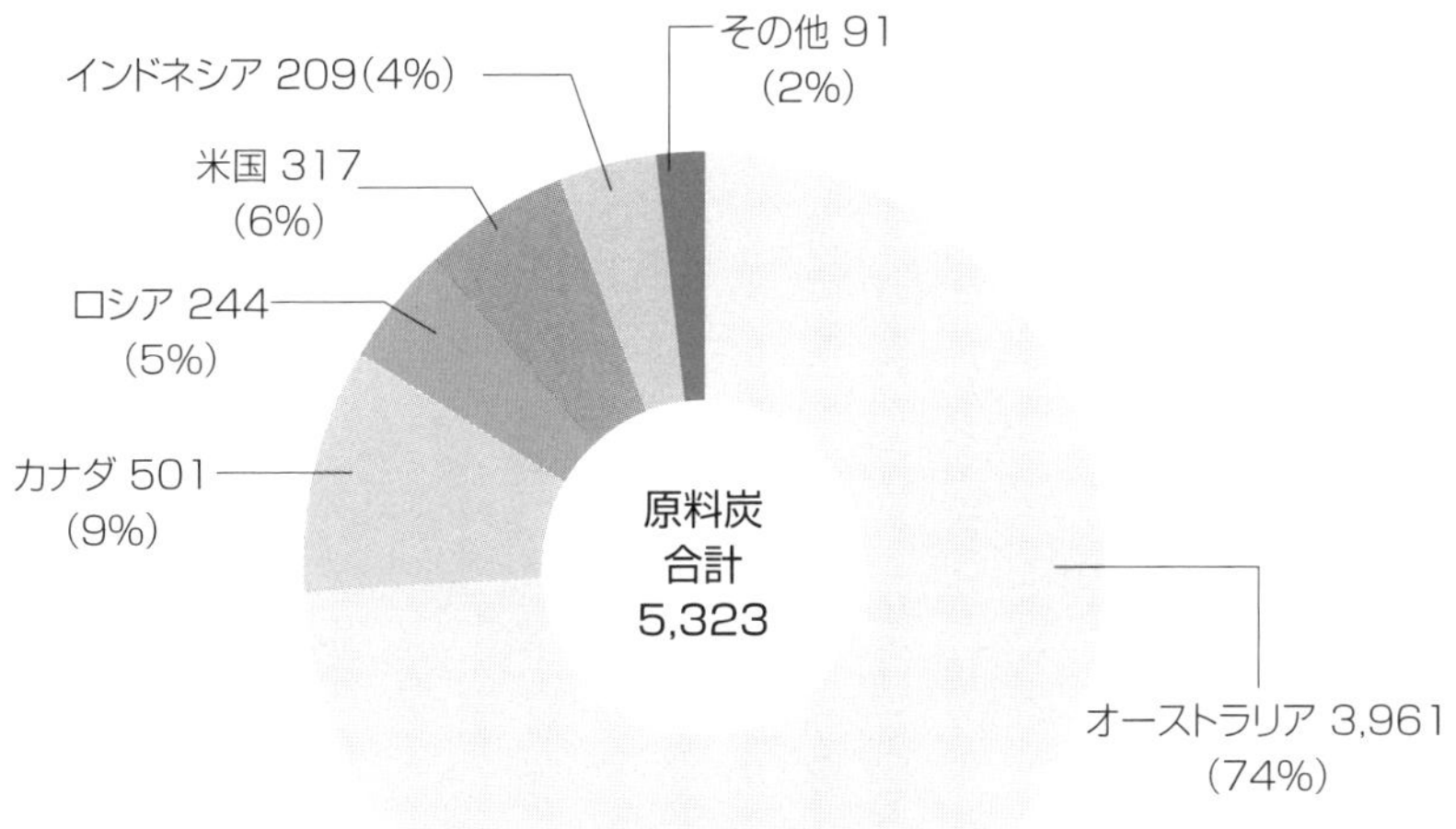

出所：『日本の鉄鋼業2023』(日本鉄鋼連盟)/財務省貿易統計(鉄鉱石)

ウクライナ侵攻　ロシアは2022年2月24日にウクライナに侵攻し、戦争が始まった。ウクライナは東をロシアに、西を欧州連合（EU）の国々に挟まれた国。ウクライナのゼレンスキー政権は親欧米でNATOへの加盟を目指している。プーチン大統領はこれを阻止し、ロシアに従順な国に変えようとして侵攻したといわれる。

Section
4-8 年間総輸送量は3億トン

大型船が支える鉄鋼業の物流

鉄鋼業は、ある面では「物流業」「輸送業」ともいわれ、鉄鉱石や石炭などの鉄鋼原料の輸入に鉄鋼製品の輸出や国内出荷を合わせると、年間総輸送量はおよそ3億トンに達しています。

貨物輸送量は前年比7.4%減

製鉄の各種原料の多くが、海外からの輸入品であることから、その輸送手段についてはどのような形態がとられているのでしょうか。

世界中から、品質の良い、しかも安定した価格の原料を大量に購入している日本では、多くの鉱石船や石炭船、兼用船が使われています。その輸送距離は世界的に見ても群を抜いて長いのが特徴です。これを克服するために、大量輸送のできる10万～30万トン級の多くの大型船が就航しているのが現状です。

こうした大型船を受け入れる製鉄所の港湾設備も大型化、自動化を積極的に進め、総合的に原料コストを引き下げる努力が重ねられています。

鉄鋼業は、ある面では「物流業」「輸送業」ともいわれ、鉄鉱石や石炭などの鉄鋼原料の輸入に鉄鋼製品の輸出や国内出荷を合わせると、年間総輸送量はおよそ3億トンにも達しています。

鉄鋼製品の国内における輸送形態は、製鉄所の臨海立地の特徴を反映し、「内航船（海上輸送）」➡「流通基地」➡「トラック（陸上輸送）」➡「需要家」が主体となっています。機関別輸送統計（一次輸送）の2022年実績を見ると、内航船が67.3%、トラックが32.4%という比率構成になっています。

鋼材輸送を担う内航船、トラック輸送の状況を見ると、粗鋼生産が前年より7.4%減少したこともあり、鋼材などの貨物輸送量は前年比9.1%減と2年ぶりに前年水準を下回りました。

また、一次輸送で6割を超える輸送量を担う内航輸送を主要6品目で見ると鉄鋼が約25%を占めています。

物流業　商品が消費者に届くまでの一連の工程を「物流」といい、物流を担う事業を「物流業」という。物流業は、商品の輸送だけではなく、保管や荷役など多くの役割を担っている。

粗鋼生産と一次輸送量の推移

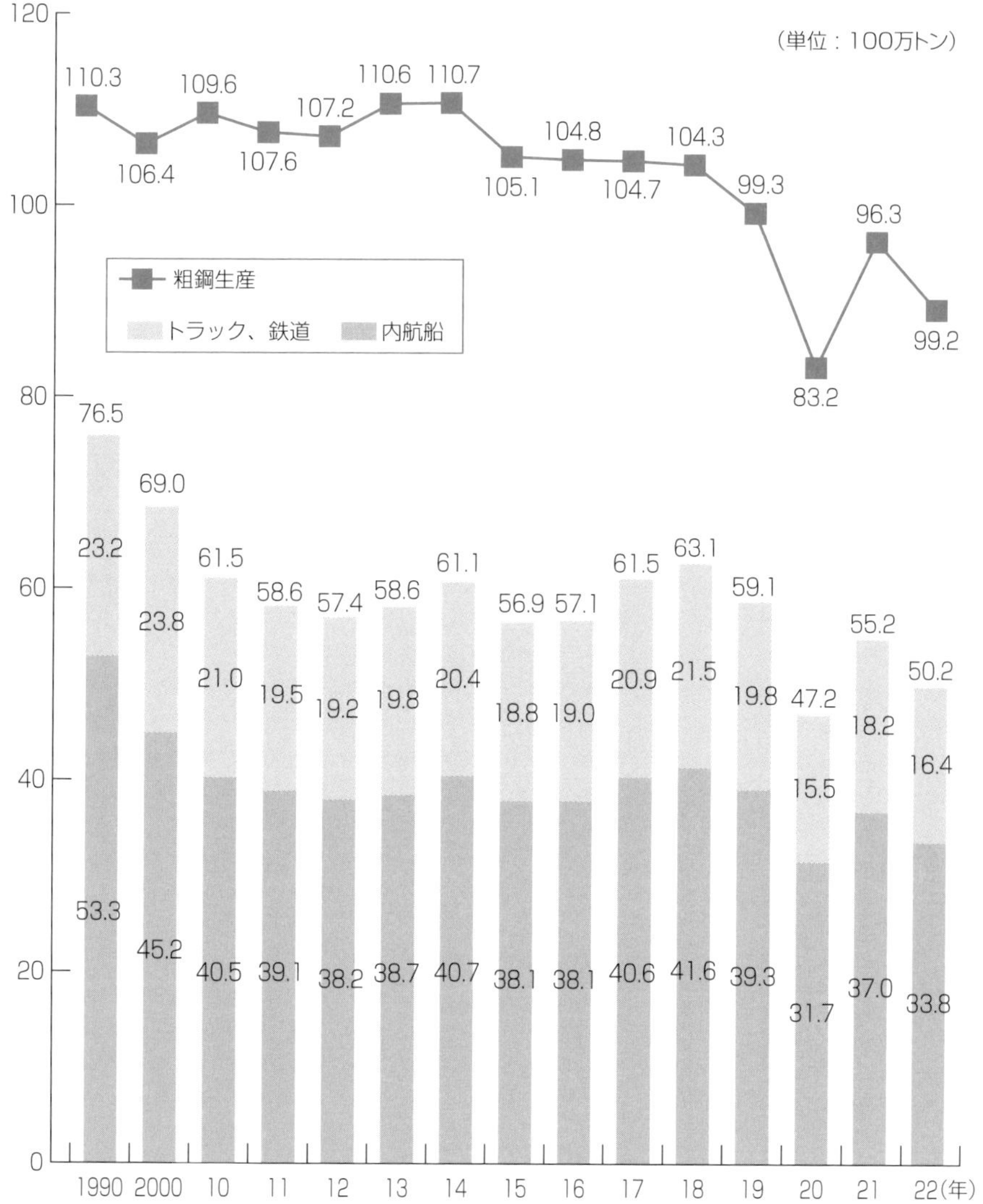

(単位：100万トン)

	1990	2000	10	11	12	13	14	15	16	17	18	19	20	21	22(年)
粗鋼生産	110.3	106.4	109.6	107.6	107.2	110.6	110.7	105.1	104.8	104.7	104.3	99.3	83.2	96.3	99.2
トラック、鉄道	23.2	23.8	21.0	19.5	19.2	19.8	20.4	18.8	19.0	20.9	21.5	19.8	15.5	18.2	16.4
内航船	53.3	45.2	40.5	39.1	38.2	38.7	40.7	38.1	38.1	40.6	41.6	39.3	31.7	37.0	33.8
合計	76.5	69.0	61.5	58.6	57.4	58.6	61.1	56.9	57.1	61.5	63.1	59.1	47.2	55.2	50.2

出所：『日本の鉄鋼業2023』(日本鉄鋼連盟)/経済産業省(粗鋼生産)

主要6品目の内航輸送　一次輸送で6割を超える輸送量を担う内航輸送を主要6品目（鉄鋼、石灰石、セメント、砂利等、化学薬品、石炭）で見ると、鉄鋼が約25%弱を占め、石灰石、セメントが続いている。

Section

4-9 ＡＩなど最新技術の積極導入

日本の鉄鋼業はＡＩなどの最新技術、中でもドローンやＩｏＴセンサーを積極的に導入しています。作業員の負荷軽減やコスト削減、さらには感染症対応などに大きなメリットをもたらすからです。

■競争力の向上などに対応

日本の鉄鋼業は、ＡＩなどの最新技術を積極的に導入することで、蓄積されてきた操業・設備データを武器に、コスト面・品質面の更なる競争力向上や、世代交代への対応を推進しています。

世代交代への対応とは、知の集約化や脱熟練化ですが、日本の鉄鋼業は１９６０年代から技術開発を進め、計測・制御技術の高度化を図ってきたことにより、過去からの膨大なデータを蓄積しています。デジタル技術が進展したことで、こうしたデータを有効に解析することが可能となっています。これによって、競争力の向上などに活用できるというわけです。

製鉄所は管理区域が広大であるだけでなく、大型の炉により溶銑・溶鋼を扱うため、容易に操業を止められず、24時間３６５日連続操業に対応しなければなりません。広大かつ厳しい環境下で、これまでは作業員による見回りや足場を組んで高所の点検が行われてきました。これが、最近ではドローンや**ＩｏＴ**[*]センサーの設置によるデータ採取に置き換わっています。

日本の鉄鋼業がドローンやＩｏＴセンサーを積極的に導入しているのは、作業員の負荷軽減やコスト削減のみならず、感染症対応などでも大きなメリットをもたらすからです。

特にドローンなどの移動体を自動運転させた上でデータを採取するアプローチは、管理区域が広大な製鉄所においては、飛躍的なコスト削減につながるため、導入が加速度的に進んでいます。

ＩｏＴを通じて活用できるデータをはじめ、ＡＩ、クラウドなどのデータの利活用は、ビジネスの変革をもたらし、競争力を左右する重要な要素となっています。

IoT　センサーやデバイスといった「モノ」がインターネットを通じてクラウドやサーバーに接続され、情報交換することにより相互に制御する仕組み。

IoT センサー・ドローン・自動運転などの製鉄所への利活用

製鉄所の特徴

❶敷地が拡大　❷溶銑・溶鋼があるため容易には止められない＝稼働しながらの作業
❸大型の炉による高温での操業が多い・高温・粉塵飛散が多い・高所の作業（点検など）が多い

人手不足 ＋ 感染症対応	管理区域が 広大	24時間365日 連続操業に対応	危険区域が多い

ドローンなどのロボット・自動運転・IoT センサーの製鉄所への利活用拡大のメリット

広大な管理区域での自動運転	高所・高温などの危険箇所への利活用拡大

感染症対応 （非接触・遠隔対応）	働き方改革	飛躍的な人的コスト削減	作業員の負荷軽減	厳しい環境で稼働するロボットの新規開発

出所：『日本の鉄鋼業2023』（日本鉄鋼連盟）/ 経済産業省（主要生産設備基数）

多面的な支援　日本鉄鋼連盟は、製鉄所でのドローンやローカル5Gの利活用に道を開く規制緩和の実現などにより、会員企業の製鉄所へのAI／IoT技術の導入を多面的に支援している。

Section

4-10 新卒採用は2年ぶりの増加

鉄鋼業界は、新卒採用の他に中途も含めた新規採用や、高度熟練工の再雇用に積極的に取り組んでいます。月平均給与総額は、所定内給与や特別給与とも前年を上回り、2022年は50万円となっています。

従業者数は前年を下回る

日本の鉄鋼業の雇用環境を見ると、70歳までの就業機会の確保を努力義務とする**改正高年齢者雇用安定法***が施行され、新卒採用の他に中途も含めた新規採用や、高度熟練工の再雇用に積極的に取り組んでいます。

しかし、2022年の従業員数は前年比0・5万人減の20・5万人となりました。その一方で、新規採用者数は1829人と2年ぶりの前年比増加となりました。

また、厚生労働省統計によると、22年の所定内労働時間は147・1時間（月平均）、所定外労働時間は19・9時間となり、月平均の総実労働時間は167・0時間と2年連続で前年を上回っています。

同省統計による月平均給与総額（一時金などを含む）は、所定内給与をはじめ、超過労働給与、特別給与がいずれも前年を上回り、22年は前年比11・4%増の50万円台となりました。

労働災害発生状況について見ると、休業災害の発生度合いを示す度数率は、22年の安全衛生推進本部加盟会社平均で0・34。全産業平均の2・06や製造業平均の1・25を大きく下回り、他産業と比較して低位を維持しています。

とはいえ、鉄鋼業では取り扱い設備や使用エネルギーなどの関係上、重量物・高熱物に伴う作業や大型設備の可動エリアでの作業などが多く、一度災害が発生すれば重篤化する可能性を孕んでいます。

このため、労働災害の未然防止活動を業界全体で総力を挙げて取り組んでいます。

Term **改正高年齢者雇用安定法**　2021年4月1日から施行。この改正により、65歳までの雇用確保（義務）に加え、65歳から70歳までの高年齢者就業確保措置をとることが努力義務として新たに設けられた。

鉄鋼業の従業者数の推移

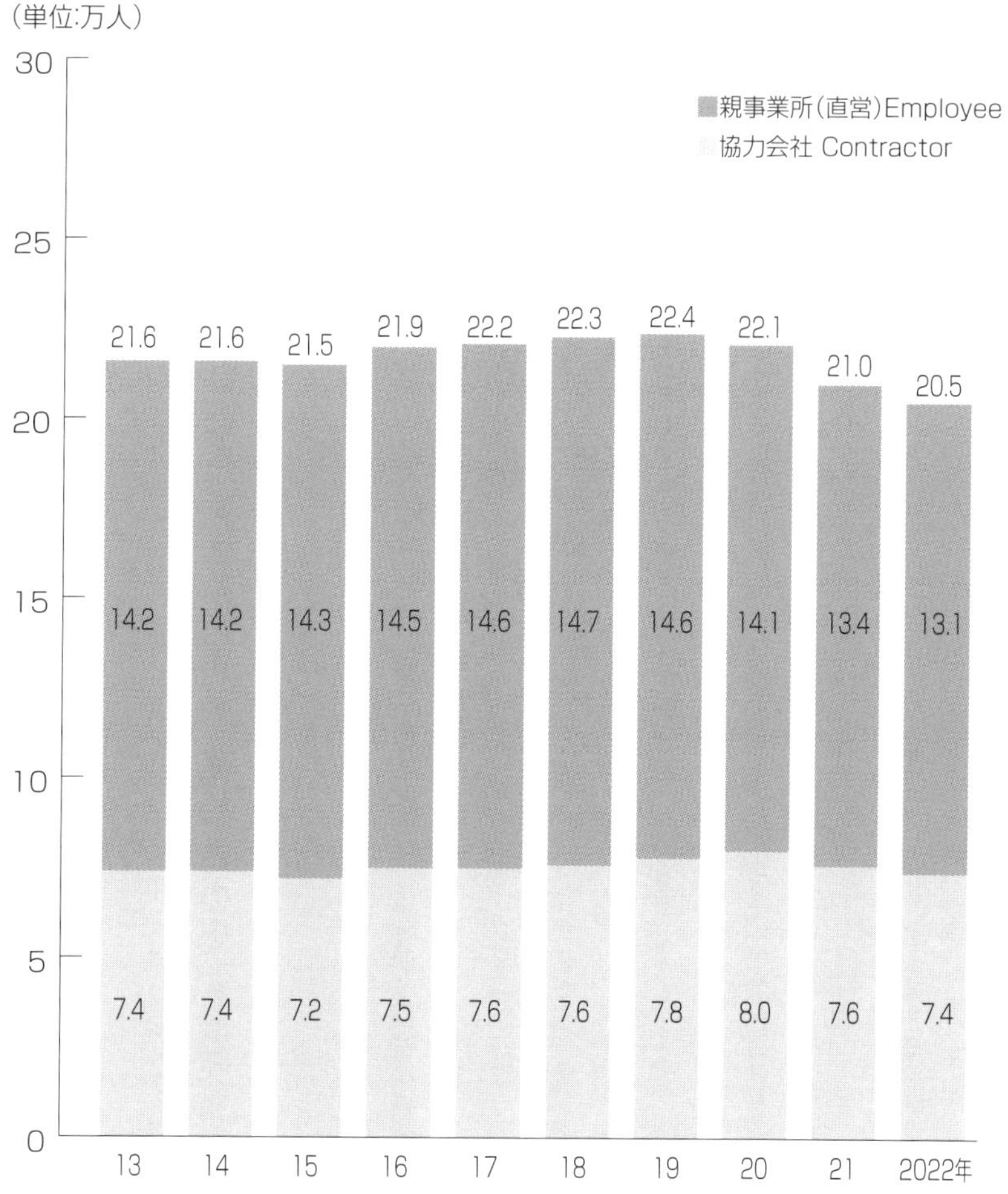

(単位:万人)

	13	14	15	16	17	18	19	20	21	2022年
親事業所(直営)Employee	14.2	14.2	14.3	14.5	14.6	14.7	14.6	14.1	13.4	13.1
協力会社 Contractor	7.4	7.4	7.2	7.5	7.6	7.6	7.8	8.0	7.6	7.4
合計	21.6	21.6	21.5	21.9	22.2	22.3	22.4	22.1	21.0	20.5

出所:『日本の鉄鋼業2023』(日本鉄鋼連盟)

安全対策　日本鉄鋼連盟は、２００６年に安全衛生推進本部を設置して以降、各安全衛生分科会や各種研修会を通じて、災害の発生原因やその対策などの情報の共有を行う他、安全・衛生教育も推進している。

Section

4-11 鉄鋼各社の経常利益は増加

鉄鋼各社の2022年度上半期の売上高は前年同期比16・9％増の10・4兆円、経常利益は同37％増の9160億円となっています。エネルギー価格高騰の中でも鋼材価格の改善が寄与しています。

■鋼材価格の改善が寄与

鉄鋼各社の収益はどのような状況にあるのでしょうか。2022年度上半期の状況を、日本鉄鋼連盟が財務省「法人企業統計調査」から分析しています。

それによると、鋼材価格の改善が進展していることなどを背景に、売上高は前年同期比16・9％増の10・4兆円、**経常利益**＊は同37％増の9160億円となりました。

経常利益の増加は、原料炭およびエネルギー価格の高騰に加え、販売量の減少やそれに伴う相対的なコスト負担増などがあったものの、鋼材販売価格の改善が寄与したためです。

22年度の鉄鋼需要は、内需については建設向けが公共事業などの土木関係を中心に減少。製造業向けも半導体製造などにかかるサプライチェーンの回復が想定を下回って推移したことから、自動車や産業機械向けなどを中心に回復が遅れています。

外需については、中国のゼロコロナ政策によるロックダウンの影響などもあり、日本の鉄鋼業の主要マーケットであるアジア各国への鋼材輸出も減少しました。

22年度通期の鉄鋼各社の業績は、鋼材価格の改善効果により、売上高は継続して増加が見込まれています。しかし、原材料やエネルギーコストが高止まりしていることに加え、国内粗鋼生産の減少などを背景に、利益面では減少あるいは鈍化の傾向も見られます。

22年度上半期の財務比率を見ると、売上高経常利益率は8・8％、自己資本経常利益率は20・5％と21年度から引き続き上昇しています。

経常利益　営業利益に営業外収益を加え、これから営業外費用を控除したあとの利益。企業の正常な収益力を示す指標であるとされている。

鉄鋼業の売上高と経常利益、当期純利益の推移

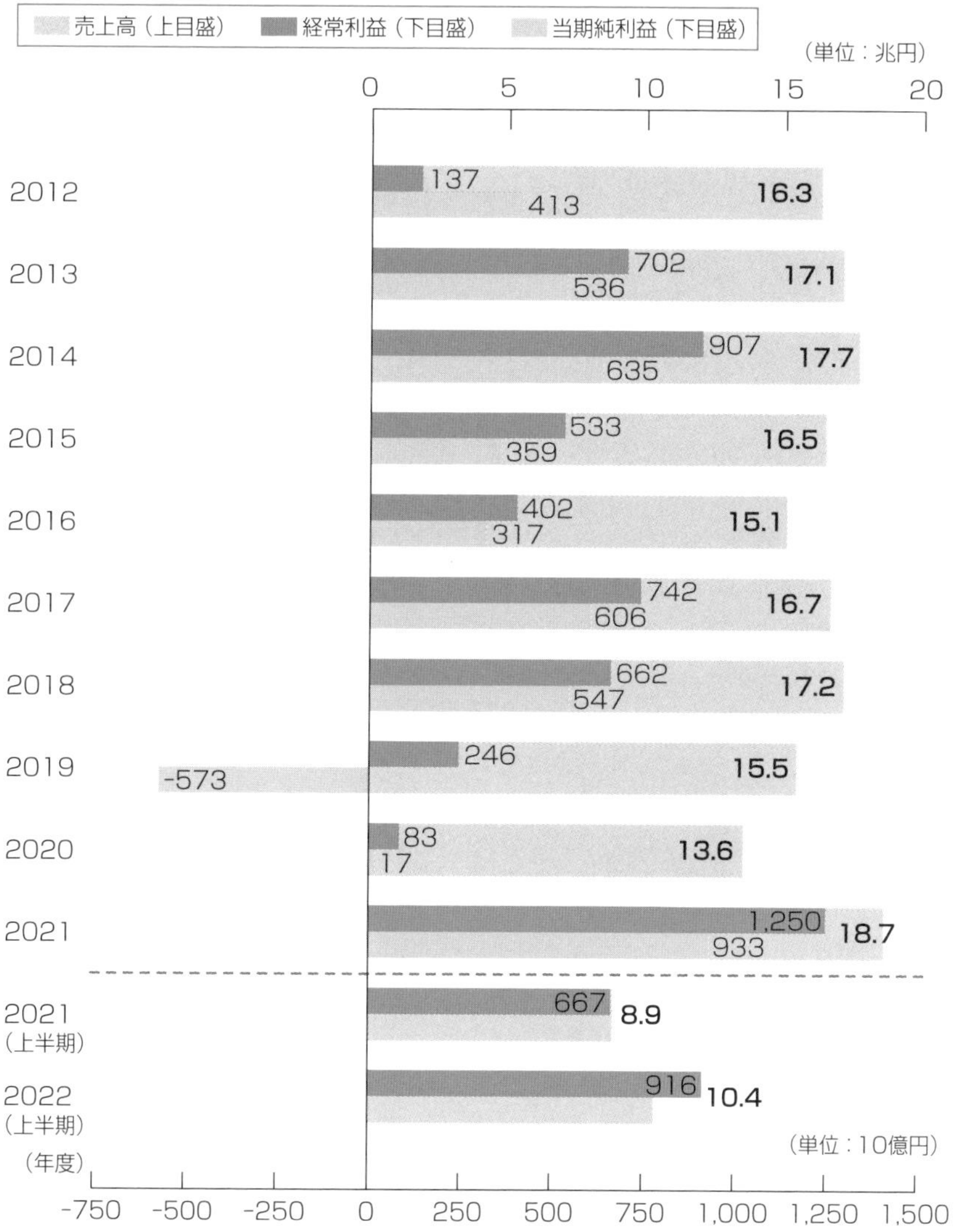

売上高（上目盛）　経常利益（下目盛）　当期純利益（下目盛）

（単位：兆円）　0　5　10　15　20

年度	売上高（兆円）	経常利益（10億円）	当期純利益（10億円）
2012	16.3	137	413
2013	17.1	702	536
2014	17.7	907	635
2015	16.5	533	359
2016	15.1	402	317
2017	16.7	742	606
2018	17.2	662	547
2019	15.5	246	-573
2020	13.6	83	17
2021	18.7	1,250	933
2021（上半期）	8.9	667	
2022（上半期）	10.4	916	

（単位：10億円）　-750　-500　-250　0　250　500　750　1,000　1,250　1,500

出所：『日本の鉄鋼業2023』（日本鉄鋼連盟）/財務省「法人企業統計調査」
注）2021年度（上半期）および2022年度（上半期）の当期純利益は未公表

設備投資額　鉄鋼各社の2022年度の設備投資額は前年度比16.7%増の4,279億円を計画し上昇傾向。高炉やコークス炉の維持・補修への投資割合が高いが、脱炭素対応や電磁鋼板の生産能力増強などの割合が増加している。

人材養成で注目される日本古来のたたら製鉄法

木炭と砂鉄を原料にした日本古来の製鉄法「たたら」が、人材養成の観点から注目されているといいます。「一筋縄にはいかない製鉄法を通じて自発性を養い、視野を広げる効果が期待できるからだ」と関係者は語っています。

「たたら製鉄」でつくられるのが日本刀です。日本刀をつくるには、砂鉄を還元して得た鉄塊から高炭素濃度の「玉鋼（たまはがね）」と呼ばれる品質の良い部分を選り分け、これと低炭素濃度の鉄材を合わせて、さらに熱して叩きます。これにより、適度な炭素含有量と丈夫な結晶構造に整えた質の高い鋼です。名刀は、名匠の手によってつくられる、まさに職人芸の秀作といえるでしょう。

こうした「たたら」を、日本製鉄八幡製鉄所が現場の人材養成を目的に続けています。始めたのは2002年12月で、操業中の戸畑第4高炉の近くに炉を3基築き、3つのグループが日本のこの伝統的製鉄法に挑戦したといいます。入社2〜4年目の若手チーム、協力会社と製銑部門の若手管理者チーム、それに八幡以外も含む会社全体の製銑技術者から選抜した若手チームの3つです。

高炉メーカーが、なぜ「たたら」に注目したのでしょうか。長期の需要低迷で1990年代前半以降、生産縮小を迫られ、韓国、中国の追い上げにもあって苦境にあえぐ鉄鋼業界。そんな中で新たな時代を切り開く気概をどう醸成したらよいのか、と悩む製鉄所幹部に02年初め、1つの啓示がもたらされました。

それが、日本美術刀剣保存協会主催のたたら操業見学会でした。これに衝撃を受けた幹部が手探りで進めた挑戦だったのです。たたら研修はその後も続き、新入社員対象の人材養成コースの定番となっているそうです。

とにかく手間がかかる「たたら」は、スイッチを押せば、あとは機械・計器任せの対極にある製造システムです。しかし、感性を研ぎ澄まし、危険と隣り合わせの体験から、モノづくりの真実が理解できるということなのでしょう。人材養成の観点から注目される理由もうなずけます。

第5章

主要企業の概要と動向

日本の鉄鋼業の事業所数は約 4900 社に上ります（4-3 節、4-4 節参照）。小規模企業から大手企業まで多岐にわたっており、日本の産業における鉄鋼業の存在感の強さがうかがえます。そうした多くの鉄鋼関連企業の中で、影響力を持つ上場企業の概要と最新動向を見ていくことにします。

Section

5-1 粗鋼生産量で国内首位、技術に定評(日本製鉄)

粗鋼生産量で国内首位。高級鋼板で圧倒的な強さを誇っています。2012年10月、旧新日本製鉄と旧住友金属工業が統合して発足した新日鉄住金が、19年4月に日本製鉄に社名変更しています。

世界トップの収益力を目指す

旧新日本製鉄と旧住友金属工業が統合(2012年10月)して発足した新日鉄住金が、19年4月に**日本製鉄**に社名変更し、新体制で事業活動を推進してきました。粗鋼生産量で国内首位。技術に定評があり、高級鋼板で圧倒的な強さを誇っています。

統合前の両社はどのような存在だったのでしょうか。旧新日本製鉄は富士製鉄と八幡製鉄が合併して1970年に誕生しました。君津や名古屋、大分などに高炉を持ち、国内粗鋼生産量は3340万トン(2011年)で業界首位。韓国やブラジルなど海外高炉会社との提携をいち早く進めてきた鉄鋼会社です。統合前の12年3月期の連結売上高は4兆909億円、営業利益は793億円でした。

一方の旧住友金属工業は1949年設立で、住友グループの「御三家」といわれ、和歌山や鹿島などに高炉を持っています。国内粗鋼生産量は1270万トン(同)で国内3位。原油採取などに使うシームレスパイプ(継目無し鋼管)などが主力でした。12年3月期の連結売上高は1兆4733億円、営業利益は768億円。

こうした両社が合併して発足した旧新日鉄住金は、「総合力世界No.1」の鉄鋼メーカーの早期実現に向け、鉄鋼事業のグローバル展開、技術先進性の発揮、コスト競争力の強化、製鉄以外の分野でも事業基盤の強化という4つの施策に取り組んできました。

これにより、「つねに世界トップレベルの収益力を実現する」ことに邁進(まいしん)してきたのです。

25年度までの新中長期計画を策定

日本製鉄は21年3月、新中長期経営計画を策定しました。

Column

海外事業　新中期経営計画では、現地需要全体を捕捉する一貫生産体制を拡大し、より付加価値を確保していく本格的な海外事業へとステージを上げていく方針。

柱となるのは次の4つです。

①国内製鉄事業の再構築とグループ経営の強化
②海外事業の深化・拡充に向けた、グローバル戦略の推進
③ゼロカーボン・スチールへの挑戦
④デジタルトランスフォーメーション（DX）戦略の推進

いずれも長期的ビジョンに基づき、ロードマップに沿って実行していくものです。中でも、①については効率的かつ強靭な生産体制を早期に確立し、国内マザーミル（高炉）の収益基盤を再構築する観点から、25年度までに完遂するとしています。

①では、国内製鉄事業の最適生産体制を構築すると共に、競合他社を凌駕するコスト競争力の再構築と適正マージンの確保によって収益基盤を強化する方針。最適生産体制の構築に向けて、厚板ラインの休止や生産集約などを具体策として取り組んでいます。

②で象徴的なのは米鉄鋼大手USスチールの買収発表です。実現には不透明要素が多いものの、日鉄の動きは鉄鋼業界の新たなグローバル競争の始まりを物語っています。

日本製鉄の概要

事業別売上構成
（2023年3月期）

製鉄事業	90%
エンジニアリング事業	4%
ケミカル&マテリアル事業	3%
システムソリューション事業	3%

出所：日本製鉄IR情報

プロフィール
（2023年3月末現在）

社名	日本製鉄株式会社
設立	1950年4月
本社	東京都千代田区丸の内2-6-1
資本金	4195億2400万円
社員数	10万6068名/連結
売上	7兆9755億円/連結

DX戦略　新中期経営計画では、DX戦略に今後5年間で1,000億円以上を投入し、鉄鋼業におけるデジタル先進企業を目指す。データとデジタル技術を駆使して、生産プロセス改革および業務プロセス改革に取り組み、事業競争力を強化する。

Section

5-2 粗鋼生産量で国内2位（JFEスチール）

NKKと川崎製鉄の鉄鋼事業部門が統合し発足したJFEホールディングス（HD）傘下の鉄鋼事業会社で、粗鋼生産量は日本製鉄に次ぐ国内2位の規模。西日本製鉄所などの生産拠点を保有しています。

JFEHD傘下の鉄鋼事業会社

2003年4月、わが国粗鋼生産2位のNKKと3位の川崎製鉄の鉄鋼事業部門が統合し発足した**JFEホールディングス**（HD）傘下の鉄鋼事業会社です。

NKKの前身は日本鋼管で1912（明治45）年の創立です。源流が官営だった新日本製鉄に対し、一途に民営を貫いてきたことから「民間の名門」ともいわれてきた高炉メーカーです。社名が示すように民需用のシームレス鋼管を日本で初めて生産したのが同社です。創業75周年を迎えた88年6月から呼称をNKKに変更しています。

一方の川崎製鉄は50（昭和25）年に川崎重工業の製鉄部門が分離独立して発足しました。51年に戦後初の大型臨海一貫製鉄所である千葉製鉄所を建設し、平炉メーカーから高炉メーカーへの参入を果たしています。

ちなみにJFEの「J」は日本（Japan）、「F」は鉄鋼（鉄の元素記号Fe）、「E」はエンジニアリング（Engineering）を意味しています。持ち株会社のJFEホールディングスの下にはJFEスチールをはじめとして、JFEエンジニアリング、JFE商事という3つの事業会社が名を連ねています。

中核会社の**JFEスチール**は現在、旧NKK福山製鉄所と旧川崎製鉄水島製鉄所を統合した西日本製鉄所、NKK京浜と川崎製鉄千葉を統合した東日本製鉄所の東西大型製鉄所の他、鋼管製造拠点の知多製造所を持っています。2023年3月期の粗鋼生産量は2548万トンで、日本製鉄に次ぐ国内2位の規模です。

伸び特性を高めたハイテンを開発

西日本製鉄所の敷地面積は約2510万平方メートル、

第7次中計　2021～24年度までを対象。気候変動問題への取り組みを経営の最重要課題と位置付け、「JFEグループ環境経営ビジョン2050」を策定。2050年カーボンニュートラルの実現を目指し、強力に推進するとした。

東京ドームの約550倍と広大で、ＪＦＥスチールの基幹製鉄所となっています。製銑・製鋼・圧延など様々な工程での連続化を実現しています。

東日本製鉄所は、首都圏に立地した都市型の製鉄所で、高級化や多様化といった鉄鋼製品へのニーズに応える最先端の技術と設備を保有しています。また、徹底した省資源・省エネルギー化を実現し、使用済みプラスチックの高炉原料化をはじめとする環境保全策にも積極的に取り組んでいます。

事業分野は薄板、厚鋼板、形鋼・スパイラル鋼管、鋼管、電磁鋼板、ステンレス、棒線・溶接材料などに及んでいます。最近では、加工時に伸びる特性を引き上げた合金化溶融亜鉛めっきハイテン（高張力鋼板）を開発し、乗用車の車体骨格部分への供給を始めています。

また、海外の有力企業との包括的提携などによって、グローバルアライアンス体制も構築しています。この一環として、インド鉄鋼大手のＪＳＷスチールと折半出資で23年5月に電磁鋼板の製造販売会社を設立。電磁鋼板のうち変圧器向けの「方向性電磁鋼板」の製造設備をＪＳＷのインドの製鉄所内に新設することも発表しています。

JFEスチールの概要

事業別売上構成
（2023年3月期）

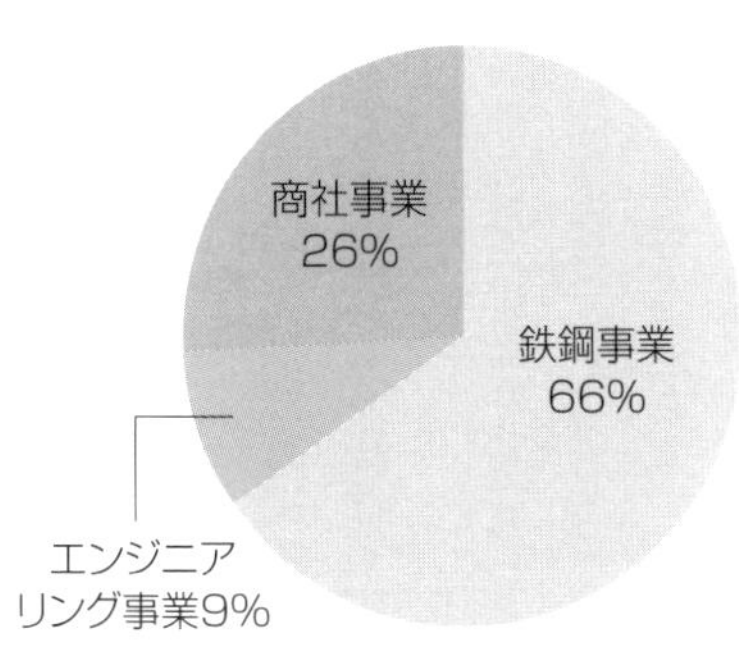

※JFEホールディングスの実績

出所：JFEホールディングスIR情報

プロフィール
（2023年3月末現在）

社名	JFEスチール株式会社
設立	2003年4月
本社	東京都千代田区 内幸町2-2-3
資本金	2396億円
社員数	4万4469名
売上	5兆2687億円 （JFEホールディングスの実績／連結）

投融資計画　第7次中期経営計画における鉄鋼事業（JFEスチール）の設備投資・事業投融資は、4カ年で1兆800億円。2024年度単独粗鋼生産量は約2600万トンを計画している。

Section
5-3 高炉国内3位で複合経営を推進（神戸製鋼所）

高炉国内3位で、「金属と機械の融合」をテーマに「複合経営」を推進しています。「安定収益基盤の確立」と「カーボンニュートラルへの挑戦」を実践すべき最優先課題として掲げています。

チタン工業化のパイオニア

神戸製鋼所の創業は1905（明治38）年9月、合名会社鈴木商店が神戸・脇浜にあった小林製鋼所を買収し、神戸製鋼所を立ち上げたのが始まりです。戦後、いち早く鉄鋼の生産を再開した後、55（昭和30）年には国内初の金属**チタン**＊の生産を開始し、チタン工業化のパイオニアとしての地位を築いています。

59（昭和34）年には第1号高炉に火入れを行い、銑鉄一貫メーカーとしての道を歩み始めました。70（昭和45）年には加古川製鉄所が完成し、線材・棒鋼をはじめとする幅広い製品を揃えています。60（昭和35）年に初の海外拠点となるニューヨーク事務所を開設して以後、70年代に入ってさらに国際化を加速しています。

同社は早くから基礎素材の提供という枠を超え、「金属と機械の融合」をテーマに「複合経営」を推進しています。2023年3月期の連結売上高（2兆4725億円）に占める事業別構成では、主力の鉄鋼・アルミが43％、建設機械15％、電力13％、素形材11％、機械7％、会エンジニアリング6％、溶接4％などとなっています。

鋼材の販売数量は、国内における自動車向けを中心に需要は堅調に推移したものの、加古川製鉄所における生産設備の一過性のトラブルや自然災害の影響などから、前連結会計年度（前期）を下回っています。

鋳鍛鋼品は製品構成の変化により前期を下回り、チタン製品は航空機分野での拡販により上回りました。

実践すべき2つの最優先課題

同社は21年5月に「KOBELCOグループ中期経営計画（2021～23年度）」を策定し、「安定収益基盤の確立」

＊**チタン**　チタン鉄鉱などの鉱物にも含まれる素材。鉄の約6割の軽さで、鋼を上回る強度があり、錆びにくい。

と「カーボンニュートラルへの挑戦」を最優先課題として発表しています。安定収益基盤の確立の重点施策は次のとおりです。

・鋼材事業の収益基盤強化…粗鋼生産量6・3百万トンの前提で安定収益を確保できる体制の構築
・新規電力プロジェクトの円滑な立ち上げ…神戸3・4号機の営業運転を開始することで23年度から400億円程度／年の収益を確保する
・素材系事業　戦略投資の収益貢献…自動車軽量化へのニーズは高く、早期の収益貢献を実現する
・不採算事業の再構築／機械系事業　収益安定化と成長市場への対応

2つの優先課題を実現するための経営体制の見直しや、多様な人材の活躍推進などの施策も継続します。

特に製鉄プロセスについては、既存の省エネ技術などの追求と革新技術に加え、国内初の低CO_2高炉鋼材「Kobenable Steel」の販売も開始しており、グリーンスチールの市場拡大に向けた取り組みを強化していく方針です。

神戸製鋼所の概要

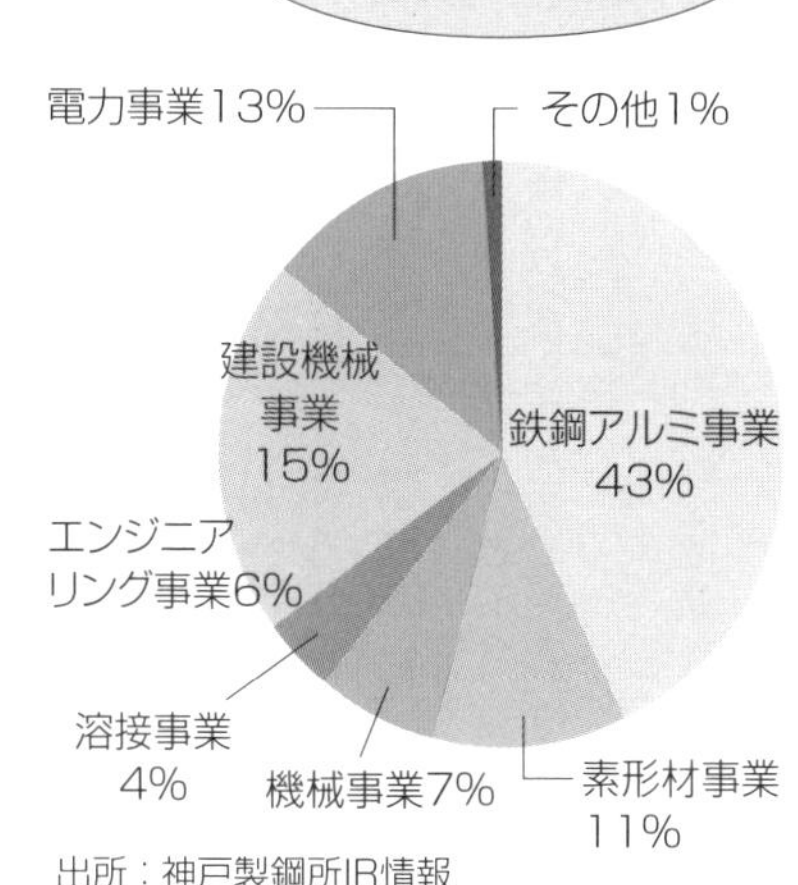

出所：神戸製鋼所IR情報

プロフィール
(2023年3月末現在)

社名	株式会社神戸製鋼所
設立	1911年6月
本社	神戸市中央区 脇浜海岸通2-2-4
資本金	2509億3100万円
社員数	3万8488名/連結
売上	2兆4725億円/連結

ROICとカーボンニュートラル　中期経営計画では、2023年度にROIC（投資資本利益率）5%以上の収益レベルを確保する。将来的にはROIC8%以上を目指す方針。また、2050年のカーボンニュートラル達成に向け、独自技術の開発推進、外部の革新技術の活用などによりCO_2削減に果敢に取り組んでいく方針。

Section
5-4
電炉の国内最大手（東京製鐵）

電炉国内最大手で、電気炉の技術パイオニアとしても確固とした地位を築いています。主原料の鉄スクラップ価格などの高止まりが懸念される中で、コスト低減への取り組みを徹底しています。

■電気炉の技術パイオニア

電炉の国内最大手です。各種鋼材の製造・販売を目的として東京・足立区に１９３４（昭和９）年に設立されました。東京・千住に第一号平炉を完成させて以後、電気炉、中形・小圧延工場で各種特殊鋼の生産を手がけ、世界有数の電炉メーカーに成長しています。

現在、小型形鋼や異形棒鋼、線材などの電炉品種の他、H形鋼や鋼矢板、厚板、さらにホットコイルや酸洗コイル、溶融亜鉛めっきコイルなど高炉メーカーとの競合品種の生産も拡大しています。

工場は岡山（62年完成）、九州（71年）、宇都宮（95年）、愛知県田原（２００９年）の他、12年４月に高松鉄鋼センターを開設しています。

電気というクリーンなエネルギーを活用する電気炉製鋼法の分野では、一本電極と炉底出鋼を兼ね備えた大型直流電気炉の開発とその操業技術を確立しています。

さらには熱効率を最大限に活かしたシャフト式電気炉を開発するなど、**電気炉**の技術パイオニアとして確固とした地位を築いているのも同社の特徴です。

■電炉鋼材の特性を活かす

業績は好調です。23年３月期の単独決算は、売上高が前期比33・４％増の３６１２億円、営業利益が19・８％増の３８０億円と伸長しました。民間設備投資などによる需要が堅調に推移したことに加え、円安の進行により、鋼材市況は年間を通じて歴史的な高値水準だったためです。

23年３月期の売上高は過去最高を達成しています。前期比で製品出荷数量が17・８％増加する共に、年間を通じた製品出荷単価が11万円を超え、前期比で１万４０００円弱

Column

電炉の存在　鉄鋼業においては、電炉の存在が不可欠であるという認識が共有されている。こうした中で東京製鐵は、電炉鋼板の本格的な拡大への準備を整備しつつある。

の値上がりとなったことを受けたものです。一方で、鉄スクラップやエネルギー・諸資材の購入価格が高騰したものの、全社一丸となったコスト削減の取り組みにより、前期を上回る営業利益を達成しています。

今後の見通しについて同社は、「国内鋼材市場は民間設備投資などによる鋼材需要が引き続き堅調に推することが期待される。資源循環と脱炭素の観点から、当社製品に対して高まる需要を取り込みながら、社内各部門の連携を一段と強化し、国内外の製品・原料事情の変化に、より迅速・柔軟に対応できる体制の構築に取り組んでいく」としています。

営業面では、国内外で新規需要先の開拓に努め、脱炭素による環境面での優位性をはじめとした、電炉鋼材の特性を活かした製品を供給。生産面では、すべての工場で安全管理体制をさらに強化していく意向です。

同社はまた、「弛まぬコストダウンと品質向上への取り組みを強力に推進し、条鋼類・鋼板類共に、多様化する需要家のニーズに応えながら、貴重な国内資源である鉄スクラップの高度利用を加速する」と強調しています。

東京製鉄の概要

事業別売上構成
(2023年3月期)

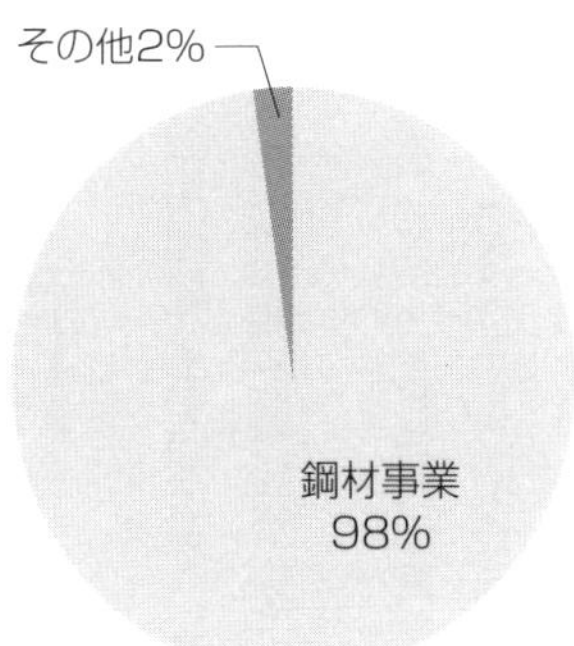

出所：東京製鐵IR情報

プロフィール
(2023年3月末現在)

社名	東京製鐵株式会社
設立	1934年1月
本社	東京都千代田区 霞が関3-7-1
資本金	308億9400万円
社員数	1099名
売上	3612億円

鉄スクラップ　東京製鐵は、わが国の貴重な資源である鉄スクラップを、より付加価値の高い鉄鋼製品へと「アップサイクル」させるチャレンジを進めると共に、環境に優しい電炉鋼材の普及拡大による「カーボンマイナス」の実現に取り組んでいる。

Section
5-5 日本製鉄系電炉の大手（合同製鐵）

日本製鉄系の大手電炉メーカーで、主に線材や形鋼、棒鋼など建設用鋼材を手がけています。鋼片・鋼材の輸出に注力することによって収益基盤を強化するなど、5つの経営戦略を推進中です。

国内の建設需要は底堅い

日本製鉄系の大手電炉メーカーで、線材や形鋼、棒鋼など建設用の比重が大きいのが特徴です。建築・土木業界からの要請に応え、**EGジョイント**や**EG定着板***といった付加価値製品を市場に投入しています。

1937（昭和12）年12月、大阪製鋼を設立したのが始まりです。翌年に淀川鋳鋼と合併、さらに77（昭和52）年には大谷重工業と合併し、商号を**合同製鐵**に変更しています。78年には日本砂鉄鋼業と江東製鋼、91（平成3）年に船橋製鋼と合併し規模を拡大しています。2007（平成19）年には、新日本製鐵（当時）と提携を強化し、同社の持分適用会社となりました。現在、大阪、姫路、船橋の3製鉄所体制で電炉事業を展開しています。

同社の23年3月期の業績（連結）は、売上高が前期比15・3％増の2353億円で、139億円の営業黒字化を達成しています。増収は、鉄スクラップ価格および電力価格などの高騰に対し、販売価格の改善に努めた結果です。また、営業黒字化は鉄スクラップの価格の高騰が調整局面に入り、その状況が長引いたことや、コスト改善の進捗が大きな要因です。

今後の見通しについて同社は、「普通炉電炉業界は、老朽化した社会インフラ整備や自然災害への対応など、国土強靭化の推進により、土木分野は底堅く推移する。主原料である鉄スクラップ価格は高水準の価格帯が継続し、依然厳しいコスト環境下での事業運営を余儀なくされる」と見ています。

こうした経営環境下、製造時の電力や燃料の軽減につながる省エネルギー投資や太陽光パネルの導入など、カーボンニュートラルへの取り組みも強化していく方針です。

Term
EGジョイント/EG定着板　工具が不要な機械式継ぎ手。

鋼片・鋼材の輸出に注力

同社は、安定的に収益が確保できる経営基盤の確立を目指し、経営戦略として次の5つを掲げています。

①国内では、需要に見合った生産を行い、再生産可能な販売価格の維持に努めつつ、生産余力を活用して鋼片・鋼材の輸出に注力することによって、収益基盤を強化する。

②線材・形鋼・構造用鋼・鉄筋棒鋼などの多様な条鋼類の製造販売を行うことにより、安定的な収益の確保を図る。

③製品の品質・コストの競争力確保に努めると共に、財務体質の強化も図る。

④当社グループは完全子会社の朝日工業、三星金属工業およびトーカイを含めた6つの製造拠点を持つ事業所体制を構築し、グループ全体のいっそうの業務効率化と営業力強化を図る。

⑤良質な製品の提供と環境面への積極的な取り組みを通じて、需要家と社会全体の信頼を確保する。

また、電炉業界全体の共通課題でもあるスラグやダスト処理についても、グループの知見と共有化を進め、有効な施策の可能性の創出を目指していく、としています。

合同製鐵の概要

事業別売上構成
(2023年3月期)

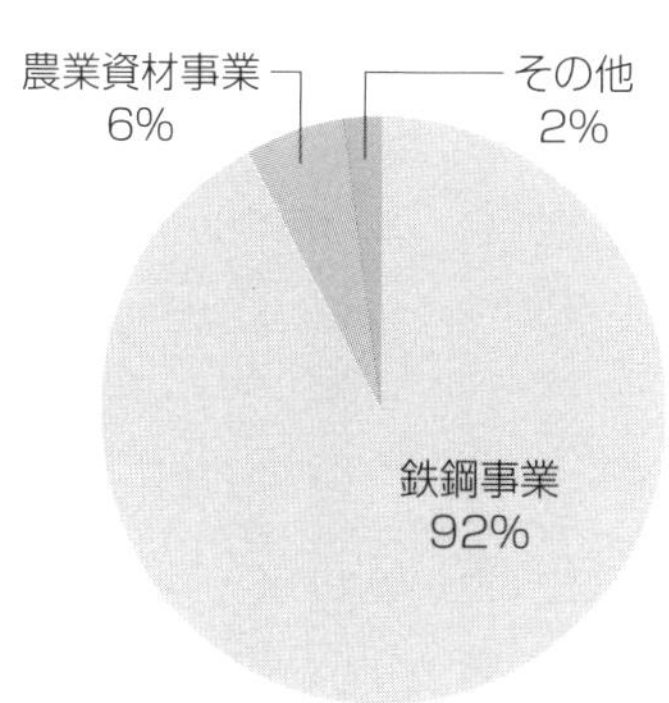

出所：合同製鐵IR情報

プロフィール
(2023年3月末現在)

社名	合同製鐵株式会社
設立	1937年12月
本社	大阪市北区 堂島浜2-2-8
資本金	348億9600万円
社員数	2071名/連結
売上	2353億円/連結

中期ビジョン　2021年10月に「合同製鐵グループ中期ビジョン2025」として、2025年度の連結売上高2200億円、連結経常利益110億円を目指すことを開示したが、2023年3月期決算で達成している。

Section
5-6 電炉大手でH形鋼が主力（大和工業）

電炉の大手メーカーで、主力のH形鋼をはじめ、軌道用品も手がけています。グローバル化への対応で、いち早く米国や韓国などに進出。最近はサウジアラビアなど中東地域での鉄鋼事業も強化しています。

米国、韓国などにも電炉

電炉の大手メーカーで、H形鋼を主力に軌道用品も手がけています。

いち早く国際化を進め、米国やバーレーン、サウジアラビア、ベトナム、韓国に持分法適用会社、タイには連結子会社を有しています。

設立は1944（昭和19）年です。国内の生産拠点は兵庫県姫路の本社工場で、播磨工業地帯の中枢に位置しています。持ち株会社制を指向し、2003年10月に鉄鋼・重工業部門、2004年4月に軌道用品部門をそれぞれ分社し、純粋持ち株会社になっています。

23年3月期の業績（連結）は、売上高が前期比20・3%増の1804億円、営業利益は26・5%増の168億円、純利益は63・6%増の653億円でした。

国内の鉄鋼事業は、建設資材価格高騰の影響により中建築案件は低調であったものの、都市再開発や物流施設、半導体工場などの大型建築案件を中心にH形鋼などの需要は底堅く推移。子会社のヤマトスチールが主力のH形鋼を中心に受注量を確保し、販売数量は前期比で増加しました。

今後の見通しについて同社は、「グループの主要製品であるH形鋼などの土木・建築用鋼材の需要は全体的に盛り上がりに欠けるものの、中間材も含め販売数量確保に努めることで、グループ総販売数量は概ね前期並み」を見込んでいます。

また、「引き続き、各拠点において鋼材マージンの維持およびコスト削減に努めていく」としています。販売面では、需給が引き締まった状態が続く中、原材料価格の高止まりやエネルギー価格、物流コストの上昇などコスト高を反映した販売価格の浸透に努めていく方針です。

ビレット スクラップを電気炉で溶融し、成分調整を施して凝固させた4角柱状の鋼片。

中東地域での鉄鋼事業を強化

グローバル化への対応で同社は、中東地域での鉄鋼事業を強化しています。

まず、11年夏にサウジアラビアの鉄鋼メーカー、UGS社を買収し、新たにサウジスルブ社を設立しています。同年9月から小形H形鋼の生産を始めており、中東地域での建築需要などの拡大に対応しているのが現状です。

また、バーレーンでも49%出資の合弁会社スルブ社を設立し、H形鋼を中心とする形鋼生産のための直接還元製鉄、製鋼、圧延の一貫工場を建設。13年7月に本格的な生産、販売を始め、サウジアラビアのサウジ社へ**ビレット**＊などの半製品の供給も手がけています。

同社の売上高に占める海外依存度は、5割強。「高速かつ大量の鉄道輸送と船舶輸送の一翼を担う製品づくりについても、日本国内にとどまらずグローバルな事業展開を行う」としており、同社の海外戦略は今後、いっそう強化されることになりそうです。

大和工業の概要

事業別売上構成
(2023年3月期)

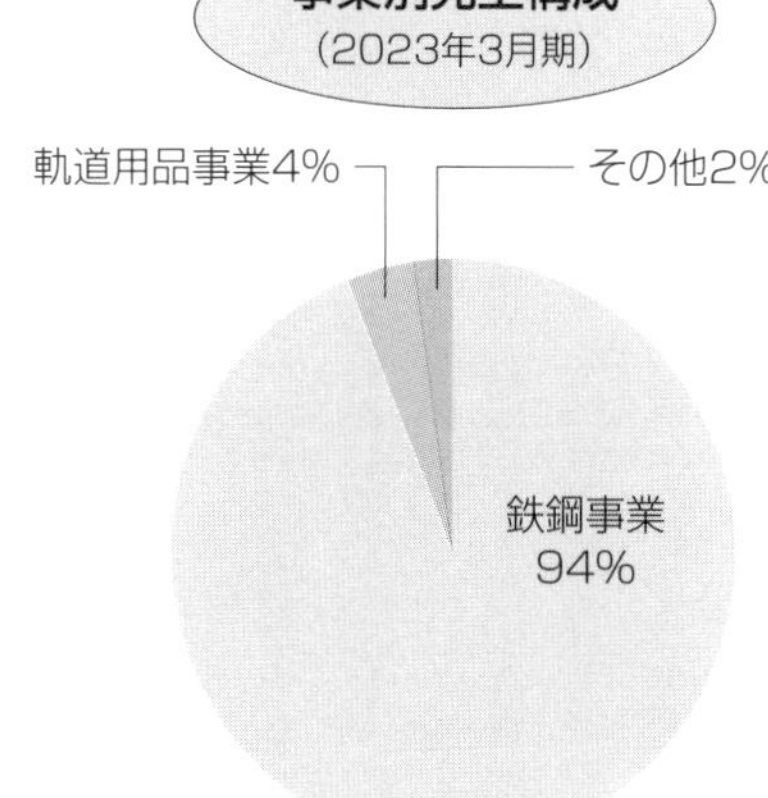

出所：大和工業IR情報

プロフィール
(2023年3月末現在)

社名	大和工業株式会社
設立	1944年11月
本社	兵庫県姫路市 大津区吉美380
資本金	79億9600万円
社員数	1432名/連結
売上	1804億円/連結

日本の形鋼需要　大和工業では、日本の形鋼需要は再開発プロジェクトおよび半導体工場や物流施設などで大型建築案件を中心に引き続き堅調に推移すると予測している。

Section
5-7 西日本の大手電炉メーカー（共英製鋼）

西日本の大手電炉メーカーです。日本製鉄系で、鉄筋コンクリート用棒鋼が主力製品です。環境リサイクル事業も手がけています。ベトナムでの鉄鋼事業の強化を今後の成長戦略として打ち出しています。

技術供与など豊富な海外実績

西日本の大手電炉メーカーで、日本製鉄系です。鉄筋コンクリート用棒鋼を主力とし、平鋼、等辺山形鋼、構造用棒鋼といった形鋼類も手がけています。また、電気炉の熱エネルギーを利用して医療廃棄物や産業廃棄物を溶かす「廃棄物の溶融処理」といった環境リサイクル事業も展開しています。

１９４７（昭和22）年に共栄製鉄を設立したのが始まりです。翌年、現在の**共英製鋼**に社名を変更しています。63（昭和38）年には電炉メーカーとして初めて海外に進出し、台湾で圧延工場の建設協力と技術指導を行っています。その後もタイ、ブラジル、インドネシア、米国などで事業を展開した他、これまでに20カ国以上の国々で技術供与や技術指導を行うなど、豊富な海外実績があります。

２０２３年３月期の業績（連結）は、売上高が前期比21・5％増の３５５７億円、営業利益が68・０％増の１４８億円でした。国内鉄鋼事業は、建設資材価格の高騰による建設コストの上昇などを受け、製品出荷量は前期比３・６万トン減の１５４・５万トン。鉄スクラップ価格は同１３００円（２・４％）上昇しましたが、製品の値上げが浸透し、製品価格は同１万９３００円上昇したため、売買価格差は１万８０００円（60・３％）拡大しています。

海外では、ベトナムで実需の低迷により製品出荷量が減少したのに対し、北米は旺盛な需要が継続し、製品価格が高水準で推移し業績好調となりました。

今後の見通しについて同社は、「国内鉄鋼事業は、住宅部門の需要は建設資材高騰などによる建設コスト上昇の影響を受け横ばいになるものの、非住宅部門の需要は引き続き堅調に推移することが予想される」としています。

環境リサイクル事業　共英製鋼の2023年３月期の環境リサイクル事業は、新型コロナウイルス感染症の医療廃棄物処理案件を引き続き獲得したが、燃料価格などの上昇により、営業利益は前期比19・9%の減益となった。

■世界の建設需要拡大に期待

日本の鉄鋼会社として1994年に初めてベトナムに進出し、合弁会社ビナ・キョウエイ・スチール社（VKS社）を設立して棒鋼・線材の生産を始めています。同社はこのベトナムでの鉄鋼事業の強化を今後の成長戦略として打ち出しています。

VKS社はベトナム南部の製造拠点で、2012年6月には新たに電炉・圧延一貫生産ラインの建設に着手。大型棒鋼製品を生産し、大型土木工事や高層ビル建築用に供給するのが狙いで、15年に稼働させています。

また、11年9月には北部地域の事業拠点としてキョウエイ・スチール・ベトナム社（KSVC社）を設立し、12年3月から鉄鋼事業を始めています。両社のプロジェクトによってベトナム南北で約200万トンの生産体制を構築することになり、成長の大きな弾みとなることが期待されています。

世界の鉄鋼需要は、「新興国のインフラ投資による建設需要拡大などにより、今後とも高水準での推移が予想される」と同社は見ています。

共英製鋼の概要

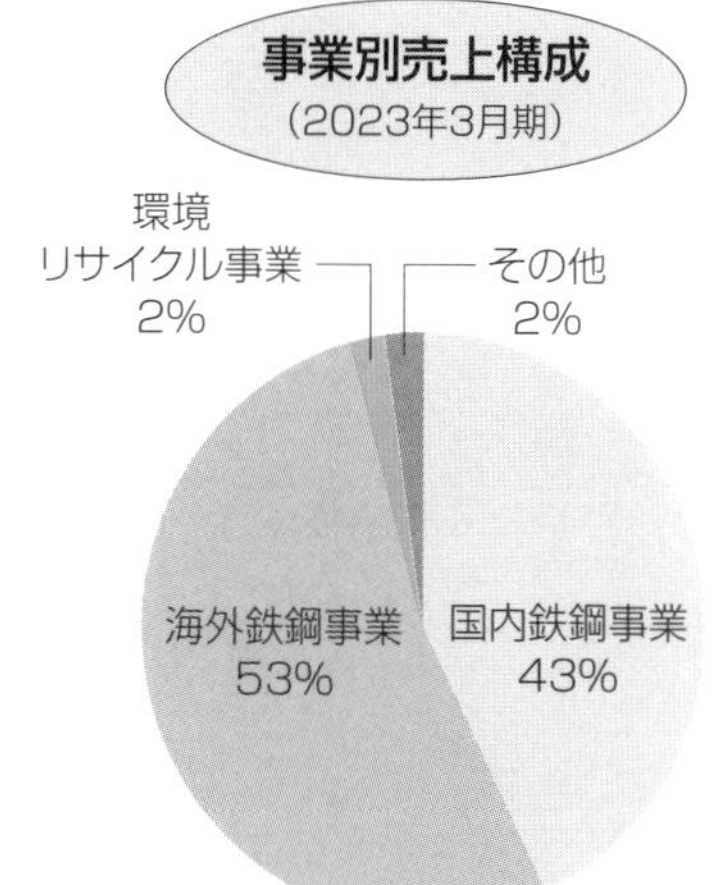

出所：共英製鋼IR情報

プロフィール（2023年3月末現在）

社名	共英製鋼株式会社
設立	1947年8月
本社	大阪市北区 堂島浜1-4-16
資本金	185億1600万円
社員数	3959名/連結（2023年9月）
売上	3557億円/連結

3つの力　中期経営計画「NeXuS 2023」では、3つの力（拠点間連携などグループ内をつなぐ力、他社との連携など外部とつなぐ力、企業価値を向上させる、次代につなぐ力）の強化を目指している。

Section
5-8 日本製鉄系電炉の中核（大阪製鐵）

日本製鉄系電炉メーカーの中核で、建設・産業機械向け山形鋼・溝形鋼や、建設・土木用異形棒鋼などを幅広く手がけています。インドネシアで建設向け鋼材事業も展開しています。

一般形鋼に強み

日本製鉄系電炉メーカーの中核です。扱う鋼材は幅広く、主力の建設・産業機械向け山形鋼や溝形鋼をはじめ、建築・土木用の異形棒鋼、エレベータ用ガイドレール、さらには平鋼、角鋼などにわたっています。一般形鋼に強みがあります。

「エレベータ用ガイドレールや軽レール（軌条）に代表される高付加価値製品など、高寸法精度・良表面品位・高強度などの『ハイエンド化』に積極的に取り組んでいる」（同社）のが特徴です。堅実経営で定評があります。

生産拠点として、大阪恩加島工場、堺工場、西日本熊本工場、岸和田工場の4工場を有しています。

大阪恩加島工場は、大阪港に近い木津川右岸に位置し、製鋼、圧延工場で不等辺山形鋼、軽軌条、エレベータ用ガイドレールなどの多品種・小ロット生産を担っています。

堺工場は日本製鉄の関西製鉄所構内にあり、多サイズの山形鋼、溝形鋼を生産しています。1998（平成10）年に中形形鋼ミルを立ち上げ、翌年には製鋼から圧延までの一貫体制を構築しています。

西日本熊本工場は、熊本県宇土市に立地している製鋼・圧延一貫工場で、南九州唯一の電炉工場です。異形棒鋼や丸鋼、山形鋼を生産しています。

岸和田工場（大阪府）は、小ロット・多品種生産に対応する圧延工場を有し、主に平鋼や角鋼および異形鋼の製造・販売を手がけています。また、製品サイズの拡大やバネ鋼など品質高級化を図っています。

厳しいコスト環境が続く

同社の始まりは1978（昭和53）年です。大鐵工業と大

Column

中期経営計画　2021年4月に策定した「大阪製鐵グループ中期経営計画」では、①盤石な国内事業基盤の構築、②東南アジア需要の確実な補足を通じた成長戦略などを掲げ、2021～25年度設備投資で230億円（5年）を計画している。

和製鋼の合併母体として**大阪製鐵**を設立、両社を吸収合併しスタートしました。2016年3月には、東京鋼鐵を子会社化しています。

23年3月期の業績（連結）は、売上高が前期比12・1%増の1171億円、営業利益が53・6%増の59億円。国内鉄鋼需要はコロナ禍から緩やかに回復しているものの、主要需要先である建設分野の需要は低迷。しかし、販売価格の改定を最優先課題として取り組み、並行して徹底的なコスト改善も進めた結果です。

期待のインドネシア事業は、輸出拡大やインドネシア国内からのビレット調達拡大など諸施策を実行したものの、ビレット価格の大幅な変動に加え、製品市況の低迷などから厳しい経営環境となっています。

今後の見通しについて同社は、「建設分野の需要は引き続き堅調だが、地政学リスクや脱炭素化へ向けた潮流の中で、エネルギー価格や鉄スクラップ価格は高止まり、厳しいコスト環境となる」と見ています。

海外については、成長市場であるASEAN地域を米国事業に次ぐ第2の収益の柱に育成するため、ASEANでの形鋼300万トン体制構築を目指しています。

大阪製鐵の概要

事業別売上構成
（2023年3月期）

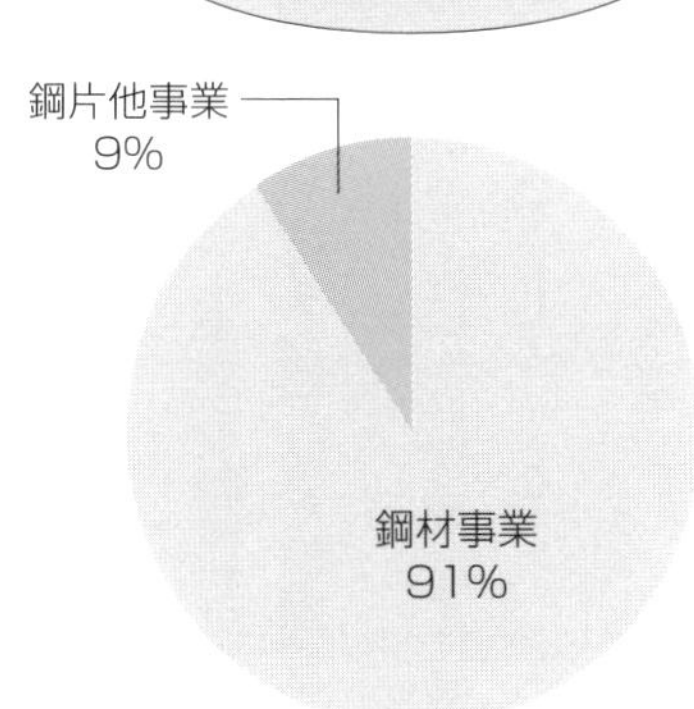

プロフィール
（2023年3月末現在）

社名	大阪製鐵株式会社
設立	1978年5月
本社	大阪市中央区 道修町3-6-1
資本金	87億6900万円強
社員数	1057名/連結（2023年9月）
売上	1171億円/連結

出所：大阪製鐵IR情報

Section
5-9 世界最大級の特殊鋼専業メーカー（大同特殊鋼）

特殊鋼専業メーカーで世界最大級です。自動車向けが主力で、産業機械やIT関連向けも手がけています。海外ではベトナムで工具鋼製品の素材提供から加工・熱処理まで手がける新工場が稼働しています。

■特殊鋼が売上高の4割を占める

世界最大級の特殊鋼専業メーカーです。日産、ホンダを軸に自動車向けが主力で、産業機械やIT関連向けも手がけています。生産拠点は、メイン工場である知多工場（愛知県東海市）の他、星崎（名古屋市）、渋川（群馬県）、王子（東京都）など多地区に展開しています。

特殊鋼が売上高の4割を占めますが、電子・磁性材料、自動車・産業機械部品、エンジニアリング、新素材など幅広く手がけ、事業の多角化を図っています。第2位株主は日本製鉄で、同社とも取引関係は親密です。

創業は1916（大正5）年、名古屋電燈から製鋼部門を分離し、電気製鋼所を設立したことに遡（さかのぼ）ります。その後、社名を大同電気製鋼所、大同製鋼に変更。50（昭和25）年に企業再建整備法により、新大同製鋼として再発足しています。さらに、76（昭和51）年に日本特殊鋼、特殊製鋼と合併し、現在の大同特殊鋼に変更しています。

■ベトナムで新工場が稼働

2023年3月期の業績（連結）は、売上高が前期比9・2％増の5785億円、営業利益は27・1％増の469億円でした。特殊鋼の主要需要先である自動車関連の受注は、半導体を中心とした部品の供給不足の影響などにより前期比で減少。この結果、鋼材売上数量は前期比で減少しました。

一方で、エネルギー関連、環境対応で需要が増加している自由鍛造品は、将来の需要増加を見越した戦略設備の投資効果により、その需要を補足することができ、高付加価値製品の受注が増加しています。

営業利益の増加は、主要原材料である鉄屑価格の上昇やエネルギーコストの増大に対し、適正マージン確保のため、

ニッケル基合金　ニッケルを主成分とする合金で、優れた耐熱性や耐食性を有する合金。石油、化学、航空エンジンや発電用タービンなどの分野で主に使用される。

徹底したコスト削減や販売価格への反映に継続的に取り組んだ結果です。

最近では、今後需要が高まることが予想される**ニッケル基合金**＊や**クリーンステンレス**＊などの高級鋼の増産に備え、これらの製造に不可欠な真空アーク再溶解炉1基を投資額7.5億円で渋川工場（群馬県）に増設し、23年9月から稼働を開始しています。

同年11月には、JFEスチールがCO_2排出量の削減を目的に、同社東日本製鉄所（千葉地区）第4製鋼工場へ新たに導入を計画していた電気炉を受注しています。

また、海外事業では08年に設立したベトナムの金型用鋼の加工販売拠点が、事業拡大に備えて新工場を建設。23年5月から稼働を始めています。工具鋼製品の素材提供から加工および熱処理まで手がけることで、ベトナム市場において日本国内同様の品質・サービスを提供しています。

コスト面では地政学リスクによるサプライチェーンの混乱などにより、原燃料や資材の価格がさらに高騰するリスクも想定されます。こうした中で同社は、「引き続き徹底したコスト削減努力を継続していく」方針です。

大同特殊鋼の概要

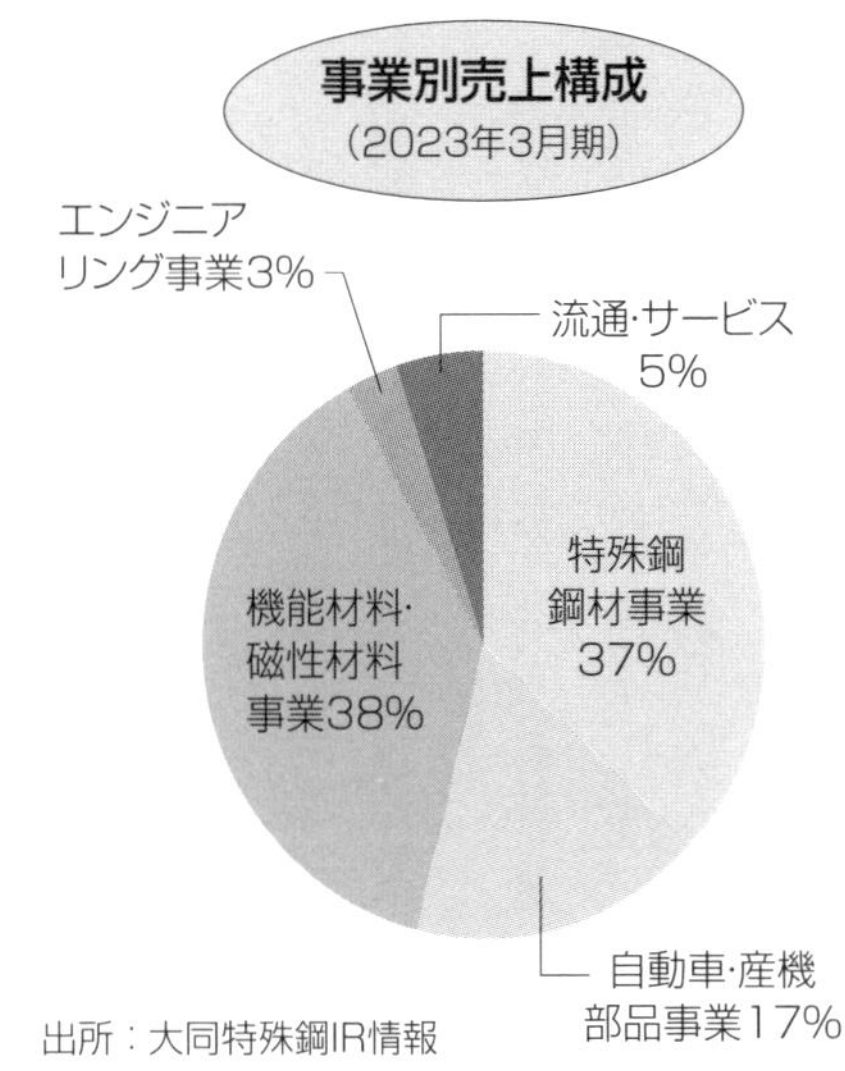

出所：大同特殊鋼IR情報

プロフィール
(2023年3月末現在)

社名	大同特殊鋼株式会社
設立	1950年2月
本社	名古屋市東区 東桜1-1-10
資本金	371億7200万円強
社員数	1万2096名/連結 (2023年9月)
売上	5785億円/連結

クリーンステンレス　真空誘導溶解と真空アーク再溶解を施すことで超清浄度化を実現。清浄性が求められる半導体製造装置や医療関連設備などに主に使用される。

Section

5-10 大型鋳鍛鋼で世界有数（日本製鋼所）

大型鋳鍛鋼で世界有数のメーカーです。電力や原子力向けが中心で、鋼板や重機鉄鋼なども手がけています。多様なエネルギー関連投資の高まりを背景に鋳鍛鋼製品の安定的な需要を見込んでいます。

鋳鍛鋼は電力や原子力向けが中心

大型鋳鍛鋼で世界有数のメーカーです。電力や原子力向けの他、鋼板や重機鉄鋼（圧力容器）などの製品群も揃えています。射出成形機でも上位クラスにあり、産業機械事業が利益柱に成長しています。

１９０７（明治40）年、日本の鉄鋼業の一大基地となる北海道室蘭市に、兵器の国産化を目的として英国側（アームストロング社、ビッカース社）と日本側（北海道炭礦汽船）の共同出資による国家的事業がスタートしました。これが、**日本鉄鋼所**の始まりです。

戦後の50（昭和25）年、平和産業へ転換し、新たに日本製鋼所を設立。旧会社から室蘭、広島、横浜、東京の４製作所と本店、営業所を継承して新発足しました。

現在の生産拠点は、室蘭、広島、横浜、名機（愛知県大府市）の４製作所です。室蘭製作所は、素形材工場として最大1万４０００トンの油圧プレスの大型設備などを擁し、超大型から中小型までの鋳鍛鋼品、鋼板・鋼管の他、石油精製関連容器なども手がけています。広島製作所は、プラスチック射出成形機やマグネシウム射出成形機などの他、火砲などの防衛機器も生産しています。

横浜製作所は液晶ディスプレイ（ＬＣＤ）の量産化を可能にするレーザーアニール装置や、成形機・押出機などの樹脂加工機械が主力の工場です。

鋳鍛鋼製品の安定的需要を見込む

２０２３年3月期の業績（連結）は、売上高が前期比11・7％増の２３８７億円、営業利益は10・４％減の１３８億円でした。樹脂製造・加工機械の産業機械事業は堅調な受注や販売価格の改善効果で売上高、営業利益とも伸長した

Purpose　日本製鋼所は、将来予測が困難な事業環境において、グループの行動の軸となる「Purpose（パーパス）」を"「Material Revolution」の力で世界を持続可能で豊かにする。"と制定している。

ものの、鋳鍛鋼製品の素形材・エンジニアリング事業は、品質不適切行為に起因する売上減や操業の低下が影響し、営業損失となっています。

21年5月に策定した、22年3月期を初年度とする5カ年の中期経営計画「JGP2025」では、①世界に類を見ないプラスチック総合加工機械メーカーへ、②素形材・エンジニアリング事業の継続的な利益の確保、③新たな中核事業の創出、④ESG経営の推進という4つを基本方針に掲げて、事業活動に取り組んでいます。

23年3月期は、産業機械、素形材・エンジニアリング事業とも新規需要開拓、製品付加価値の向上や競争力強化、さらには販売価格の改善に向けた活動を強力に推進しています。

今後の素形材・エンジニアリング事業の見通しについて同社は、「多様なエネルギー関連投資の高まりを背景に鋳鍛鋼製品の安定的な需要が見込まれる」と期待を寄せています。

同社グループは、22年11月にPurpose（パーパス）を制定し、優先的に取り組むべきテーマとして、マテリアリティ（重要課題）を特定しています。この重要性を認識した上で、新たな中期経営計画の策定に取り組む方針です。

日本製鋼所の概要

事業別売上構成
(2023年3月期)

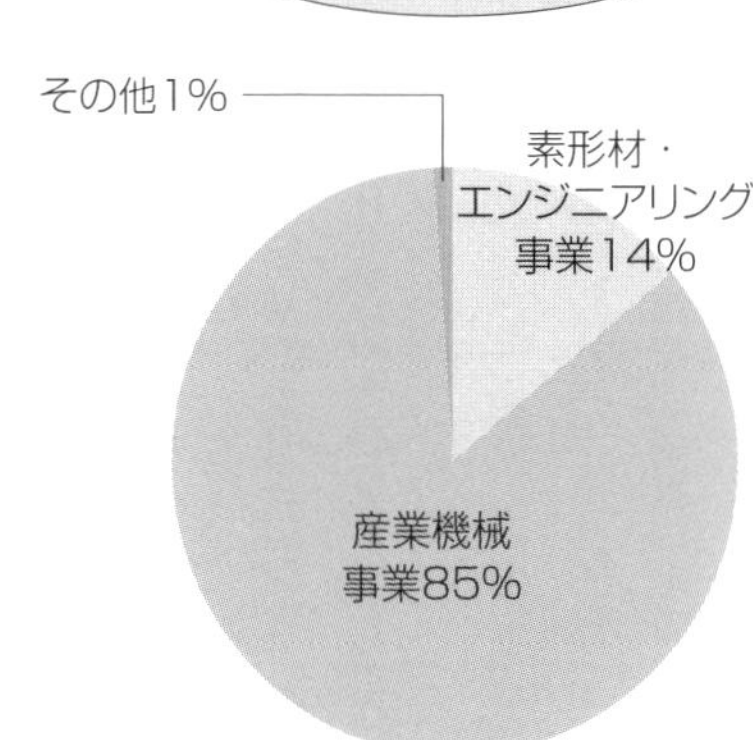

出所：日本製鋼所IR情報

プロフィール
(2023年3月末現在)

社名	株式会社日本製鋼所
設立	1950年12月
本社	東京都品川区 大崎1-11-1
資本金	198億1800万円
社員数	5113名/連結(2023年9月)
売上	2387億円/連結

不適切行為　グループ会社の日本製鋼所M&E社が電力製品や鋳鍛鋼製品などで検査結果・分析値の改ざん、ねつ造、虚偽記載などを行っていたことが確認された（2022年11月）。これに対して、全社的な品質保証体制の構築や、M&E社における品質保証機能の独立性強化など再発防止策を打ち出している。

Section

5-11 ワイヤロープ老舗で最大手(東京製綱)

ワイヤロープ(線材)の老舗で国内最大手です。太陽光発電向けソーワイヤなどニッチ分野の拡充にも力を入れています。事業は鋼索鋼線事業、スチールコード事業など4分野を柱に展開しています。

鋼索鋼線など4事業を柱に展開

ワイヤロープの老舗で、国内最大手のメーカーです。最近は、太陽光発電システム向け**ソーワイヤ***などニッチ分野の拡充に力を入れている他、ベトナム工場を増強するなど、アジアでの市場開拓も強化しています。

事業は、鋼索鋼線、スチールコード、開発製品関連など4分野を柱に展開しています。鋼索鋼線では、ワイヤロープやワイヤ(鋼線)を中心に、スチールコードではソーワイヤの他、同社の主力製品の1つでタイヤ補強に欠かせないタイヤコードを手がけています。エンジニアリングでは、道路や橋梁などの分野で製品のラインナップを拡充しています。

設立は1887(明治20)年で、東京製綱として工業用マニラ麻ロープの製造を始め、国内初のロープメーカーとして誕生しました。97(明治30)年には東京・深川工場を開設し、国内で初のワイヤロープの生産を開始しています。

その後、1906(明治39)年にワイヤロープ生産の小倉工場、25(大正14)年にはワイヤロープと麻ロープ生産の川崎工場を開設しています。

アジアへの進出は2000年代に入ってから顕著になりました。特に04(平成16)年、中国に上海事務所と共に、橋梁用ワイヤの製造拠点(江蘇省)を開設したことで加速しています。翌年の05年にはタイヤ用スチールコードの製造拠点(江蘇省)、06年にはベトナムにエレベータロープの製造拠点を開設しています。

10年には、カザフスタン、香港、モスクワ事務所を相次いで開設した他、中国(江蘇省)にワイヤソーなどの製造拠点も設けています。成長市場での事業強化をにらんだ展開といえるでしょう。

Term

ソーワイヤ 極めて細く、強度と安定性を要求されるワイヤで、シリコン結晶、ガリウムヒ素、水晶、ガラス、磁性材料などのスライス加工、チップ加工用途に使用される。

「トータル・ケーブル・テクノロジー」の追求

2023年3月期の業績（連結）は、売上高が前期比5・3％増の671億円、営業利益は103・9％増の33億円でした。

各事業セグメントにおける諸資材・エネルギー価格高騰への対応として実施した製品価格改定の効果や為替の影響に加えて、海外防災関連事業や北米の**CFCC**（**炭素繊維ケーブル**）*などの販売拡大により、開発製品関連が好調に推移した結果です。

同社は、「トータル・ケーブル・テクノロジー」の追求を目指しています。「超高強度スチール、高機能繊維、炭素繊維など多くの先端素材によるケーブル製造のラインナップ」と、「使用されるフィールドに即した様々なケーブル加工技術」に加え、「健全性診断や、エンジニアリングといったソリューションを融合」して、「グローバル市場に画期的な商品・サービスを提供できる固有の強み」を一言で表現したものです。

こうした独自の強みを最大限に活かして、成長を続けていくとアピールしています。

東京製綱の概要

事業別売上構成
（2023年3月期）

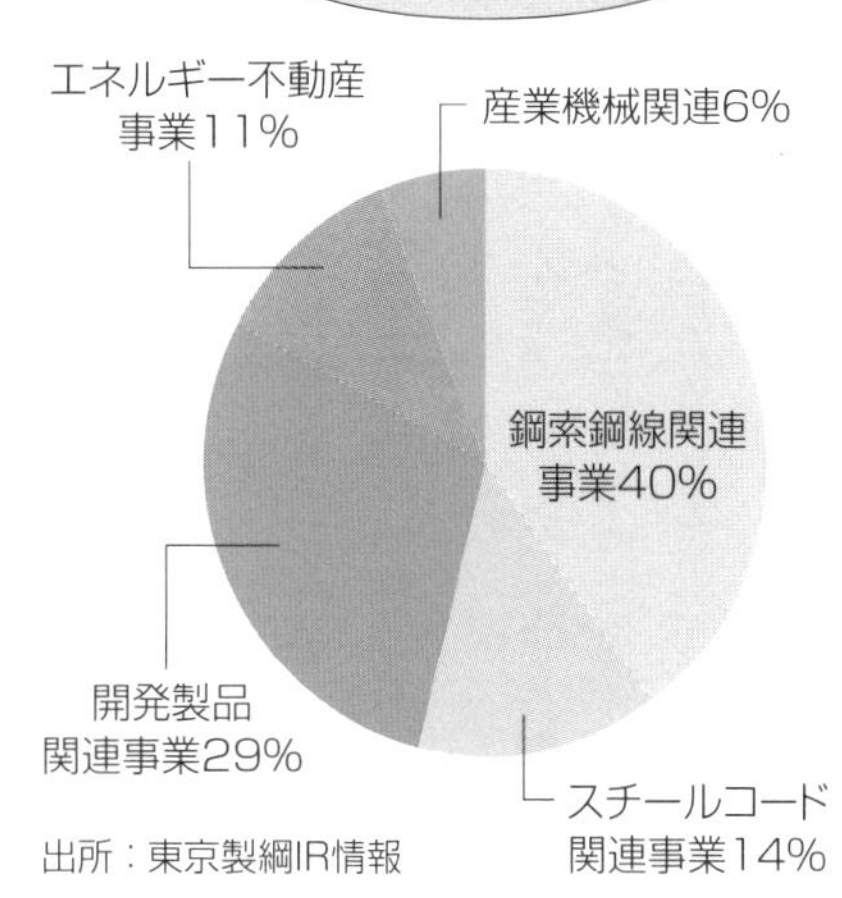

出所：東京製綱IR情報

プロフィール
（2023年3月末現在）

社名	東京製綱株式会社
設立	1887年4月
本社	東京都江東区永代2-37-28
資本金	10億円
社員数	1514名/連結（2023年9月）
売上	671億円/連結

CFCC（Carbon Fiber Composite Cable）　炭素繊維ケーブルのことで、炭素繊維と熱硬化性樹脂を複合化し、より合わせて成形した構造用ケーブル。世界10カ国で特許を取得している。

Section

5-12 表面処理鋼板が主力（淀川製鋼所）

独立系で表面処理鋼板が主力。カラー鋼板は業界トップクラスで、家庭用物置でも大手です。機動力を最大限発揮しながら、新市場の開拓や高付加価値商品の拡販によって収益力の強化を図っています。

アジア市場の開拓に積極的

表面処理鋼板が主力で、カラー鋼板は業界トップクラスの地位にあります。家庭用物置などの一般消費財も手がけ、物置では大手企業です。事業は、売上高の9割超を占める鋼板関連を軸に、ロール（遠心鋳造設備）、グレーチング（鋼材を格子状に組んだ溝蓋）などに展開しています。

1935（昭和10）年1月、大阪市に鉄鋼板・鉄鋼材の製造を目的に設立したのが始まりです。65（昭和40）年に鋼板製建築材料、70年にエクステリア、73年にグレーチングの製造を始めています。

海外への進出は87（昭和62）年に、台湾の鋼板会社に資本参加したことで実現しました。その後、94（平成6）年に台湾会社の全株を取得して子会社化し、97年に同社は台湾株式市場に上場しています。95年にはマレーシアで、99年にはタイで鋼板加工を始めています。2004年には中国に建材子会社、11年には、台湾子会社との共同出資で、めっき・カラー鋼板の製造・販売子会社を設立するなど、アジア市場の需要開拓に積極的に取り組んでいます。

収益力のさらなる強化に注力

2023年3月期の業績（連結）は、売上高が前期比9・3%増の2203億円、営業利益は11・7%減の126億円でした。売上高は、日本国内での販売価格が改善傾向にあったことに加え、タイの子会社の業績が堅調であったことなどから増収となりました。

営業利益は、日本国内は各種のコストの上昇などによる厳しい状況が継続しましたが、販売価格の改善などから増益となりました。一方、海外では台湾の子会社が海外市況悪化の影響を強く受けたことに加え、中国の子会社が主に

基本戦略　「中期経営計画2025」の基本戦略は、①収益構造の更なる強靭化、②新しい分野への挑戦、③持続可能な経営基盤の構築の3項目が基軸。②では、既存事業を基盤とした新分野の開拓を具体策として挙げている。

ゼロコロナ政策の影響から販売量が減少したことなどで減益となりました。

鋼板関連事業では、国内で建築需要の停滞や期間の後半にかけての採算重視の販売施策などから、ひも付き（特定需要家向け）および店売り（一般流通向け）共に販売量は減少。しかし、各品種の販売価格の改善により増収・増益となっています。

今後の見通しについて同社は、「鉄鋼市場は日本国内・海外とも鉄鋼原材料と資源・エネルギーコストの高止まりが続く中、ロシア・ウクライナ情勢や台湾有事への懸念などの地政学リスクも加わり、当面は需給バランスも含め不安定な状況が続く」と見ています。

23年5月には、「淀川製鋼グループ中期経営計画2025」を策定し、開示しています。目標指標を連結経常利益から、長期ビジョン「桜（SAKURA）100」で掲げる本業で得た利益である連結営業利益（100億円以上の安定計上）に変更し、収益力のさらなる強化に向けて取り組んでいます。また、ROE（自己資本利益率）を新たな目標として設定し、5%以上目指しています。

淀川製鋼所の概要

事業別売上構成
（2023年3月期）

鋼板関連事業	96%
グレーチング事業	2%
ロール事業	1%
不動産事業・その他	1%

プロフィール
（2023年3月末現在）

社名	株式会社淀川製鋼所
設立	1935年1月
本社	大阪市中央区南本町4-1-1
資本金	232億2000万円
社員数	2439名/連結（2023年9月）
売上	2203億円/連結

出所：淀川製鋼所IR情報

設備投資額　2023～25年度の総投資額は200億～250億円規模計画。内訳は競争力強化に75億～110億円、既存事業基盤の維持に80億～100億円、サステナビリティ関連に25億～30億円などとなっている。

Section
5-13 ステンレス専業で高機能材に注力(日本冶金工業)

ステンレス専業メーカーで、ニッケル鉱石の精錬からの一貫生産体制を整えています。高耐食性や耐熱性、高強度などが特徴の高機能材の製品群拡充に注力し、トップサプライヤーを目指しています。

■「おかめ面」が第1号の製品

ステンレス専業で、ニッケル鉱石の精錬からの一貫生産体制を整えています。最近では、高耐食性や耐熱性、高強度などが特徴の高機能材の製品群拡充に取り組んでいます。従来のステンレスと、新分野の高機能材を事業の柱とする「新しいステンレス専業メーカー」として歩んでいるといえるでしょう。

設立は1925(大正14)年で、消火器の製造・販売を手がける中央理化工業としてスタートしました。その後、社名を日本火工(28年)、**日本冶金工業**(42年)に変更しています。35(昭和10)年にステンレス鋼の製造を初めて手がけ、戦後はいち早く酸素製鋼法という製法でステンレス鋼の大量生産への道を開きました。

初のステンレス製品は、現在の川崎製造所の前身である川崎合金工場で誕生したものですが、「おかめ面」が第1号の製品です。当時の技術者が、川崎大師門前の出店で「おかめの面」を買い求め、「これをわが社初のステンレス製品の型に」と持ち帰りました。

その「おかめ面」を木型の代わりに用いて砂型をつくり、そこに50キロ型誘導炉で溶解したステンレス鋼を注入したのです。こうして完成したのがステンレス製の「おかめ面」で、同社の第1号製品というわけです。

■原材料価格の上昇に対応へ

2023年3月期の業績(連結)は、売上高が前期比33・8%増の1993億円、営業利益は109・5%増の292億円と好調でした。ステンレス特殊鋼業界は、年度前半には堅調に推移していたステンレス一般材需要が自動車などの輸送機器分野での回復の遅れ、さらには半導体分

Column
中期経営計画2023　2023年度を初年度とする3カ年計画。「『製品と原料の多様化』を追求し、ニッケル高合金・ステンレス市場におけるトップサプライヤーとして地球の未来に貢献」が目指す姿。

野での減速から市中流通在庫が余剰となり、年度後半より調整局面となりました。

戦略分野である高機能材については、米国の住宅着工件数の減少などから家電製品向けシーズヒーターやバイメタルなどの耐久消費財分野の調整局面が継続する一方、中国での太陽光発電向け再生可能エネルギー分野は堅調に推移しています。

原料・資材・エネルギー・電力価格は引き続き上昇基調にあり、慢性的なコストアップ要因となっています。こうした外部環境に対して、「中期経営計画2020」で掲げた施策を着実に遂行し、原材料価格の上昇に対応したロールマージンの確保や、徹底したコストダウンを実施。その結果、販売数量は前期比3・9％減（高機能材9・7％減、一般材2・7％減）となっています。

今後の見通しについて同社は、「高機能材やステンレス市場全般の需要は依然不透明な状況が続く」と見ています。23年度を初年度とする「中期経営計画2023」では、目指す姿として、「『製品と原料の多様化』を追求し、ニッケル高合金・ステンレス市場におけるトップサプライヤーとして地球の未来に貢献」と宣言しています。

日本冶金工業の概要

事業別売上構成
(2023年3月期)

ステンレス鋼板およびその加工品事業 100%

プロフィール
(2023年3月末現在)

社名	日本冶金工業株式会社
設立	1925年8月
本社	東京都中央区京橋1-5-8
資本金	243億円強
社員数	2103名/連結(2023年9月)
売上	1993億円/連結

出所：日本冶金工業IR情報

基本戦略　「中期経営計画2023」の基本戦略は、①高度化する市場ニーズを追求し新たな価値を生み出す産業素材の開発・提供、②技術の優位性を高め市場環境の変化に対応する効率的な生産体制の構築、③環境変化にも揺らぐことのない持続可能な経営基盤の確立。年間100億円規模の設備投資を継続。

Section

5-14 日本製鉄系の特殊鋼専業メーカー（山陽特殊製鋼）

日本製鉄系の特殊鋼専業メーカーで、軸受け鋼や構造用鋼の他、ステンレス鋼や超合金などの継目無鋼管を手がけています。「高信頼性鋼の山陽」のグローバルブランド化を積極推進しています。

アジアを軸にグローバル化を推進

日本製鉄系で、**特殊鋼専業メーカー**です。国内の特殊鋼専業メーカーとしては唯一、鋼管製造設備を保有し、軸受け鋼や構造用鋼の他、ステンレス鋼や超合金などの継目無鋼管を手がけています。

疲労寿命、冷間加工性、耐衝撃性などに優れ、高い信頼性が求められる自動車部品や産業機械など幅広い産業分野で用いられています。中でも軸受け鋼は4割という高シェアを握っています。

事業は、特殊鋼の鋼材事業を主力として特殊材（耐熱・耐食合金、金属粉末製品）、素形材などの分野にわたって展開しています。山陽製鋼所として1933（昭和8）年に創業、35年に山陽製鋼（59年に現社名に変更）を設立し、軸受け鋼の製造を始めています。海外進出は、90（平成2）年にタイに現地法人を設立し本格化しています。95年にはインドネシア、96年には米国、そして2012（平成24）年にインドに現地法人を設立するなどグローバル化を推し進めているのが現状です。

19年3月には日本製鉄の子会社になると共に、日本製鉄からスウェーデンの特殊鋼メーカー、オバコ社の株式全部を取得し、完全子会社化しています。

EVなどの分野で技術深化に注力

2023年3月期の業績（連結）は、売上高が前期比8.4％増の3938億円、営業利益は33・0％増の284億円となりました。

売上高はスウェーデンの子会社、オバコ社の前期の決算期変更や自動車減産などの影響はあったものの、鉄スクラップやエネルギーの**サーチャージ適用**＊に伴う販売価格の上

サーチャージ適用　燃料価格の上昇・下落によるコストの増減分を別建ての運賃として設定する制度。現状の燃料価格が基準とする燃料価格より一定額以上上昇した場合には、上昇の幅に応じて燃料サーチャージを設定または増額改定して適用するもの。

昇などにより増収となりました。特殊鋼熱間圧延鋼材の生産量は前期を下回っています。

今後の見通しについて同社は、「半導体不足などにより減産の続いていた自動車生産が緩やかに回復し、サプライチェーンの在庫調整の影響も徐々に緩和することが期待される。しかし、建設・産業機械向け需要の調整局面の継続や、インフレによる世界経済への影響が懸念されるなど、グループの事業環境は厳しい状況が続く」と見ています。

同社は、21年度から25年度を実行期間とする経営計画（25年中期）を策定しています。中長期的な特殊鋼の需要構造の変化や、国際的な競争の激化を見据え、グローバルな特殊鋼マーケットでの企業価値のいっそうの向上を目指しています。

具体的な取り組みとして、グローバルな成長が見込まれる「EV」「風力発電」「鉄道」「水素社会」などの分野でのさらなる高信頼性ニーズに応える技術の深化に注力することなどを挙げています。

カーボンニュートラルの実現も標榜し、「エコプロセス（省エネ・高効率）」、「グリーンエネルギー活用」、「エコプロダクト（長寿命軸受鋼：自動車・風力発電・鉄道・3D粉末）」などを推進。50年の実現を目指す方針です。

山陽特殊製鋼の概要

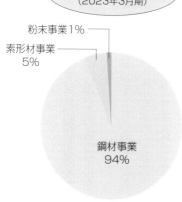

事業別売上構成
（2023年3月期）

鋼材事業	94%
素形材事業	5%
粉末事業	1%

プロフィール
（2023年3月末現在）

社名	山陽特殊製鋼株式会社
設立	1935年1月
本社	兵庫県姫路市飾磨区中島3007
資本金	538億円
社員数	6374名/連結（2023年9月）
売上	3938億円/連結

出所：山陽特殊製鋼IR情報

海外事業　経営計画（25年中期）では、海外事業の収益力強化として、スウェーデンのオバコ社のコスト競争力強化による盤石な収益体質の構築、インド子会社のコスト競争力・営業力強化を通じたインド市場でのポジション向上を挙げている。

Section
5-15 自動車向け特殊鋼の大手（愛知製鋼）

自動車向け特殊鋼大手で、トヨタグループの一角です。特殊鋼などの鋼材を柱に自動車用鍛造品や医療・情報機器向け磁石などの電磁品分野で事業を展開しています。加工技術に優れているのが特徴です。

トヨタグループの一翼担う

自動車向け**特殊鋼**大手で、トヨタグループの一翼を担っています。加工技術に優れているのが特徴です。特殊鋼やステンレス鋼といった鋼材を柱に自動車用鍛造品や医療・情報機器向けセンサー、磁石などの電磁品分野で事業を展開しています。

1934（昭和9）年、自動車向け特殊鋼の研究開発を目的に、豊田自動織機製作所（現・豊田自動織機）内に製鋼部門を設置したのが始まりです。その後、40（昭和15）年に、製鋼部門が分離・独立して豊田製鋼を設立（45年に現社名に変更）しています。

海外進出にも積極的で、フィリピンの鍛造会社を子会社化した95（平成7）年から加速しています。97年に米国ケンタッキー州に鍛造合弁会社、2002（平成14）年に中国上海に同じく鍛造合弁会社を設立したのをはじめ、03年にインドネシア、08年に台湾（19年に清算）、10年に韓国ソウルに子会社を立ち上げています。12年にはタイにも新工場を開設しています。

3つの中計重点施策を推進

2023年3月期の業績（連結）は、売上高が前期比9.6%増の2851億円、営業利益は52・4%増の32億円でした。主力製品である鋼材・鍛造品の販売数量は減少したものの、販売価格の値上がりにより増収増益となりました。

今後の見通しについて同社は、「自動車業界は、『100年に一度の大変革』といわれるCASE*に向けた動きが加速している。これは、特殊鋼や鍛造品など素材や部品を通じてクルマの可能性を広げてきた当社にとって、新たな挑戦であり事業拡大の機会と捉えている」と見ています。

CASE　未来の車の特性をConnected・Autonomous・Shared・Electricの頭文字で表したもの。

さらに同社は、「既存事業でモノづくりをしっかり守り、発展させながら、新たな事業の創出にもモノづくりの力を活用し、収益の維持と拡大を同時に図る『両利きの経営』を実践していく」と強調しています。

同社は21年5月に「愛知製鋼グループ2021〜23年度中期経営計画」を策定しています。その重点施策として、①持続可能な地球環境への貢献、②事業の変革で豊かな社会を創造、③従業員の幸せと会社の発展に取り組んでいます。

②では、既存事業の変革、新分野へ事業展開、DX（デジタルトランスフォーメーション）の3点を掲げています。既存事業の変革では、鍛鋼一貫の強みを活かし良品廉価な電動車部品の開発・拡販、高性能磁石粉末と高強度材料との融合でCASE部品の受注拡大などに注力しているのが現状です。

③では、厳しい経営環境を従業員と社員が一体となって乗り越えるためのエンゲージメントを高める取り組みとして、「多様な人材の活躍促進」と「従業員の満足度の向上」を掲げています。

愛知製鋼の概要

事業別売上構成
（2023年3月期）

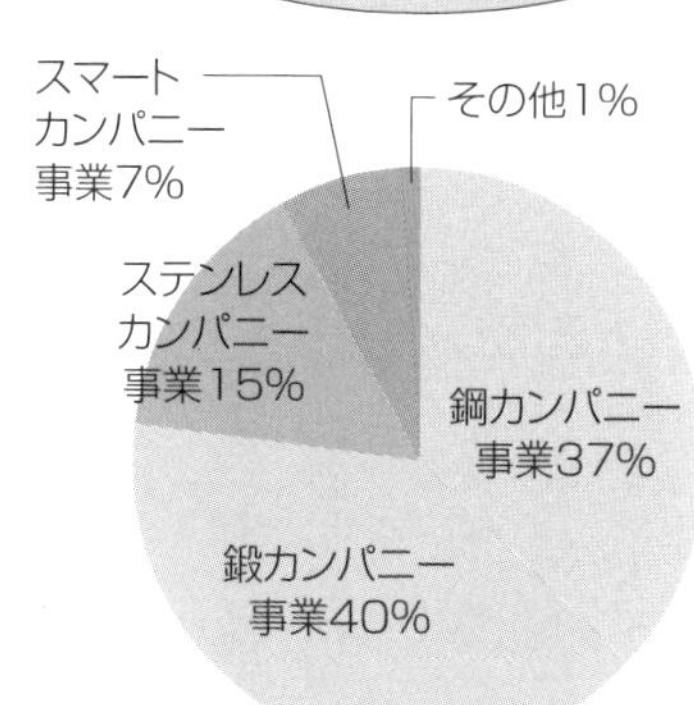

出所：愛知製鋼IR情報

プロフィール
（2023年3月末現在）

社名	愛知製鋼株式会社
設立	1940年3月
本社	愛知県東海市荒尾町ワノ割1
資本金	250億1600万円
社員数	4675名/連結（2023年9月）
売上	2851億円/連結

新分野へ事業展開　中期経営計画の新分野への事業展開では、高感度磁気センサを用いたGMPS（磁気マーカシステム）の実証実験の知見を基に早期事業化、新鉄供給材の開発推進などを挙げている。

Section
5-16 溶接鋼管で国内首位（丸一鋼管）

溶接鋼管で国内首位のメーカーです。特に建築向けに強みを発揮しています。海外進出にも積極的に取り組み、北米や中国、ベトナム、インドネシアなどアジアでも事業展開しています。

16の工場で供給体制を整備

溶接鋼管で国内首位のメーカーです。一般構造用、建築構造用、機械構造用、配管用など鋼管一筋に技術力を蓄積し、特に建築向けに強みを発揮しています。

防錆力（ぼうせいりょく）に優れた亜鉛めっき鋼管の需要増に対応する独自鋼管を持ち、量産品として製造しています。素材のホットコイルを酸洗処理して冷間圧延し、さらに連続溶融亜鉛めっき加工を施して製品化されるものです。こうした原材料加工処理設備を保有するのは、専業鋼管メーカーで同社が唯一の存在となっています。

国内に北海道から九州まで16カ所の生産拠点を持ち、需要地に直結する供給ネットワークを整えているのも特筆されます。

海外進出にも積極的に取り組み、北米や中国、ベトナム、インドネシアなどアジアに展開しています。2012（平成24）年1月には、メキシコに伊藤忠丸紅鉄鋼と共同で現地法人（現・連結子会社）を設立し、自動車部品メーカー向け各種鋼管類の新工場を立ち上げています。

1926（大正15）年、自転車部品製造の丸一製作所を発足したことでスタートしました。その後、47（昭和22）年に丸一鋼管製作所として法人化、60（昭和35）年に現社名に変更しています。海外への進出は、71（昭和46）年にインドネシアに現地法人を設立したのが始まりです。

マイナス要因をミニマイズ化

2023年3月期の業績（連結）は、売上高が前期比21・9％増の2734億円、営業利益は17・2％減の300億円と減益となりました。国内では、売上高は単体での製品値上げに加え、**ステンレス管**や**BA管**＊の値上げおよびB

BA管　継目無ステンレス鋼管を素管とし、特殊な潤滑油と高精度な冷間引抜き（抽伸）加工を行い、光輝焼鈍炉で熱処理を行ったパイプ。一般JIS品に比べ、寸法精度や表面粗さが優れているため、高純度ガス配管にも適している。

A管の販売本数の増加もあり増収。また、単体での製品値上げ効果によりスプレッド＊が改善維持できたことから、単体営業利益は過去最高を更新しています。

しかし、アジア事業でベトナムの子会社が東南アジアの鉄鋼市況軟化に伴い、鋼板の販売が落ち込んだことに加え、在庫評価損の計上も含めた赤字幅が大きく、全体でも減益を余儀なくされました。

今後の見通しについて同社は、「日本国内では、足元では需要が盛り上がりに欠ける中で販売数量の確保が難しい状況となっている。こうした情勢のもと、マイナス要因をミニマイズする迅速な対応を引き続き進めていく」としています。

21年4月には24年3月期を最終年度とする「第6次中期経営計画」を策定。主要施策として国内では生産販売の回復と高収益体質の維持、海外ではベトナム子会社の収益基盤を強固にすることなどを挙げています。

また、デジタル化のいっそうの推進による製造・営業での生産性向上を掲げ、DXを活用した営業関連のIT化推進（Web化、電子化、リモートワーク環境の整備など）に取り組む方針です。

丸一鋼管の概要

事業別売上構成（2023年3月期）

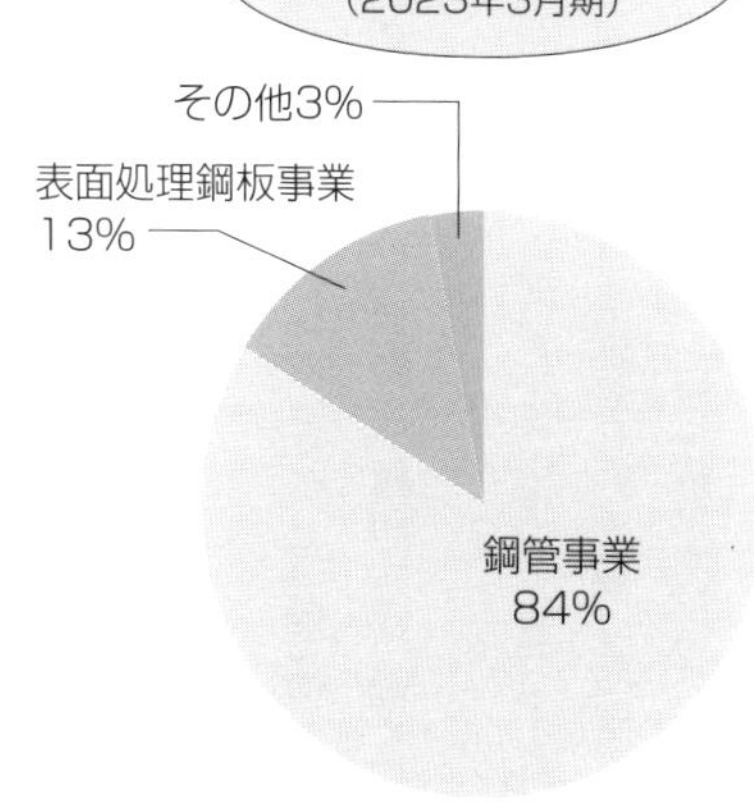

出所：丸一鋼管IR情報

プロフィール（2023年3月末現在）

社名	丸一鋼管株式会社
設立	1947年12月
本社	大阪市中央区 難波5-1-60
資本金	95億9500万円強
社員数	2491名/連結（2023年9月）
売上	2734億円/連結

スプレッド 原義（英語）では、「広げる、伸ばす」という意味の動詞、または「広がり、幅」という意味の名詞を指す。金融取引においては、「値幅・差額（金利差、価格差）」や「利鞘」のことをいう。

Section

5-17 日本製鉄系で鉄鋼メーカーの老舗（中山製鋼所）

日本製鉄系で鋼板、棒線など鉄鋼メーカーの老舗。自社電炉と高炉で培った圧延技術で強みを発揮しています。電気炉の新設を含めた抜本的な電気炉生産能力の増強策についても検討を進めています。

官営八幡製鉄所（現日本製鉄）、日本鋼管（現JFEスチール）に次いで本格的な高炉を建設した老舗。しかし、景気低迷を受けて2002（平成14）年に高炉を閉鎖しています。その同社は、2012（平成24）年に私的整理で経営再建に踏み切るという"負の歴史"を歩んでいます。当時、内需低迷と円高に加え、電気料金の引き上げもあり、国内の電炉業界を取り巻く環境は一段と厳しさを増していました。

業績は悪化し、12年3月期まで3期連続で最終赤字を計上。高炉閉鎖や製品集約、人員整理などを進めたものの、自力での再建は困難として私的整理での経営再建に踏み切ったのです。

私的整理での経営再建を歩む

日本製鉄系で、鋼板、棒線など鉄鋼メーカーの老舗です。自社電炉と高炉で培った圧延技術に特徴があり、鉄鋼事業が98％を占めています。鉄鋼製品は本体の鉄鋼事業部門が製造・販売を手がけ、鉄鋼二次加工製品は連結子会社や関連会社が製造・販売を行っています。

1923（大正12）年12月、大阪市に中山悦治商店を設立したのが始まりです（創業は1919年）。33（昭和8）年に第1号平戸の操業を開始し、翌年に商号を現在の**中山製鋼所**と改称しています。

39（昭和14）年には銑鋼一貫生産体制を確立。45（昭和20）年8月の終戦と共に全工場の操業を休止しましたが、翌年には電気炉および線材工場の操業を再開。以後、各工場の操業を再開しています。

電気炉新設含めた生産能力増を検討

2023年3月期の業績（連結）は、売上高が前期比13・1％増の1885億円、営業利益は88・2％増の

中期経営計画　2024年度を最終年度とする計画で、重点方針として、"中山らしさ"の追求、グループ一体での付加価値向上による連結収益最大化、カーボンニュートラル・循環型社会の実現に向けた取り組みなどを掲げている。

136億円でした。

鋼材販売数量の減少や、資源価格の上昇および円安の進行に伴いスクラップ・鋼片などの主原料価格、電力・ガスなどのエネルギー価格が高騰したことにより製造コストは増加。しかし、鋼材販売価格の改善により鋼材スプレッドが拡大し、前期比で増収増益となりました。

今後について同社は、「安定操業のもとで電気炉の増産に努め、加工分野への取り組みをいっそう強化する。電気炉メーカーである強み・優位性を活かした成長戦略として、電気炉生産能力増強の検討を進めると共に、高付加価値製品の拡販などに取り組んでいく」方針です。

23年4月に従来の「製鋼プロセス改革検討グループ」を「新製鋼検討グループ」として改組し、電気炉新設を含めた抜本的な電気炉生産能力増強策の詳細検討も進めています。

同社は、21年4月に中部鋼鈑と包括的業務提携契約を結び、中部鋼鈑からのスラブ供給や厚板生産委託などを推進しています。今後は提携内容の拡充を図り、カーボンニュートラルの実現に貢献していく構えです。

中山製鋼所の概要

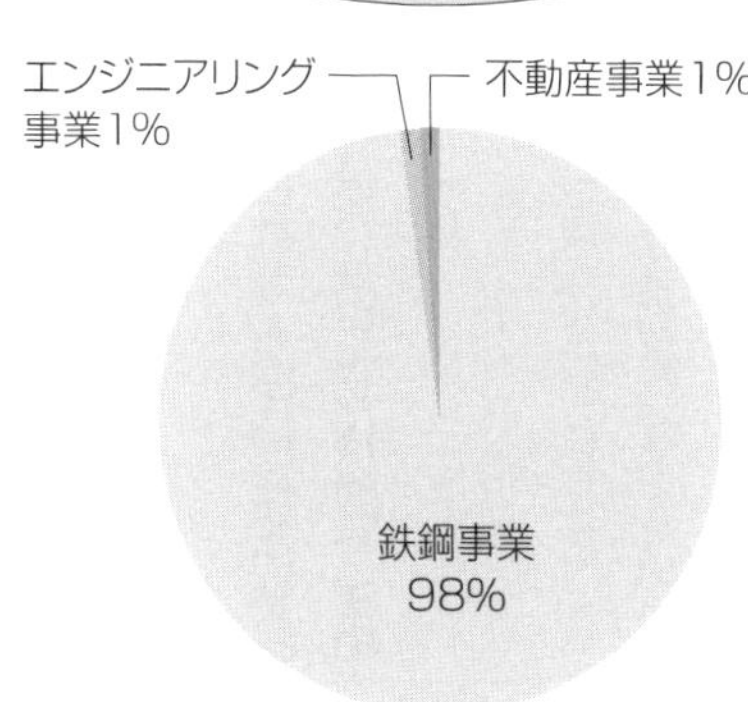

出所：中山製鋼所IR情報

プロフィール
(2023年3月末現在)

社名	中山製鋼所株式会社
設立	1923年12月
本社	大阪市大正区 船町1-1-66
資本金	200億4400万円
社員数	1233名/連結(2023年9月)
売上	1885億円/連結

収益最大化　母材のホットコイルから加工製品までの一貫メーカーとして強みをさらに発揮し、コスト・品質・デリバリー面での競争優位性を高める。また、グループ全体で加工分野を強化すると共に、サプライチェーンの拡大により高付加価値品の拡販に努めることなどを挙げている。

Section
5-18 東洋製罐直系のブリキ製造大手（東洋鋼鈑）

東洋製罐直系のブリキ製造大手メーカーです。鋼鈑と機能材料関連を柱に事業を展開しています。鋼板関連では、トルコでの合弁会社支援や、国内製造拠点である下松事業所の収益基盤の強化に取り組んでいます。

■下松事業所が一大生産基地

東洋製罐グループのブリキ製造大手です。売上高（連結）の約8割を占める鋼板関連および機能材料関連の2本柱で事業を展開しています。鋼板関連は、缶用材料の他、電気・電子部品、自動車・産業機械部品などを手がけています。機能材料は、磁気ディスク用アルミ基板や光学用機能フィルムが中心です。

設立は1934（昭和9）年で、日本で民間初のブリキメーカーとして大阪で誕生しました。翌年、山口県下松市に工場を開設し、ブリキの生産を始めています。さらに、52（昭和27）年には本社を東京に移転しています。

設立から90年を超える歴史の中で培った圧延、表面処理、ラミネートなど固有の技術を進化させると共に、非鉄、樹脂などを精密加工する事業分野まで手がけているというのが、同社の実情です。

海外では、2017（平成29）年5月から、トルコで合弁会社が生産を開始し、販売活動を展開しています。19年8月には、東洋製罐グループホールディングスのTOBによって同社の完全子会社となり、上場廃止。東洋製罐グループとのシナジーの強化を図り、さらなる成長を目指しています。

下松事業所はいまでも同社の一大生産基地になっており、ブリキやティンフリースチール*など生産量は月間5万トンの規模に達しています。敷地面積は53万平方メートルと広大で、工場の他、技術研究所、物流施設などを整備しています。「あらゆる可能性」に挑戦する下松事業所に隣接する技術研究所では、グローバルな視点に立って、表面処理の新技術や設備開発など幅広い研究を進めています。

ティンフリースチール　冷延鋼鈑の表面に電解クロム酸処理を施した表面処理鋼鈑。すずめっきの代替として東洋鋼鈑が1961年に初めて商品化した。

車載用二次電池材の生産能力を増強

東洋製罐グループホールディングスの2023年3月期の業績（連結）は、売上高が前期比10・3％増の9060億円、営業利益は78・3％減の73億円でした。

鋼板関連事業では、自動車・産業機械部品の駆動系部品材が減少したものの、車載用二次電池向け鋼板が好調に推移。さらに、建築・家電向けでバスルーム向け内装材の販売が増加したことに加え、原材料価格高騰分の転嫁を行ったことなどにより増収となりました。鋼板関連事業の売上高は、前期比15・2％増の865億円で、全売上高の9・5％を占めています。

鋼板関連事業の営業利益は73・6％増の46億円だったものの、他の事業が原材料・エネルギー価格高騰の影響を余儀なくされ、全体で減益となっています。

同社は、23年5月に「資本収益性向上に向けた取り組み2027」を策定。この中で、既存事業領域の持続的成長を掲げ、脱炭素社会への貢献として、EV・ハイブリッド車向けの車載用二次電池材（ニッケルめっき鋼板）の生産能力増強を進めています。

東洋鋼鈑の概要

事業別売上構成
（2019年3月期）

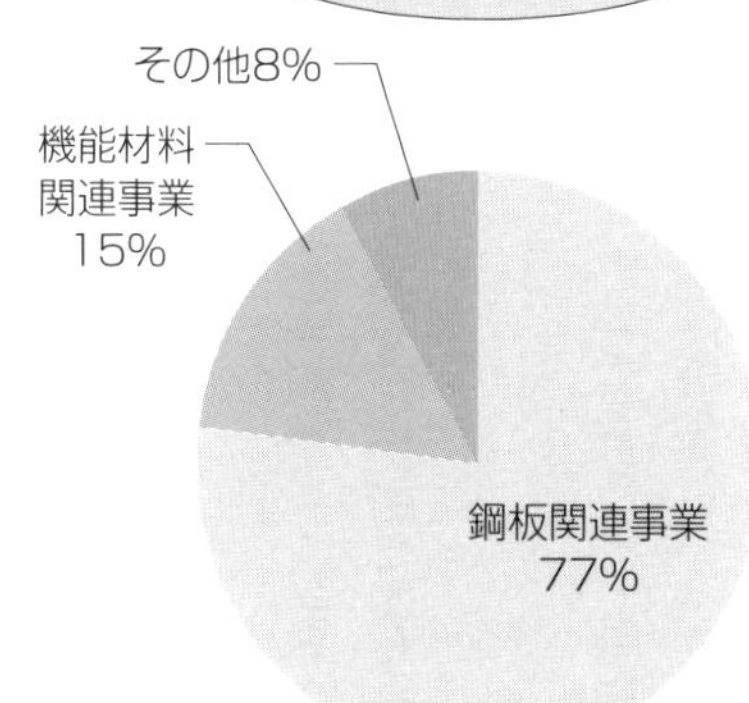

※東洋製罐グループホールディングスの実績
出所：東洋製罐グループホールディングスIR情報

プロフィール
（2023年3月末現在）

社名	東洋鋼鈑株式会社
設立	1934年4月
本社	東京都品川区 東五反田2-18-1
資本金	50億4000万円
社員数	1501名/連結
売上	1259億円/連結

鋼板関連事業　2023年3月期は電気・電子部品向けでは、車載用二次電池材が増加。また、建築・家電向けでは、バスルーム向け内装材が増加した。自動車・産業機械部品向けでは駆動系部品が減少している。

Section
5-19 建機・自動車向け特殊鋼を生産（三菱製鋼）

建設機械や自動車向けに炭素鋼や低合金鋼などの特殊鋼、ばねなどを手がけ、インドネシアなどアジアや北米に生産拠点を保有しています。原料調達で日本製鉄と親密な関係にあります。

海外への進出にも積極的

建機や自動車向けに特殊鋼、ばねを手がけています。アジアや北米に生産拠点を持ち、原料調達で日本製鉄と親密な関係にあります。事業は特殊鋼鋼材が約50％を占め、次いでばねが35％を占めています。

特殊鋼は、炭素鋼をはじめ、低合金鋼、ばね鋼、非調質鋼、軸受鋼、快削鋼、工具鋼など幅広く揃えています。

1904（明治37）年創業のわが国最古のばねメーカー、東京スプリング製作所が前身です。17（大正6）年に、ばね材料調達を目的に鋼材事業に進出し、東京鋼材として法人化。40（昭和15）年に三菱鋼材と改称しました。また、もう一方の前身が19年に設立された三菱造船（37年に三菱重工と改称）長崎製鋼所です。その後、42年に長崎製鋼所が独立。両社が合併し、三菱製鋼となりました。

海外への進出にも積極的で、86年に自動車用ばねの製造・販売を目的とした現地法人をカナダに設立。91（平成3）年には米国に自動車用ばねの製造・販売の現地法人を設立しています。以後、94年にタイに鋳造磁石、2002（平成14）年に中国に精密組立品、06年には中国に自動車用ばねの製造・販売を手がける現地法人を設立しています。

さらに、14年には特殊鋼鋼材事業の海外展開を目的に、インドネシアの特殊鋼電炉メーカーへ資本参加したほか、16年にはメキシコに自動車用ばねの製造・販売の現地法人を設立。18年にはドイツのばねメーカーを買収し、完全子会社化しています。

25年度の売上高1850億円を目指す

2023年3月期の業績（連結）は、売上高が前期比16・6％増の1705億円、営業利益は11・5％減の55億

中期経営計画　「2023中期経営計画」では、基本方針を①稼ぐ力の強化、②戦略事業の育成、③人材への投資、④サステナビリティ経営の4つを設定している。

円と増収減益でした。原材料価格の高騰に伴う売価転嫁などにより増収となったものの、ばね事業で円安に伴う調達コストの増加が響き損失が拡大。こうしたことから営業減益となりました。

特殊鋼事業の売上高は前期比15・8％増の1001億円、営業利益は4・0％減の63億円でした。国内では建設機械向け以外の需要減により売上数量は減少したものの、インドネシア海外事業の需要は好調に推移。また、原材料価格などの高騰に伴う売価転嫁も進みました。

24年3月期の業績は、売上高は特殊鋼の需要減による減収を見込んでいるものの、営業利益は海外子会社（北米のばね事業）の損益が大幅に改善し黒字転換を見込んでいることから増益の見通しです。

「2023年中期経営計画」では、最終年度の25年度に売上高1850億円の目標を掲げています。主要な取り組みとして、①需要旺盛な海外事業の拡大（インドネシア工場の増強）、②商用車用・車両用ばねによるモビリティの脱炭素化への貢献、③粉末技術（特殊合金粉末）による内燃エンジン偏重からのシフトなどを掲げています。

三菱製鋼の概要

事業別売上構成
(2023年3月期)

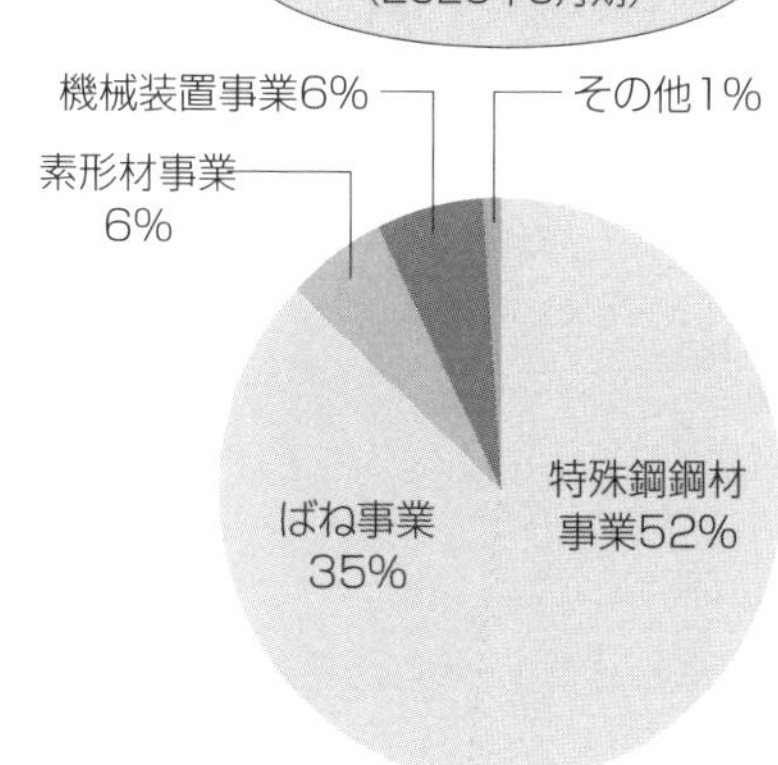

出所：三菱製鋼IR情報

プロフィール
(2023年3月末現在)

社名	三菱製鋼株式会社
設立	1949年12月
本社	東京都中央区 月島4-16-13
資本金	100億円強
社員数	3994名/連結（2023年9月）
売上	1705億円/連結

戦略事業　戦略事業育成に向けた取り組みとして、需要旺盛な海外事業を拡大（海外鋼材）、モビリティの脱炭素化に貢献（商用車用・車両用ばね）、粉末技術で内燃機関偏重からシフト（特殊合金粉末）などを推進している。

Section

5-20 神戸製鋼傘下の特殊鋼メーカー（日本高周波鋼業）

神戸製鋼傘下の特殊鋼メーカーで、金型素材となる工具鋼が主力。事業は特殊鋼、鋳鉄、金型・工具の3分野で展開しており、このうち特殊鋼事業が7割強を占めています。

高級特殊鋼などの富山工場が主力

神戸製鋼傘下の特殊鋼メーカーです。金型素材となる工具鋼が主力で、建設機械や産業機械向けに鋳鉄部品も手がけています。事業は特殊鋼、鋳鉄、金型・工具の3分野で展開しています。このうち特殊鋼事業が7割強を占めています。

富山、八戸（青森県）、市川（千葉県）に生産拠点を持ち、主力は高級特殊鋼と特殊合金を生産する富山製造所（工場）です。製鋼から鍛造、圧延、加工、熱処理まで一貫して行っています。用途に応じて、鍛造品、線材、棒材などの加工製品として提供しています。

前身は1936（昭和11）年1月、高周波電流応用の電撃精錬による低品位鉱石および砂鉄の精錬から製品に至る一貫生産の企業化を目的に設立された日本高周波重工業です。その後、50年5月に日本高周波鋼業として設立されました。

51年に日本砂鉄鋼業より八戸工場を買収、翌年には東京証券取引所、大阪証券取引所に上場しています（2003〈平成15〉年に大阪証券取引所の上場を廃止）。86年には工具部門の北品川工場を市川市に移転し、市川工場として操業を開始しています。2000年に神戸製鋼所への第三者割当増資で、同社の子会社となっています。

1937（昭和12）年に完成した富山工場は、78年に真空誘導溶解炉、90（平成2）年に全自動化新鋼線工場稼働、99年に平板圧延設備の設置など生産能力の増強を図ってきています。

「少量多品種」対応がグループの強み

2023年3月期の業績（連結）は、売上高が前期比6・

重点施策①　特殊鋼部門では、高付加価値製品の強化として、工具鋼分野のダイス鋼や平鋼のほか、特殊合金分野でマルテンサイト系ステンレス鋼、耐熱鋼などを挙げている。

Column

8％増の445億円、営業利益は54・9％増の8億円でした。増収増益となったのは、原燃料価格の市況上昇に対して販売価格に改善やコストダウンに取り組んだ結果です。

特殊鋼事業は、工具鋼をはじめ特殊合金、軸受鋼の各製品分野での売上数量が減少したものの、販売価格の改善により前期比5・9％増の323億円、営業利益は81・8％増の9億円となりました。鋳鉄事業は、産業機械向けやトラックなどの商用車向け売上数量が減少した中で、販売価格の改善により売上高は12・0％増の108億円、営業利益は98・5％増の0・4億円となっています。

「少量多品種」対応というグループの最大の特徴をさらに活かすため、神戸製鋼グループとの連携による効率的な生産体制の再構築がこれからの課題。こうした中で、特殊鋼ではダイス鋼や平鋼など高付加価値製品への取り組みを重点施策に掲げています。

また、品質管理体制の強化・品質改善も掲げ、テーマごとに編成したチーム活動による取り組みの継続、適切な指標管理による不良発生予防、操業管理の定量化と記録の徹底による操業再現性の向上、品質安定に重点を置いた操業技術の確立などの施策を盛り込んでいます。

日本高周波鋼業の概要

事業別売上構成
(2023年3月期)

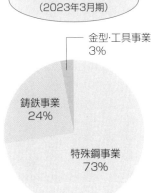

プロフィール
(2023年3月末現在)

社名	日本高周波鋼業株式会社
設立	1950年5月
本社	東京都千代田区 岩本町1-10-5
資本金	127億2100万円
社員数	1103名／連結（2023年9月）
売上	445億円／連結

出所：日本高周波鋼業IR情報

重点施策②　鋳鉄部門では、生産性を含めた高採算品種の拡大、操業管理データの活用による品質解析と改善、製造ネック工程の解消、鋳仕上げ工程の機械化などを挙げている。

Section

5-21 厚板専業で国内最大級の電気炉保有（中部鋼鈑）

名古屋市に本社を置く厚板専業メーカーで、産業や工作機械向けが主力ですが、建築分野にも積極的に進出しています。国内最大級の電気炉を保有し、事業は鉄鋼関連が9割以上を占めています。

■鉄鋼関連からエンジニアリングに展開

名古屋市に本社を置く厚板専業メーカーです。産業や工作機械向けが主力ですが、建築分野にも積極的に進出しています。国内最大級の電気炉を保有。主原料の鉄スクラップを仕入れ、電気炉による厚板鉄鋼製品の製造・販売を手がけています。事業は鉄鋼関連が9割以上を占めており、鉄鋼関連設備を中心とするプラントの設計・施工および設備保全に関するエンジニアリング事業も行っています。

戦後間もない1950（昭和25）年2月、名古屋市に中部鋼鈑を設立したのが始まりです。同年5月には同市内の熱田工場（65年に閉鎖）で鋼板圧延を開始。56年には電気炉を設置し、製鋼・圧延の一貫体制を確立しています。58年には同市内に中川工場を開設し、62年に200トン電気炉を増設しています。

82年にスラブ連続鋳造設備、86年に厚板四重圧延機、90（平成2）年に炉外取鍋製錬炉を設置するなど、設備を拡充しています。2007（平成19）年には圧延工場を増設し生産能力の増強を図ってきました。

海外には15年にベトナムにエンジニアリングの子会社を設立しましたが、21（令和3）年に全出資持分を譲渡し撤退しています。

■「21中期経営計画」を推進

2023年3月期の業績（連結）は、売上高が前期比18・5％増の763億円、営業利益は120・8％増の122億円と拡大しました。厚板の主力の需要先である産業機械や建設機械向け、さらには建築・土木向け需要が概ね堅調に推移。しかも、販売価格はエネルギー・諸資材価格の上昇分の転嫁が進展し、収益環境が大きく改善した結

設備の更新 中核設備である国内最大級の200トン電気炉は、操業開始後60年を経過しており、最新鋭電気炉への更新工事を進めている。

果です。

今後の見通しについて同社は、「諸コストの上昇を受け、メイン・サプライヤーである高炉メーカーをはじめ各社は継続的に販売価格の値上げを進めており、厚板市況については高値水準で推移することが見込まれる。長期化するウクライナ情勢の影響などにより、需要が下振れるリスクは依然として残っている」と分析しています。

同社グループは、21年度から3年間にわたる「21中期経営計画」を策定しています。その基本方針には、①循環型社会への貢献（スクラップリサイクル）、②成長戦略の推進、③持続可能な基盤整備の推進、④ESG／SDGs課題に対する取り組みの強化、⑤中山製鋼所との業務提携の推進という5つを掲げています。

①では、環境に調和した電気炉の建設を進めると共に鉄資源の効率的なリサイクルの推進、省エネルギー設備投資や省資源操業を通じて、循環型社会へ貢献していく方針です。

⑤では、生産設備の相互有効活用による鋳片および厚板での受委託枠の拡大などにより、循環型社会に貢献していくとしています。

中部鋼鈑の概要

事業別売上構成
（2023年3月期）

鉄鋼関連事業	96%
エンジニアリング事業	2%
レンタル事業	1%
物流事業	1%

出所：中部鋼鈑IR情報

プロフィール
（2023年3月末現在）

社名	中部鋼鈑株式会社
設立	1950年2月
本社	名古屋市中川区小碓通5-1
資本金	59億700万円
社員数	504名／連結
売上	763億円／連結

業務提携　2021年4月に中山製鋼所と包括的業務提携を締結。生産設備の相互有効活用による鋳片および厚板での受委託枠の拡大、保全・調達・物流での相互協力の推進などで循環型社会に貢献していくことを標榜している。

製品のコスト低減に向けた中小需要家の不断の努力

鉄鋼二次製品の容器に「一般缶」と呼ばれる分野があります。その一般缶の老舗企業を取材したことがあります。一般缶とは、板厚0.5ミリ以下のブリキやティンフリースチールなどを主原料につくられる缶で、中身は贈答用の菓子や海苔、コーヒー・紅茶の他、薬品、調味料など多岐にわたっています。

お中元やお歳暮、冠婚葬祭の贈答品には老舗の商品が選ばれることが少なくありません。その商品を包むパッケージの多くは、この老舗企業によって生み出されています。一般缶がお菓子などの贈答用に利用されるのは、高級感があるからだけではありません。密封性や防湿性、さらには耐衝撃性や耐水性などにも優れているからです。

リユース性も高く、小物入れなどとしても幅広く活用されています。その上、リサイクル率は90.4%と高く、缶としてだけでなく、何らかのスチール製品として社会に還元されています。最近は、紙箱へのシフトが目立つようになっているものの、一般缶の性能を凌駕（りょうが）することは困難なのが実情です。

ブリキなど原材料の鋼材は、一次問屋と呼ばれる総合商社や専門商社を経由して仕入れています。「材料は価格の変動が激しく、下落した時点で購入すればいいのですが、なかなかそのタイミングが難しいですね」と、この老舗企業の経営者は話しています。鋼材メーカーが直接販売するのは、自動車や電機メーカーなど大口需要家向け。だから、「新聞紙上などで、鋼材価格が何%下落したと報道されているから値段を下げてほしいといわれますが、事情は違います。下落しているからといって、ストレートに製品価格に反映できるわけではありません」と苦渋をにじませます。

とはいえ、製品のコストダウンは企業にとって永遠の課題でもあります。長引くデフレ下では、コストダウン要請は一段と厳しさを増しています。そうした中で同社は、印刷会社や材料メーカーと協力し合いながらコスト削減に努めると共に、不良率の低減など生産性の向上にも取り組んでいるといいます。

鋼材に対する中小需要家のコスト低減に向けた、不断の努力がうかがえます。

第6章

業界の課題と展望

日本の鉄鋼業は、地球温暖化対策に積極的に取り組んでいることも大きな特徴です。具体的にはどのような活動をしているのでしょうか。併せてわが国鉄鋼業の課題についても見ていくことにします。

Section

6-1 地球温暖化対策を積極化

日本の鉄鋼業は、「カーボンニュートラル行動計画」を推進し、エコプロセスやエコプロダクト、エコソリューション、革新的技術の開発を通じて、地球温暖化対策に積極的に取り組んでいます。

「カーボンニュートラル行動計画」を推進

日本の鉄鋼業は、2013年度以降の自主的取り組みとして「カーボンニュートラル行動計画」を推進しています。

同計画においては、①**エコプロセス**＊（生産プロセスにおけるCO_2の削減）、②**エコプロダクト**（高機能鋼材の使用段階によるCO_2の削減）、③**エコソリューション**＊（日本の優れた省エネ技術・設備の普及によるCO_2の削減）、④**革新的技術**の開発を――4本柱に据えて、世界最高水準のエネルギー効率のさらなる向上を目指しています。同時に、国内製造業との産業連携のもと、優れた製品や省エネ技術を世界に普及することにより、地球規模での温暖化対策に積極的に取り組んでいます。

革新的技術の開発では、グリーンイノベーション基金「製鉄プロセスンにおける水素活用」プロジェクトのもと、わが国の「2050年カーボンニュートラル」に貢献するため、カーボンニュートラルに向けた次の4技術の開発に挑戦しています。

・所内水素を活用した水素還元技術などの開発
・外部水素や高炉排ガスに含まれるCO_2を活用した低炭素技術などの開発
・直接水素還元技術の開発
・直接還元鉄を活用した電炉の不純物除去技術開発

着実に進む省エネ対策

エコプロセス、エコプロダクト、エコソリューションの現状について見てみましょう。

・エコプロセス

Term
エコプロセス オイルショック以降、日本の鉄鋼業は製造工程の効率化、排熱回収に加え、副生ガス回収や廃プラスチックの再資源化などを強力に推進している。

カーボンニュートラル行動計画の21年度実績では、コークス炉耐火煉瓦の劣化の影響など増エネ要因があるものの、自主的な取り組みによる省エネ対策が着実に進展しています。

・エコプロダクト

日本の鉄鋼業は、低炭素社会の構築、カーボンニュートラルの実現に不可欠な高機能鋼材を製造業と連携して開発。国内外への供給を通じて、社会で最終製品として使用される段階においてCO$_2$削減に大きく貢献しています。

・エコソリューション

国内でのCO$_2$排出削減対策に加え、鉄鋼業の成長が著しい中国やインドとの二国間連携、ASEANとの多国間連携を通じて世界の排出削減に積極的に取り組んでいます。

22年度は、インドとは3年ぶりに対面での活動を行っています。対面開催した日印鉄鋼官民協力会合では、インド政府より高炉の脱炭素という共通の課題に向けて、引き続き協力したいとの意向が示されました。

各国が導入した日本の省エネ設備による削減効果（2021年度）

省エネ設備	削減効果（万トン-CO$_2$/年）
CDQ（コークス乾式消火設備）	2,873
TRT（高炉炉頂圧発電）	1,129
副生ガス専焼GTCC	2,545
転炉OGガス回収	821
転炉OG顕熱回収	90
燃結排熱回収	98
削減効果合計	7,555

出所：日本鉄鋼連盟
注）GTCC：Gas Turbine Combined Cycle system（ガスタービンコンバインドサイクル発電）
　　OG：Oxygen converter Gas recovery system（転炉排ガス処理設備）

エコソリューション　日本の鉄鋼業において開発・実用化された主要な省エネ技術・設備の各国への移転・普及によるCO$_2$排出削減効果は、2021年度で合計約7600万トンーCO$_2$/年に達している。

Section
6-2 循環型社会づくりを推進

鋼材は優れた循環特性を有しており、CO_2削減や環境負荷低減に大きく貢献しています。また、日本の鉄鋼業界は資源の有効利用を推進し、循環型社会の構築に向けて積極的に取り組んでいます。

■再資源化・リサイクルを積極化

鋼材は自動車や家電、スチール缶などの製品として社会で利用された後、リサイクルされて再び鉄鋼製品に生まれ変わる優れた循環特性を有しています。この循環特性によって、CO_2削減や環境負荷低減に大きく貢献しています。

また、日本の鉄鋼業では、**鉄鋼副産物**（スラグ、ダスト、スラッジ）の資源化、**廃プラスチック**や**廃タイヤ**の受け入れ・再利用といった多様なリサイクルにより、資源の有効利用を推進。**産業廃棄物**の最終処分量の減量化に寄与するなど、循環型社会の構築（サーキュラーエコノミー）に向けて積極的に取り組んでいます。

副産物の大部分を占める鉄鋼スラグについては、ＪＩＳ化を推進し、**グリーン購入**＊法における特定調達品目の指定を受ける取り組みに努めています。

また、軟弱浚渫土（海底や河川の底を掘削することにより発生する土砂や堆積泥）と混合して性状改質したカルシア改質土による**浚渫土**の有効活用技術や、藻場造成などによる**CO_2固定化技術**といった新しい用途の開発・普及促進にも取り組んでいます。いっそうの需要開拓を図っているといえるでしょう。

さらに、**ダスト**や**スラッジ**といったその他の副産物についても、社内リサイクルなどにより最終処分量の削減に努めています。廃プラスチック・廃タイヤについては、製鉄所の設備を用いてプラスチック原料や製鉄原料、副生ガスなどに再生する**ケミカルリサイクル**＊に取り組んでいます。

日本鉄鋼連盟では、何にでも何度でも生まれ変わる鉄鋼製品のリサイクル特性や環境負荷の軽さなどを広めるため、「鉄はくるくるリサイクル」をキーワードとして様々なＰＲ活動を実施しています。

Term

グリーン購入　製品やサービスを購入する際に、環境を考慮して、環境への負荷ができるだけ少ないものを選んで購入すること。グリーン購入は、消費生活など購入者自身の活動を環境にやさしいものにするだけでなく、供給側の企業に環境負荷の少ない製品の開発を促すことで、経済活動全体を変えていく可能性を持っている。

電気炉メーカーの粗鋼生産量と鉄スクラップの購入量推移

（単位：1000 トン）

年度	累計鉄鋼蓄積量（推計）	国内鉄スクラップ購入量（輸出を除く）	電炉粗鋼生産量
2013	1,339,231	30,201	25,422
2014	1,348,460	28,409	25,259
2015	1,356,605	25,635	23,577
2016	1,367,541	26,924	23,873
2017	1,378,803	28,630	25,582
2018	1,392,590	28,932	26,033
2019	1,402,970	25,669	23,526
2020	1,405,217	23,649	21,369
2021	1,413,688	27,557	24,485
2022	—	26,304	23,511

注）鉄鋼蓄積量：日本国内で使用され、現在何らかの形で国内に残っているものを鉄換算した量（すべての鉄を指す）。
出所：『鉄源年報』『クォータリーてつげん』（一般社団法人日本鉄源協会）

累計鉄鋼蓄積量（推計）と国内鉄スクラップ購入量の推移

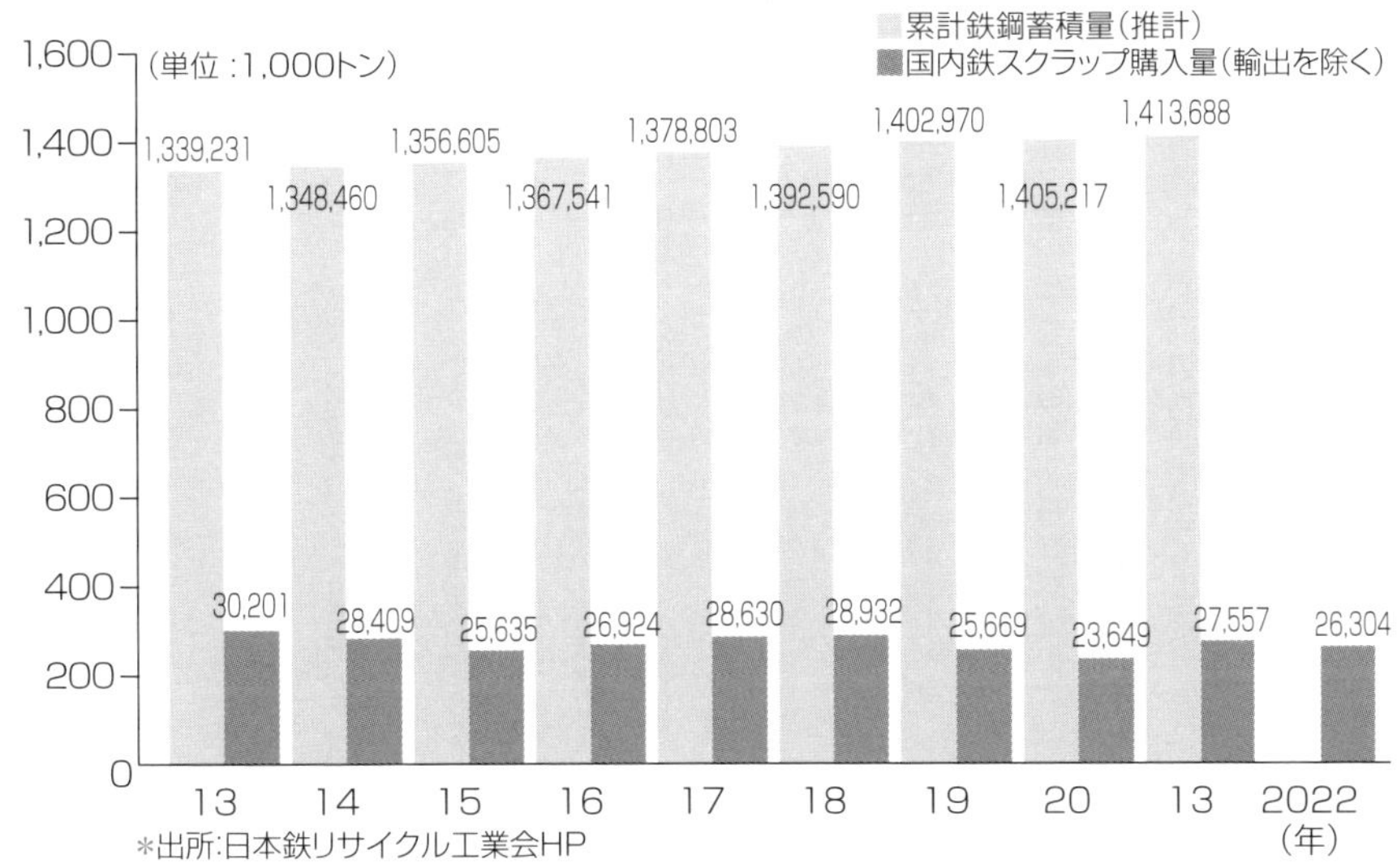

＊出所:日本鉄リサイクル工業会HP

ケミカルリサイクル　鉄鋼業のケミカルリサイクルは、受け入れ量のほぼ全量を再生利用できる他、様々な種類の廃プラスチックの処理が可能で、CO_2排出削減効果や天然資源の消費削減効果が高く、社会全体のリサイクルコスト低減につながる手法として評価されている。

Section

6-3 建設分野を中心に市場開発活動

鉄鋼業界の市場開発活動は、主に建設分野を中心に行われています。鋼材の持つ優れた特性を有効活用した鋼構造技術・工法の研究開発をはじめ、普及活動、基準化・法制化に向けた取り組みを推進しています。

鋼構造建築の強靭化など研究継続

鉄鋼業界の市場開発活動は、主に建設分野を中心に、鋼材の持つ優れた特性を有効活用した鋼構造技術・工法の研究開発、普及活動、基準化・法制化に向けた取り組みを継続しています。

2022年度に重点的に取り組んだ活動を分野ごとに例示すると、建築分野では、長周期・巨大地震対策、鉄骨製作技術の競争力向上など、鋼構造建築の強靭化、品質向上に関する研究開発を継続。また、公共建築物のライフサイクル全体でのCO_2排出量の試算、洋上風力発電用鋼材の適用拡大に向けた検討を進めています。

土木分野では、安全・安心な社会基盤づくりに関する研究活動に取り組み、鋼矢板を用いた河川堤防補強構造（二重締め切り鋼矢板工法）の実用化に向けて関係団体などと連携し、鋼矢板と地盤との一体性確保に関する検討を推進。また、建築基礎分野への利用拡大を目指した建築基礎鋼管杭の二次設計法確立に向けた研究を継続しています。

橋梁分野では、鋼橋の競争力向上のためのSBHS（橋梁用高降伏点鋼板）を活用した合理化構造と共に、**LCC（ライフサイクルコスト）**＊低減に有効な耐候性鋼などの高性能鋼普及拡大に向けた研究活動を継続。また、高齢化が進む鋼橋について、補修・予防保全による延命化や機能向上などに関する取り組みを推進しています。

環境分野では、鋼材やセメント・コンクリートなどの主要な建築素材の環境性能評価を目的として、各素材のマテリアルフロー調査などを進めています。また、1995年度以降、鋼構造に関する研究の活性化と健全な普及促進を目的に、鋼構造およびその周辺技術に関わる研究者に対する鋼構造研究・教育助成事業を継続しています。

LCC（ライフサイクルコスト）　建築物や施設などの生涯にわたるすべてのコストを総合的に評価したもの。具体的には、初期投資コストだけでなく、維持管理、修繕、運用、エネルギーコスト、廃棄や解体時のコストなどすべての経費を合算したもの。

「国土強靭化」に関する鋼構造技術工法

災害に強い公共施設・防災拠点の整備

提案①-1 新構造システム建築物
防災拠点として活用可能な「震度7」で損傷しない公共施設等

①-2 鋼構造防災拠点ビル
耐震性、耐津波安全性にも優れる防災拠点ビル

①-3 耐震・耐津波人工地盤
海面より10m以上の高さの床面を有する杭式構造物

② 鋼構造学校施設
耐震性に優れ、多目的利用可能な構造を有する学校施設

耐震・耐津波安全性に優れた鋼構造による防災拠点ビル

① 耐津波安全性の向上
② 耐震性能の向上
③ 大スパン化によるフレキシブルな空間の実現
④ 工期短縮・現場作業の軽減が可能

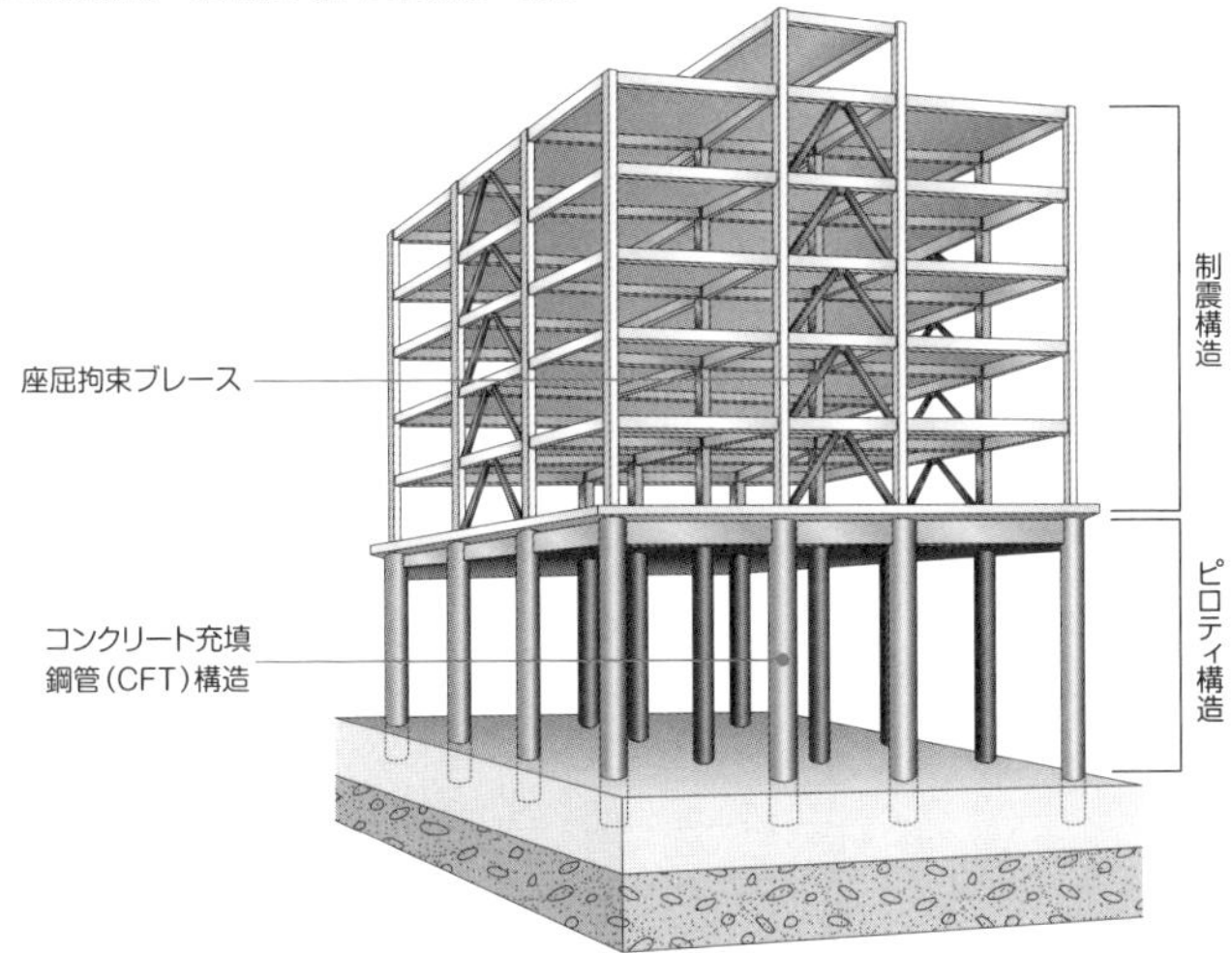

注）ピロティ構造：2階以上の建物において地上部分が柱（構造体）を残して外部空間とした建築形式。
出所：「鋼構造による国土強靭化に資するご提案」（日本鉄鋼連盟）

海外市場　2022年度は、海外向けの英文鋼構造建設技術情報誌"STEEL CONSTRUCTION TODAY & TOMORROWSCT&T"を3回発行し、東南アジアを中心に広く配布した。

Section

6-4 標準化活動を継続的に推進

日本鉄鋼連盟は、鉄鋼に関する標準化活動として、JISおよびISO規格の作成を継続的に推進しています。対象分野は、鉄鋼製品、鉄鉱石および鉄鋼に関連する地球環境分野です

JIS・ISO規格の作成で存在感

鉄鋼業界は、鉄鋼に関する標準化活動として、JIS(日本産業規格)およびISO(国際的な品質管理システムの一つ)規格の作成を継続的に推進しています。こうした中にあって日本鉄鋼連盟は、2020(令和2)年度から**認定産業標準作成機関***としてJIS制定などの活動を始めています。

対象分野は、鉄鋼製品、鉄鉱石および鉄鋼に関連する地球環境分野です。こうした分野における規格の種類は、製品規格と鉄鋼に関わる試験規格（機械試験、化学分析、非破壊検査など）であり、JISの規格数で約300件、ISO規格で約500件を担当しています。

これに加えて、自動車用鋼板規格を日本鉄鋼連盟規格として6規格保有しています。また、鉄鋼製品および鉄鉱石の化学分析に用いる鉄鋼標準物質の製造および販売を行っています。

認定産業標準作成機関制度の目的は、JIS制定などの迅速化です。21年に公示されたJISの作成期間は1年以内で完了しており、迅速化効果が引き続き発揮されています。

22年の鉄鋼標準化の成果

2022年の鉄鋼標準化の成果は、次のとおりです。

1．JISの制定および改正

①制定6規格（分析6）

②改正55規格（構造用鋼〈5〉、圧力容器用鋼板〈3〉、薄板・めっき〈7〉、特殊鋼・棒線〈7〉、鋼管〈11〉など）

2．規格活動のトピックス

認定産業標準作成機関　業務に従事する者がJIS案を作成する業務について十分な知識および能力を有するものとして、主務省令で定める基準に適合していること。また、業務の実施の方法および体制がJIS案を作成する業務務適正かつ円滑に行うために必要なものとして、主務省令で定める基準に適合していることが必要。

①溶融亜鉛めっき鋼板および鋼帯他四規格（JIS改正）
②ポリエチレン被覆鋼管規格群（JIS改正）
③鉄鋼石ペレット膨れ試験方法（ISO改訂）

3. ISO規格の制定および改訂

①制定12件（石油およびガス〈4〉、機械試験〈6〉、鉄鉱石〈1〉など）
②改訂16件（熱処理鋼〈2〉、薄板〈3〉、鋼材通則〈1〉、石油およびガス〈1〉、ライフパイプ〈1〉、鉄鉱石〈3〉など）

4. ISO幹事国業務

日本鉄鋼連盟は、7件のISO技術委員会の幹事を引き受けており、議長および幹事を務めています。これらの委員会において、世界の市場に使用されるISO規格の開発を積極的に進めています。

また、22年に開催したISO／TC17総会において、日本から鉄鋼の環境に関する新しいサブコミッティー（分科会・小委員会）の設置を提案し、投票によって23年3月に承認されました。

ISO技術委員会の幹事業務

委員会名称	業務対象範囲	議長・幹事
ISO/TC 102	鉄鉱石および還元鉄	議長　幹事
ISO/TC 102/SC 1	鉄鉱石および還元鉄 / サンプリング方法	幹事
ISO/TC 17	鋼	議長　幹事
ISO/TC 17/SC 1	鋼 / 化学成分の定量方法	議長　幹事
ISO/TC 17/SC 9	鋼 / ぶりきおよびぶりき原板	議長　幹事
ISO/TC 17/SC 12	鋼 / 連続圧延薄鋼板	幹事
ISO/TC 67/SC 5	低炭素エネルギーを含む石油およびガス産業／油井管	議長　幹事

出所：『日本の鉄鋼業 2023』（日本鉄鋼連盟）

鉄鉱石ペレット膨れ試験方法　鉄鉱石ペレットが還元時に異常膨張すると、高炉内の通気性を悪化させることから、還元前の体積差を測定する膨れ指数を評価して操業管理している。2022年に日本提案で、簡便かつ環境に優しいパウダー法を追加する改訂を行った。

Section
6-5 鉄鋼業界の課題認識と取り組み①

鉄鋼業界はどのような課題を掲げ、取り組んでいるのでしょうか。日本鉄鋼連盟の北野嘉久会長（JFEスチール社長）は、「カーボンニュートラルへの挑戦」などを挙げています。

■カーボンニュートラルへの挑戦

日本鉄鋼連盟の2024（令和6）年新年会が1月5日、東京・港区のホテルニューオータニで開かれました。挨拶に立った北野嘉久会長（JFEスチール社長当時）は、「日本鉄鋼連盟としての最重要課題」として次のように語っています。

「第一に『2050カーボンニュートラル実現に向けた取り組みについて。日本鉄鋼業は世界最高水準の技術力のより、日本のモノづくり産業を支えてきましたが、将来にわたり、我々が日本を支え続けるために避けて通れないのが、カーボンニュートラルへの挑戦です」

「令和6年度税制改正大綱では、戦略分野国内生産促進税制の創設が明記され、グリーンスチールを含むオペレーションコスト支援も示されました。カーボンニュートラルの実現による国際競争力強化のためには、研究開発の成果を国内での設備投資に結びつけていけるかがカギとなります」

「国際貿易財である『鉄』は、国内だけでなく、輸出市場の獲得が不可欠であり、戦略投資への支援においては、国際競争上の**イコールフッティング**＊の確立も必要となります。さらにはグリーン鋼材の需要形成に向けた調達支援による需要喚起措置など、鉄鋼業としてGX＊と事業成長を両立させるための積極的な投資を実行していきます」

こうした北野会長の発言から、鉄鋼業の置かれた現状をうかがい知ることができます。

日本鉄鋼連盟が推進しているカーボンニュートラル行動計画は現在、フェーズⅡ期間（2021～30年度）であり、「エコプロセス」、「エコプロダクト」、「エコソリューション」の3つのエコと「革新的技術開発」の4本柱を基本コンセプトとする自主的な取り組みを進めています。

イコールフッティング　商品やサービスの提供において、双方が対等の立場で競争が行えるように、条件や基盤などを同一にすること。主に規制や許認可などがある事業分野を対象とした用語で、民間側と行政側の両方で使われ、時として、イコールフッティングが問題となることもある。

鉄鋼業の「カーボンニュートラル行動計画」

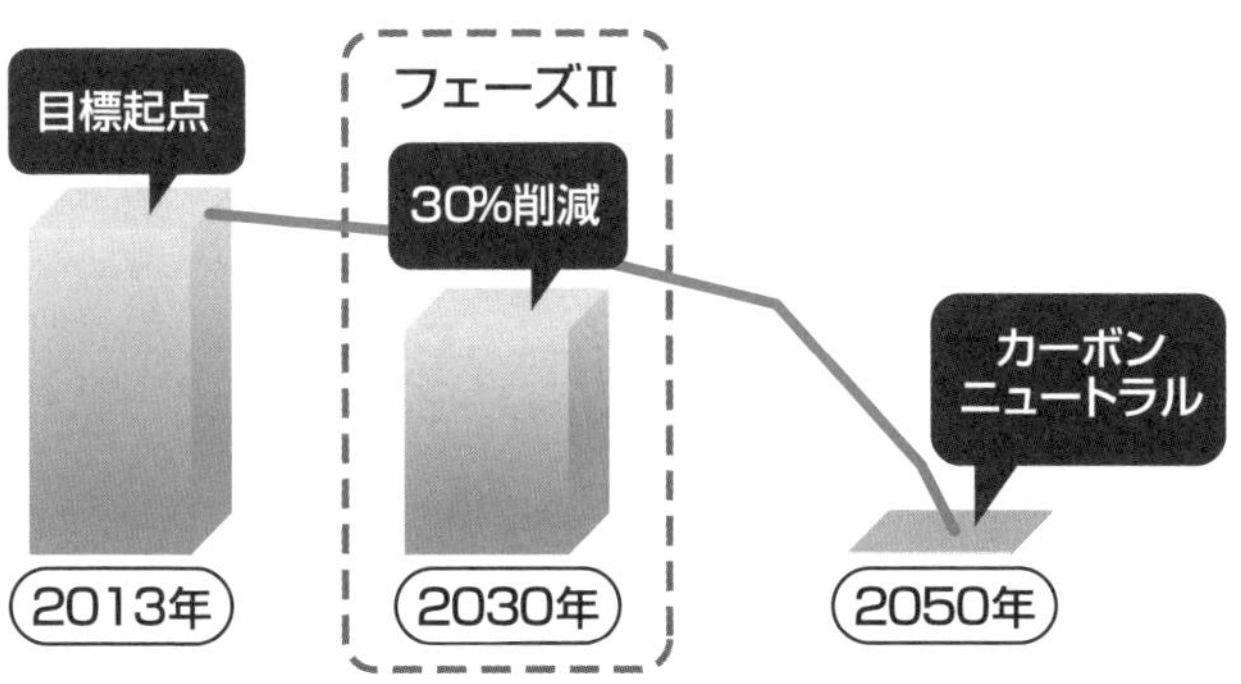

日本の鉄鋼業の CO_2 排出量

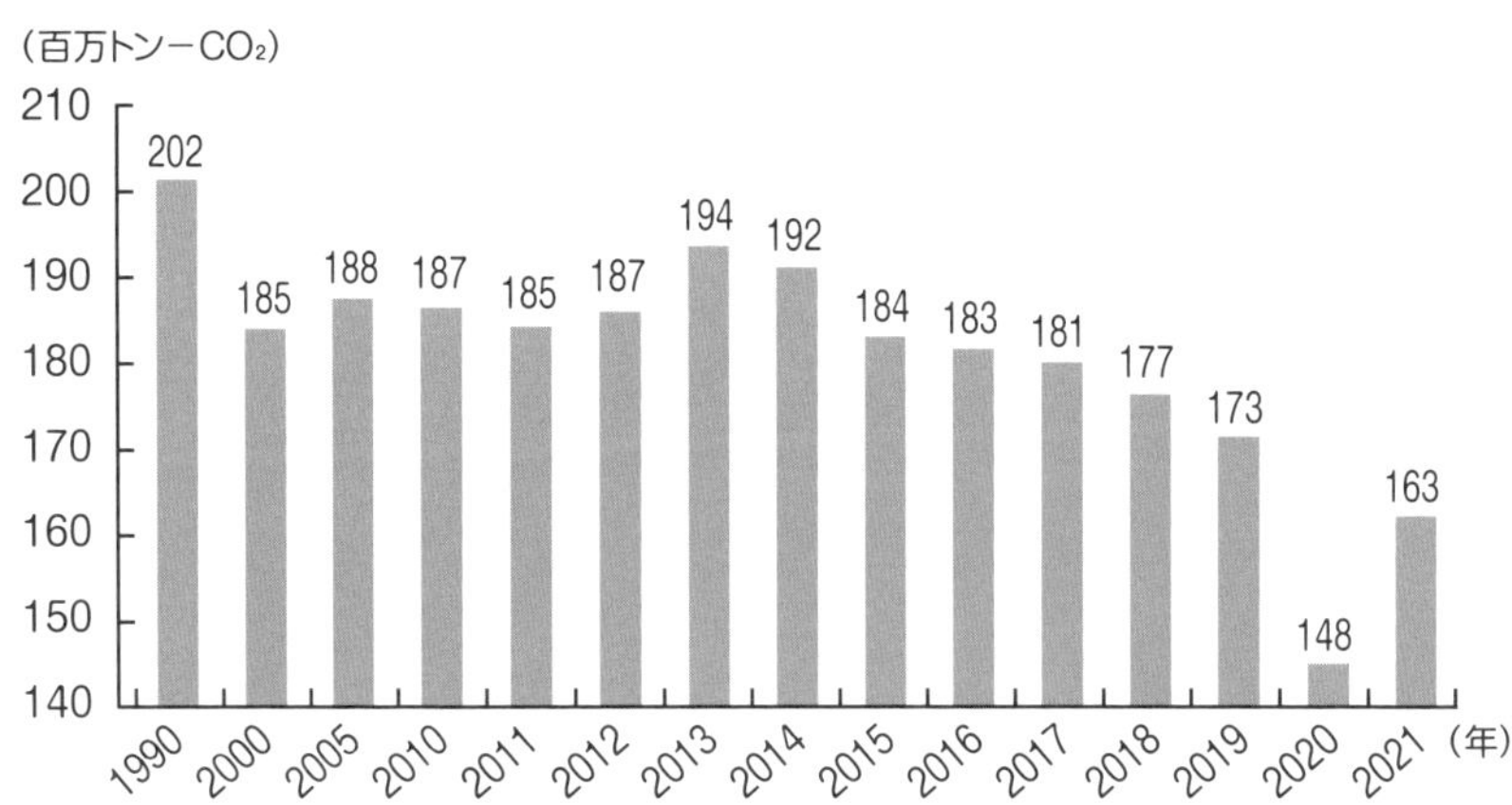

出所：『日本の鉄鋼業 2023』（日本鉄鋼連盟）

GX　グリーントランスフォーメーションの略。化石エネルギーを中心とした現在の産業構造・社会構造をクリーンエネルギー中心へ転換する取り組みのこと。化石エネルギーとは石炭や石油、天然ガスのことで、クリーンエネルギーとは太陽光や風力発電のように CO_2 を排出しないエネルギー源のことを指す。

Section
6-6 鉄鋼業界の課題認識と取り組み②

日本鉄鋼連盟は、鉄鋼業界の持続的な発展のため、「成長と分配の好循環による経済成長に向けた取り組み」や「安全対策の推進」についても、その対応を積極的に進めています。

■安全を最重要課題の第一に

日本鉄鋼連盟の北野会長はまた、「成長と分配の好循環による経済成長に向けた取り組み」や「安全対策の推進」について、次のように述べています。

「国際競争力の確保に向けて、わが国の経済が好循環を生み、発展を遂げるためには、賃上げが極めて重要なポイントであると考えています。賃金引き上げと、政府による経済対策を両輪に、賃金と物価の好循環の実現を目指し、加盟各社においてもそのための努力を行っていく決意です」

安全対策の推進では、「鉄鋼連盟では、安全を最重要課題の第一に位置付け、『安全はすべてに優先する』との揺るぎない基本理念のもと、〝重大災害ゼロ〟の達成に向けて、労働災害の未然防止に関する様々な安全活動を実施し、安全衛生活動のいっそうの水準向上を図ってきました」

「重大災害件数は減少傾向にあるものの、重大災害の発生を食い止めることはできませんでした。当連盟では、引き続き作業現場に潜む如何なるリスクも見落とすことなく、死亡災害を発生しない、発生させないことを最優先に位置付け、安全対策に関する取り組みをさらにいっそう、果断に推進していく決意です」

労働安全衛生に関して同連盟では、①夏冬2回の全国大会、分科会の開催、②安全衛生管理者研修制度、③成績優秀な事業所を顕彰する表彰制度、④安全衛生に関わる指針・マニュアルの整備、⑤外部機関との連携による調査・研究などの取り組み・活動を推進しています。

安全対策の取り組みをいっそう果断に推進していく。

安全衛生管理者研修制度　安全衛生に関するエキスパートによる座学とグループ討議を通じて、鉄鋼業に固有の課題に対処できる人材を育成し、会員各社の技能伝承の一翼を担っている。

鉄鋼業界の労働安全衛生の取り組み

［1］夏冬２回の全国大会、分科会の開催
［2］安全衛生管理者研修制度
［3］成績優秀な事業所を顕彰する表彰制度
［4］安全衛生に関わる指針・マニュアルの整備
［5］外部機関との連携による調査・研究
［6］労働災害防止対策
［7］会員会社の安全衛生活動

鉄鋼業における休業以上労働災害の発災部門別の状況

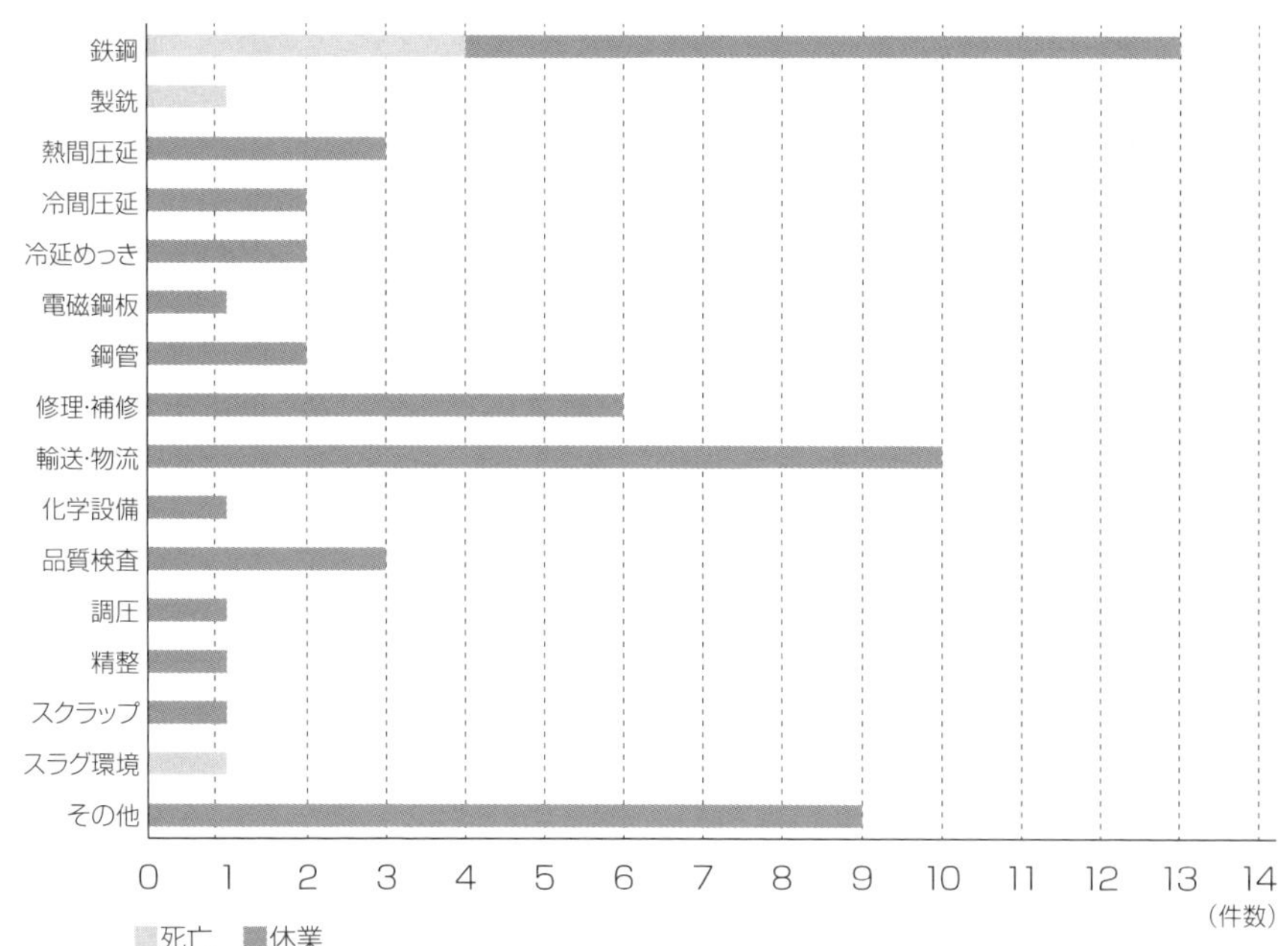

（2021年1-6月 報告判明分暫定ベース）
出所：日本鉄鋼連盟HP

指針・マニュアルの整備　会員各社の自主的な活動を支援するツールとして、鉄鋼業に特徴的な事象に対応した指針や教材としての活用を想定したマニュアルを整備している。鉄連「鉄鋼業における化学設備および特定化学設備の定期自主検査指針」などがある。

Section
6-7 鉄鋼大手の対処すべき課題①

日本の鉄鋼大手は、「国内製鉄事業の再構築とグループ経営の強化」や、「海外事業の深化・拡充に向けた、グローバル戦略の推進」などを課題として掲げ、精力的に取り組んでいるのが現状です。

収益基盤の強化を推進

●日本製鉄

「総合力世界No.1の鉄鋼メーカー」を目指し、中長期経営計画で定めた4つの柱が課題といえます。具体的には、「国内製鉄事業の再構築とグループ経営の強化」、「海外事業の深化・拡充に向けた、グローバル戦略の推進」、「カーボンニュートラルへの挑戦」、「デジタルトランスフォーメーション（DX）戦略の推進」です。

この4つの柱の実現に向けて諸施策に着実に取り組んでいます。「国内製鉄事業の再構築とグループ経営の強化」では、「戦略商品への積極投資による注文構成の高度化」、「技術力を確実に収益に結びつけるための設備新鋭化」、「商品と設備の取捨選択による生産体制のスリム化・効率化」を基本方針として、国内製鉄事業の最適生産体制を構築。さらに、競合他社を凌駕するコスト競争力の再構築と適正マージンの確保による収益基盤の強化を推進しています。

高付加価値製品比率の向上図る

●JFEスチール

重点的に取り組む課題として、「新たな生産体制による高収益基盤の確立」、「カーボンニュートラル世界実現に向けた挑戦」、「サステナブルな成長戦略の推進」、「DX技術の活用」の4つを挙げています。

「新たな生産体制による高収益基盤の確立」では、構造改革後の新体制の中で効率性を最大限発揮し、製造における上方弾力性を確保するために、各ミルでの生産能力の最大化や生産性向上活動を追求。また、高付加価値製品比率の向上などのテーマを完遂することで、競争力の高い生産・販売体制の実現を目指しています。

DX戦略の推進　日本製鉄はDX戦略に5年間で1000億円以上を投入し、鉄鋼業におけるデジタル先進企業を目指している。具体的な取り組みとして、無線IoTセンサ活用プラットフォームである「NS-IoT」の適用を拡大することで、他拠点のデータを集約し、さらなる高度な分析・監視の実現を図っている。

「DX技術の活用」では、AIやIoTなどのデジタル技術を積極的に導入することで、生産性の高い効率的な職場環境の構築を進めています。

●神戸製鋼所

対処すべき課題として、「安定収益基盤の確立」、「カーボンニュートラルへの挑戦」、「経営基盤領域の強化」を挙げています。

「安定収益基盤の確立」では、中期経営計画で掲げた5つの重点施策、具体的には「鋼材事業の収益基盤強化」、「新規電力プロジェクトの円滑な立ち上げと安定稼働」、「素材系事業の戦略投資の収益貢献」、「不採算事業の再構築」、「機械系事業の収益安定化と成長市場への対応」に着実に取り組んでいます。

「DX技術の活用では、AIやIoTなどのデジタル技術を積極的に導入…

鉄鋼大手の対処すべき課題①

日本製鉄
- 国内製鉄事業の再構築とグループ経営の強化
- 海外事業の深化・拡充に向けたグローバル戦略の推進

など

神戸製鉄所
- 安定収益基盤の確立
- カーボンニュートラルへの挑戦
- 経営基盤領域の強化

JFEスチール
- 新たな生産体制による高収益基盤の確立
- カーボンニュートラル世界実現に向けた挑戦

など

出所：各社の有価証券報告書

鋼材事業の収益基盤強化　神戸製鋼所が掲げる「鋼材事業の収益基盤強化」では、長期的に鋼材需要が縮小していくとの想定のもと、加古川製鉄所の粗鋼生産量6300万トン前提での安定収益確保、さらに6000万トンでも黒字が確保できる体制の構築を目指している。

Section 6-8

鉄鋼大手の対処すべき課題②

電炉の大手メーカーは、生産工程の徹底的な見直しやコスト競争力の一段の向上、さらにはより付加価値の高い鉄鋼製品へと「アップサイクル」させるチャレンジングな姿勢を見せています。

業界再編や業務提携に前向き

電炉の大手メーカーはどのような課題と向き合い、対処しているのでしょうか。共英製鋼、合同製鐵、東京製鐵の3社の「対処すべき課題」を各社の有価証券報告書から探ってみました。

ベトナム事業の立て直しに注力

●共英製鋼

優先的に対処すべき課題として、「当社グループは、本中期計画（NeXus 2023）の下で企業価値の向上に努めているが、昨今の世界的なカーボンニュートラルへの流れによって鉄スクラップ価格が高止まりする中、電力費をはじめとした製造コストの上昇は避けられない。また、世界的に金融引き締め政策が続く中で、特にベトナムの不動産市況や建設需要の回復には、しばらく時間を要する見通しだ」と記した上で次の2点を挙げています。

①南北全拠点において量より質の営業方針で低在庫操業に努めると共に、生産工程の徹底的な見直しによるコスト削減を図りながら、ベトナム事業の立て直しに注力していく。

②地政学的リスクが複雑化する中、当社グループは日本・ベトナム・北米で展開する『世界三極体制』をさらに進化させ、複数の国や地域で事業を展開する『グローカル・ニッチ戦略』の下、成長していく。

コスト競争力の更なる向上を

●合同製鐵

23年度を「合同製鐵グループ中期ビジョン2025」の成果発揮の年と位置付け、グループの6つの電炉一貫事業

Column NeXus 2023　重点方針として、①海外鉄鋼事業の収益力強化と成長拡大の準備、②国内鉄鋼事業の競争力強化と将来を見据えた設備更新、③環境リサイクル事業および鉄鋼周辺事業の収益機会拡大、などを掲げている。

所が操業技術、設備情報を相互共有することで、グループ全体の製造実力、コスト競争力のさらなる向上を図るとしています。

営業面においては、引き続き「商慣習改善」に着目し、構造用鋼では**エネルギーサーチャージ制**＊の適用拡大、鉄筋棒鋼では納期に応じた価格設定や、きめ細かな契約管理に取り組みながら、事業環境変化への対応力を強化していくことを挙げています。

●東京製鐵

貴重な資源である鉄スクラップを、より付加価値の高い鉄鋼製品へと「アップサイクル」させるチャレンジを進めると共に、環境に優しい電炉鋼材の普及拡大による「カーボンマイナス」と併せ、「循環型社会」「脱炭素社会」の実現に貢献していくことを掲げています。

また、条鋼類・鋼板類共に多様化する需要家のニーズに応えながら、鉄スクラップの高度利用を一段と加速することで業績の向上を図ることも重視しています。

サステナビリティ課題に対しては、「気候変動」および「資源循環」に「安全・環境・品質」「コーポレートガバナンス」の2つを加え、4課題を特定しています。

鉄鋼大手の対処すべき課題②

共同製鋼
- 生産工程の徹底的な見直しによるコスト削減
- ベトナム鉄鋼事業の立て直し

など

合同製鐵
- グループ全体の製造実力、コスト競争力の更なる向上
- 構造用鋼のエネルギーサーチャージ制の適用拡大

など

東京製鐵
- 鉄スクラップを、より付加価値の高い鉄鋼製品に「アップサイクル」
- 鉄スクラップの高度利用を一段加速

など

出所：各社の有価証券報告書

エネルギーサーチャージ制　燃料価格の上昇・下落によるコストの増減分を別建ての価格として設定する制度。現状の燃料価格が基準とする燃料価格より一定額以上上昇した場合には、上昇の幅に応じて燃料サーチャージを設定または増額改定して適用する。

鉄鋼大手各社が賃金制度を刷新 電炉は働き方改革が進む

鉄鋼産業の従業員は、2022年時点で関連分野を含めて約22万人に上ります。これは製造業全体の2%に相当します。自動車や電機業界などと異なり、非正規雇用の社員がほとんどいないのが実情です。1990年代の合理化で従業員を大幅に減らした結果です。

こうした中で、日本製鉄など鉄鋼大手が全世代の社員を対象とする新たな賃金・人事評価制度を導入しています。年齢に関係なく働けるよう成果給の部分を手厚くすることなどで賃金カーブを再設計しています。

制度改定をしたのは日本製鉄、JFEスチール、神戸製鋼所などの高炉大手です。鉄鋼業での全世代を対象とした大規模な制度改定で、1981年度から10年間かけて定年を段階的に55歳から60歳に引き上げて以来です。

制度改定の具体的な内容は、まず役割や成果に応じて賃金が上がりやすい仕組みにしたことです。詳細は各社で異なりますが、例えば年齢に応じて上がる「基本給」と、役割や成果に応じた「仕事給」の比重変更などとなっています。

退職金制度も変更されました。65歳まで勤続年数が延びる分を増額する一方、65歳以前に退職する人にも配慮した内容です。ただ、正社員として雇用し続けるためコストがかさみ、企業にとっては競争力が弱まる懸念もあります。

国内の電炉産業では、稼働日や稼働時間を見直す動きが進んでいます。電炉は売上高に占める電力使用量が一般的な製造業の約10倍と高いのが特徴です。従来は電力料金の安い土日や夜間に稼働してきましたが、太陽光発電などの拡大で電気が余る平日に安くなる料金契約を結べるようになっています。

これが、稼働日や稼働時間の見直しを加速させている要因ですが、休暇を取りやすくすることで働き方改革や人材獲得にもつなげる狙いがあるようです。

資料編

●鉄鋼業界地図（概要）
●鉄鋼製品一覧
●国別粗鋼生産量
●鉄鋼業の設備投資額推移（工事ベース）
●鉄鋼業の労働時間と賃金水準
●参考文献
●索引

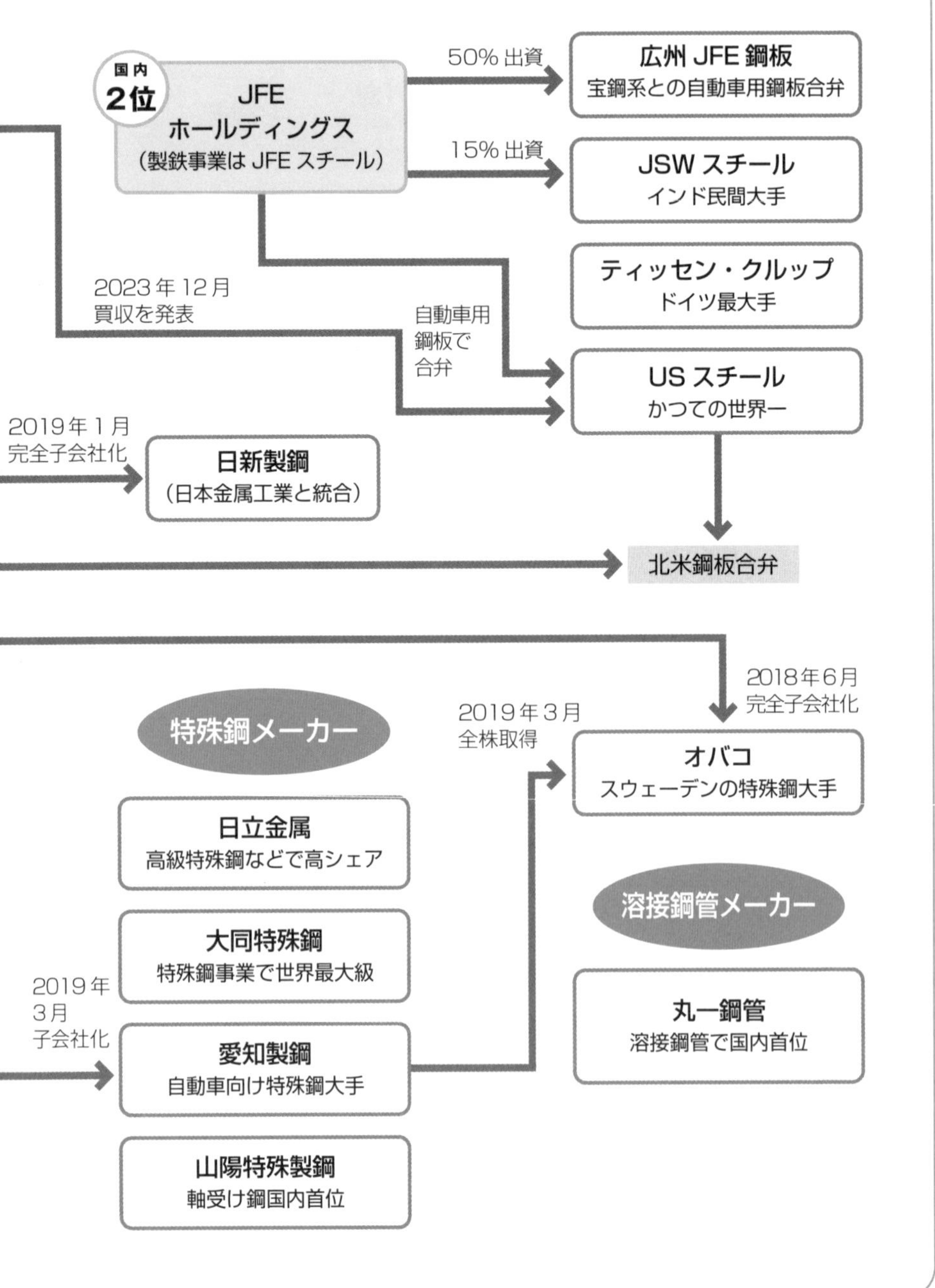
鉄鋼業界地図（概要）
国内
2位
JFE
ホールディングス
（製鉄事業は JFE スチール）
50% 出資
広州 JFE 鋼板
宝鋼系との自動車用鋼板合弁
15% 出資
JSW スチール
インド民間大手
ティッセン・クルップ
ドイツ最大手
2023 年 12 月
買収を発表
自動車用
鋼板で
合弁
US スチール
かつての世界一
2019 年 1 月
完全子会社化
日新製鋼
（日本金属工業と統合）
北米鋼板合弁
2018年6月
完全子会社化
特殊鋼メーカー
2019 年 3 月
全株取得
オバコ
スウェーデンの特殊鋼大手
日立金属
高級特殊鋼などで高シェア
溶接鋼管メーカー
大同特殊鋼
特殊鋼事業で世界最大級
2019 年
3 月
子会社化
丸一鋼管
溶接鋼管で国内首位
愛知製鋼
自動車向け特殊鋼大手
山陽特殊製鋼
軸受け鋼国内首位

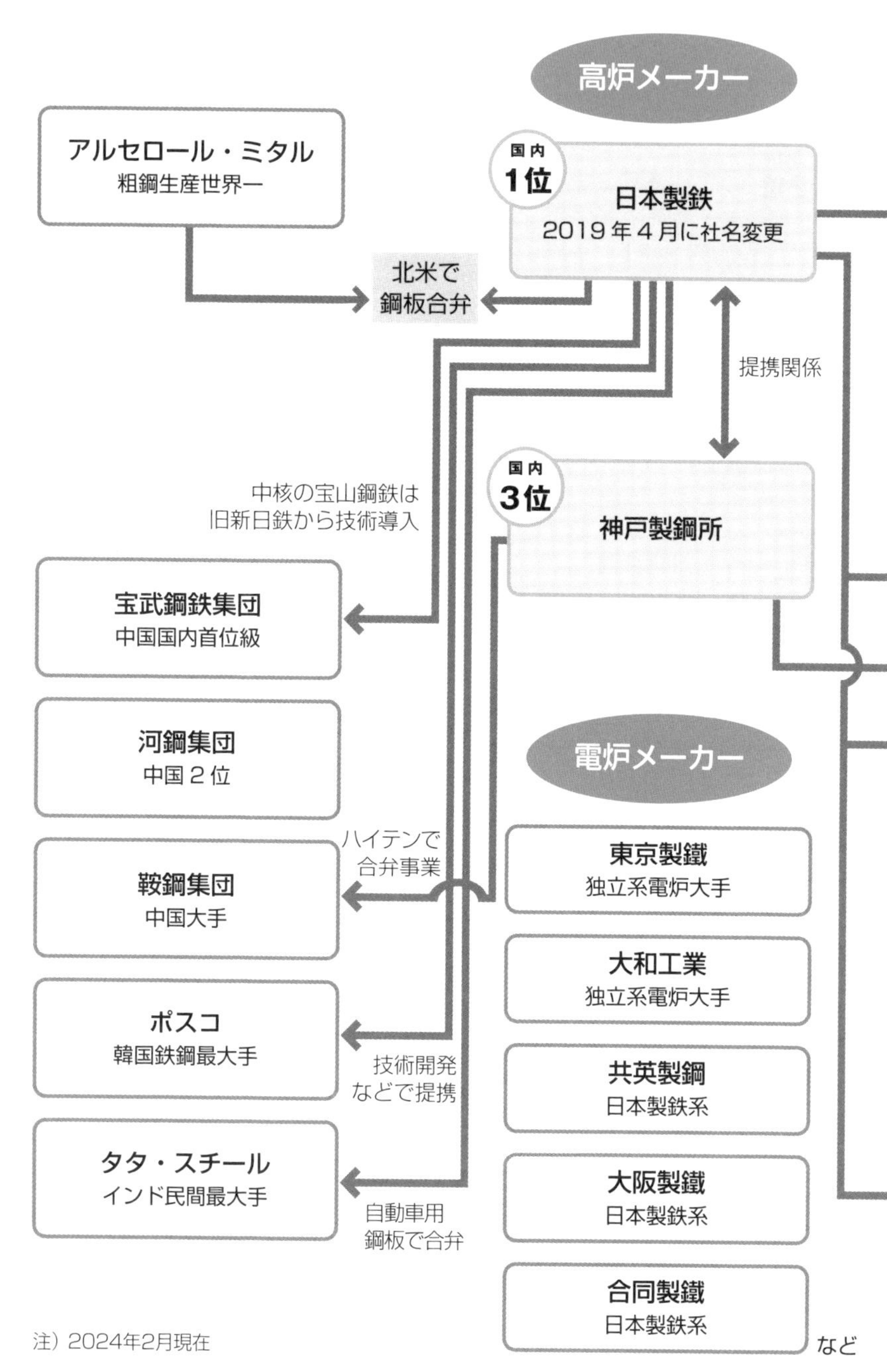
高炉メーカー
アルセロール・ミタル
粗鋼生産世界一
国内
1位
日本製鉄
2019年４月に社名変更
北米で
鋼板合弁
提携関係
中核の宝山鋼鉄は
旧新日鉄から技術導入
国内
3位
神戸製鋼所
宝武鋼鉄集団
中国国内首位級
河鋼集団
中国２位
電炉メーカー
ハイテンで
合弁事業
鞍鋼集団
中国大手
東京製鐵
独立系電炉大手
大和工業
独立系電炉大手
ポスコ
韓国鉄鋼最大手
技術開発
などで提携
共英製鋼
日本製鉄系
タタ・スチール
インド民間最大手
自動車用
鋼板で合弁
大阪製鐵
日本製鉄系
合同製鐵
日本製鉄系
など
注）2024年2月現在

鉄鋼製品一覧

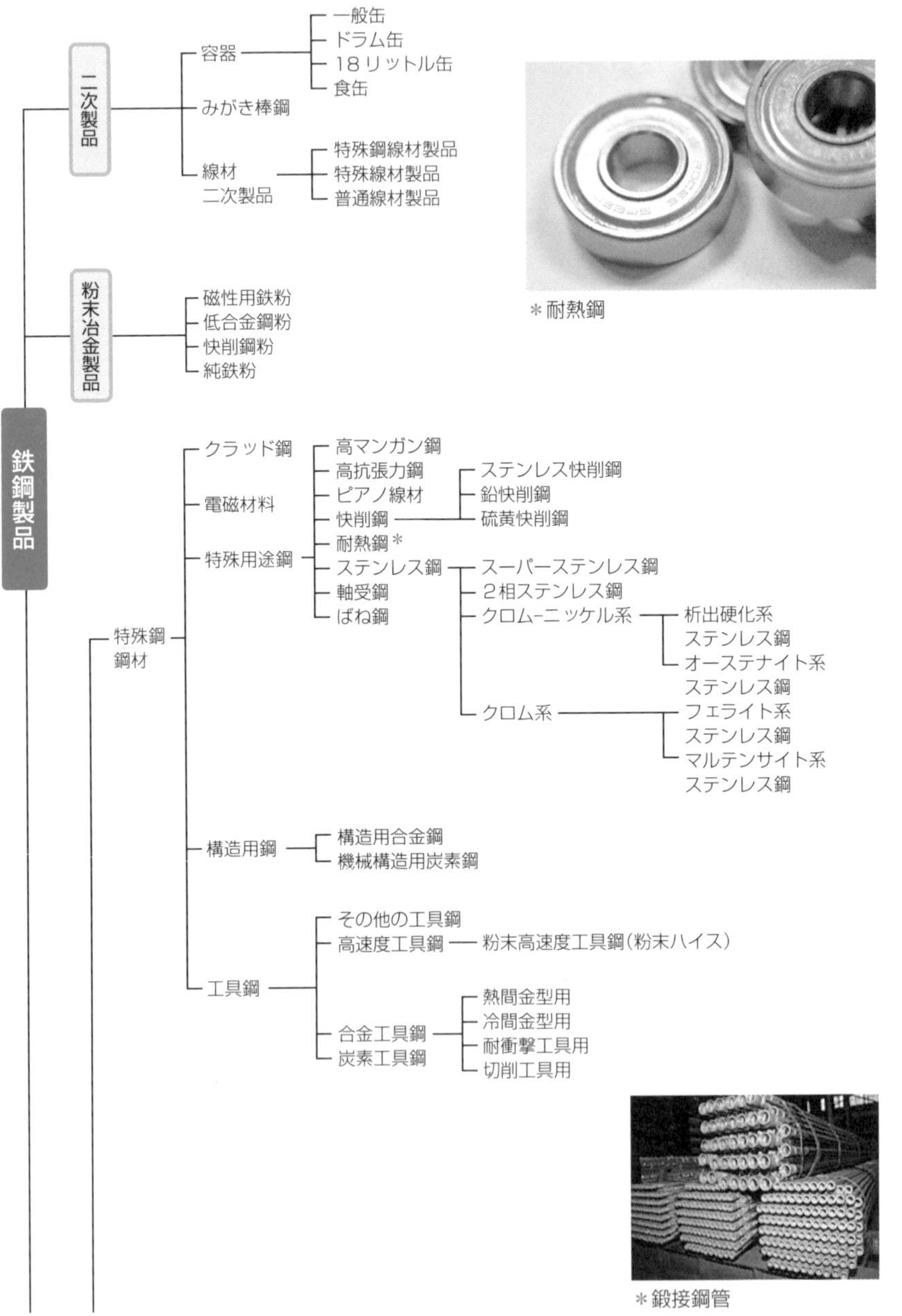
鉄鋼製品
二次製品
容器
一般缶
ドラム缶
18リットル缶
食缶
みがき棒鋼
線材二次製品
特殊鋼線材製品
特殊線材製品
普通線材製品
粉末冶金製品
磁性用鉄粉
低合金鋼粉
快削鋼粉
純鉄粉
特殊鋼鋼材
クラッド鋼
電磁材料
特殊用途鋼
高マンガン鋼
高抗張力鋼
ピアノ線材
快削鋼
ステンレス快削鋼
鉛快削鋼
硫黄快削鋼
耐熱鋼＊
ステンレス鋼
スーパーステンレス鋼
2相ステンレス鋼
クロム-ニッケル系
析出硬化系ステンレス鋼
オーステナイト系ステンレス鋼
クロム系
フェライト系ステンレス鋼
マルテンサイト系ステンレス鋼
軸受鋼
ばね鋼
構造用鋼
構造用合金鋼
機械構造用炭素鋼
工具鋼
その他の工具鋼
高速度工具鋼
粉末高速度工具鋼（粉末ハイス）
合金工具鋼
炭素工具鋼
熱間金型用
冷間金型用
耐衝撃工具用
切削工具用
＊耐熱鋼

＊鍛接鋼管

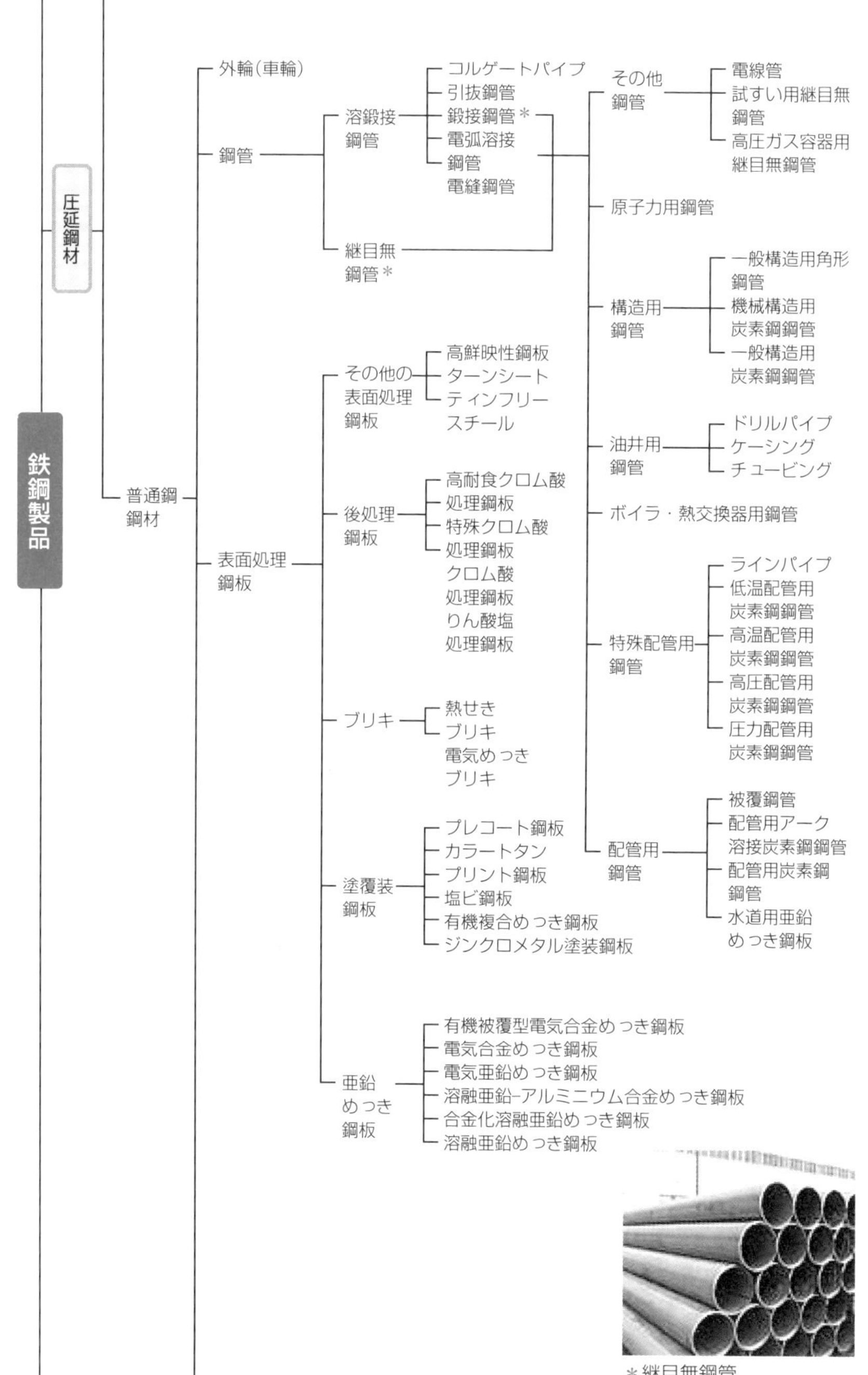
鉄鋼製品
圧延鋼材
普通鋼鋼材
外輪（車輪）
鋼管
溶鍛接鋼管
コルゲートパイプ
引抜鋼管
鍛接鋼管＊
電弧溶接鋼管
電縫鋼管
継目無鋼管＊
その他鋼管
電線管
試すい用継目無鋼管
高圧ガス容器用継目無鋼管
原子力用鋼管
構造用鋼管
一般構造用角形鋼管
機械構造用炭素鋼鋼管
一般構造用炭素鋼鋼管
油井用鋼管
ドリルパイプ
ケーシング
チュービング
ボイラ・熱交換器用鋼管
特殊配管用鋼管
ラインパイプ
低温配管用炭素鋼鋼管
高温配管用炭素鋼鋼管
高圧配管用炭素鋼鋼管
圧力配管用炭素鋼鋼管
配管用鋼管
被覆鋼管
配管用アーク溶接炭素鋼鋼管
配管用炭素鋼鋼管
水道用亜鉛めっき鋼板
表面処理鋼板
その他の表面処理鋼板
高鮮映性鋼板
ターンシート
ティンフリースチール
後処理鋼板
高耐食クロム酸処理鋼板
特殊クロム酸処理鋼板
クロム酸処理鋼板
りん酸塩処理鋼板
ブリキ
熱せきブリキ
電気めっきブリキ
塗覆装鋼板
プレコート鋼板
カラートタン
プリント鋼板
塩ビ鋼板
有機複合めっき鋼板
ジンクロメタル塗装鋼板
亜鉛めっき鋼板
有機被覆型電気合金めっき鋼板
電気合金めっき鋼板
電気亜鉛めっき鋼板
溶融亜鉛-アルミニウム合金めっき鋼板
合金化溶融亜鉛めっき鋼板
溶融亜鉛めっき鋼板
＊継目無鋼管

鉄鋼製品

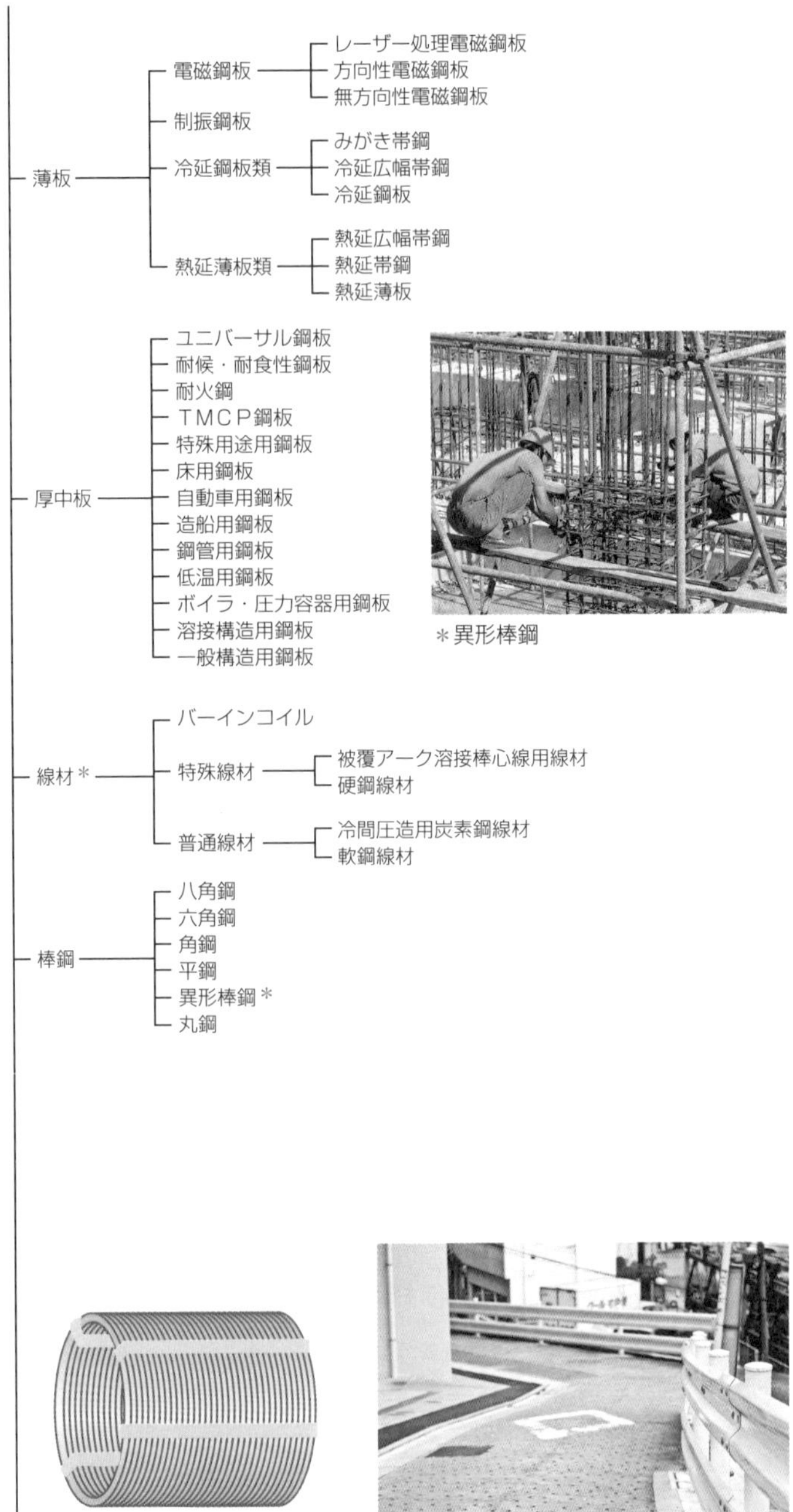
薄板
電磁鋼板
レーザー処理電磁鋼板
方向性電磁鋼板
無方向性電磁鋼板
制振鋼板
冷延鋼板類
みがき帯鋼
冷延広幅帯鋼
冷延鋼板
熱延薄板類
熱延広幅帯鋼
熱延帯鋼
熱延薄板
厚中板
ユニバーサル鋼板
耐候・耐食性鋼板
耐火鋼
ＴＭＣＰ鋼板
特殊用途用鋼板
床用鋼板
自動車用鋼板
造船用鋼板
鋼管用鋼板
低温用鋼板
ボイラ・圧力容器用鋼板
溶接構造用鋼板
一般構造用鋼板
線材＊
バーインコイル
特殊線材
被覆アーク溶接棒心線用線材
硬鋼線材
普通線材
冷間圧造用炭素鋼線材
軟鋼線材
棒鋼
八角鋼
六角鋼
角鋼
平鋼
異形棒鋼＊
丸鋼

＊異形棒鋼

＊線材

＊ガードレール

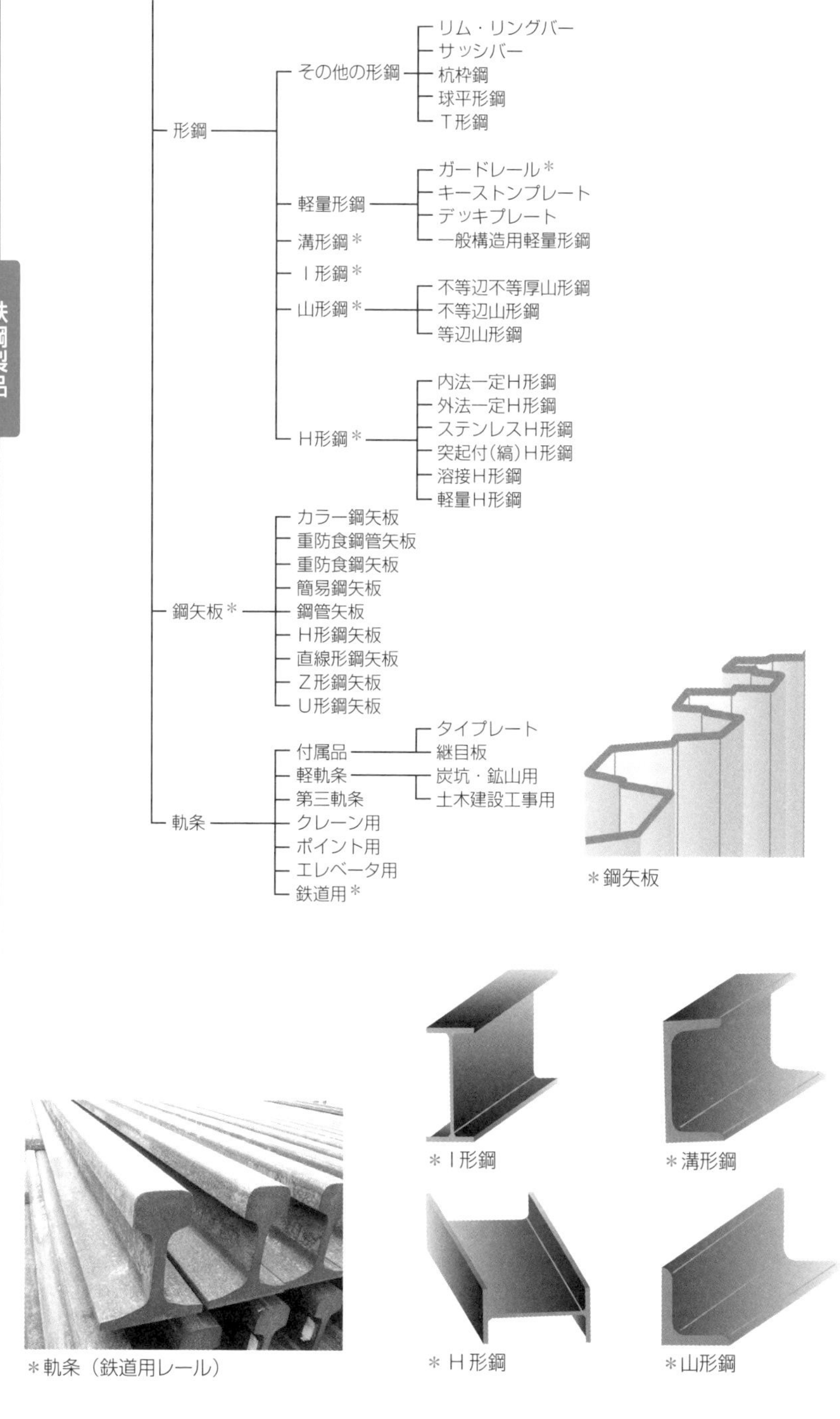
鉄鋼製品
形鋼
その他の形鋼
リム・リングバー
サッシバー
杭枠鋼
球平形鋼
T形鋼
軽量形鋼
ガードレール＊
キーストンプレート
デッキプレート
一般構造用軽量形鋼
溝形鋼＊
I形鋼＊
山形鋼＊
不等辺不等厚山形鋼
不等辺山形鋼
等辺山形鋼
H形鋼＊
内法一定H形鋼
外法一定H形鋼
ステンレスH形鋼
突起付(縞)H形鋼
溶接H形鋼
軽量H形鋼
鋼矢板＊
カラー鋼矢板
重防食鋼管矢板
重防食鋼矢板
簡易鋼矢板
鋼管矢板
H形鋼矢板
直線形鋼矢板
Z形鋼矢板
U形鋼矢板
軌条
付属品
タイプレート
継目板
軽軌条
炭坑・鉱山用
土木建設工事用
第三軌条
クレーン用
ポイント用
エレベータ用
鉄道用＊

＊鋼矢板

＊軌条（鉄道用レール）

＊I形鋼

＊溝形鋼

＊H形鋼

＊山形鋼

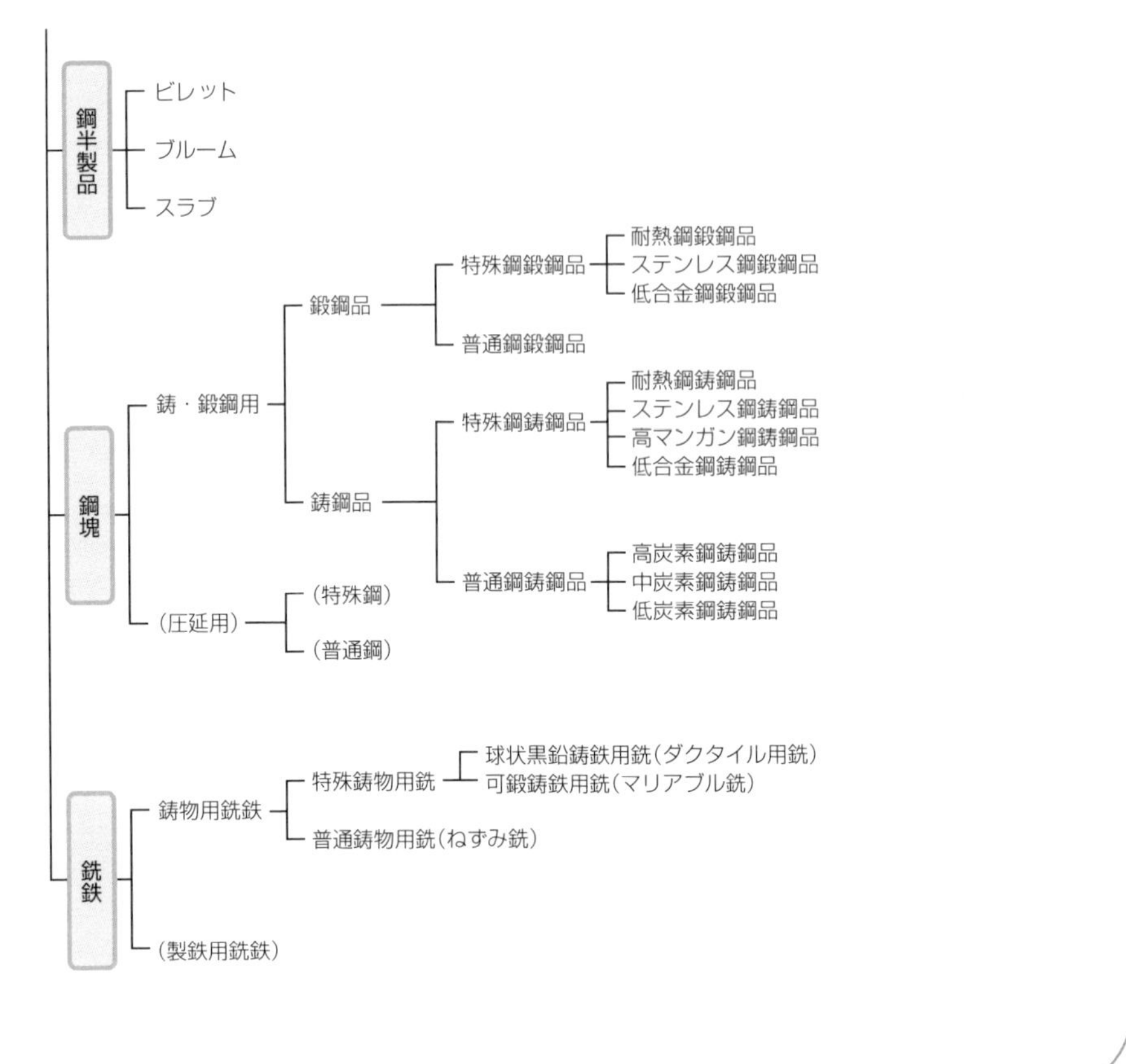
鋼半製品
ビレット
ブルーム
スラブ
鋼塊
鋳・鍛鋼用
鍛鋼品
特殊鋼鍛鋼品
耐熱鋼鍛鋼品
ステンレス鋼鍛鋼品
低合金鋼鍛鋼品
普通鋼鍛鋼品
鋳鋼品
特殊鋼鋳鋼品
耐熱鋼鋳鋼品
ステンレス鋼鋳鋼品
高マンガン鋼鋳鋼品
低合金鋼鋳鋼品
普通鋼鋳鋼品
高炭素鋼鋳鋼品
中炭素鋼鋳鋼品
低炭素鋼鋳鋼品
(圧延用)
(特殊鋼)
(普通鋼)
銑鉄
鋳物用銑鉄
特殊鋳物用銑
球状黒鉛鋳鉄用銑(ダクタイル用銑)
可鍛鋳鉄用銑(マリアブル銑)
普通鋳物用銑(ねずみ銑)
(製鉄用銑鉄)

国別粗鋼生産量

（単位:100万トン）

順位 Rank	国名	Country	2022年	構成比(%)	前年比(%)	2021年
1	中国	China	1,013.0	52.9	▲1.9	1,032.8
2	インド	India	124.7	6.1	5.5	118.2
3	日本	Japan	89.2	4.9	▲7.4	96.3
4	米国	United States	80.7	4.4	▲5.9	85.8
5	ロシア	Russia	71.5	3.9	▲5.4	75.6
6	韓国	South Korea	65.9	3.6	▲6.5	70.4
7	ドイツ	Germany	36.8	2.1	▲8.0	40.1
8	トルコ	Turkey	35.1	2.1	▲12.9	40.4
9	ブラジル	Brazil	34.0	1.9	▲6.1	36.2
10	イラン	Iran	30.6	1.5	7.5	28.5
11	イタリア	Italy	21.6	1.3	▲11.6	24.4
12	台湾	Taiwan, China	20.6	1.2	▲11.2	23.2
13	ベトナム	Viet Nam	20.0	1.2	▲13.1	23.0
14	メキシコ	Mexico	18.2	0.9	▲1.6	18.5
15	インドネシア	Indonesia	15.6	0.7	9.1	14.3
16	フランス	France	12.1	0.7	▲13.1	13.9
17	カナダ	Canada	12.0	0.7	▲7.8	13.0
18	スペイン	Spain	11.5	0.7	▲19.2	14.2
19	マレーシア	Malaysia	10.0	0.5	10.0	9.1
20	エジプト	Egypt	9.8	0.5	▲4.6	10.3
	世界合計	**World**	**1,878.5**	**100.0**	**▲3.8**	**1,951.9**

出所：『日本の鉄鋼業2023』（日本鉄鋼連盟）/世界鉄鋼協会（2023年2月時点）

鉄鋼業の設備投資額推移（工事ベース）

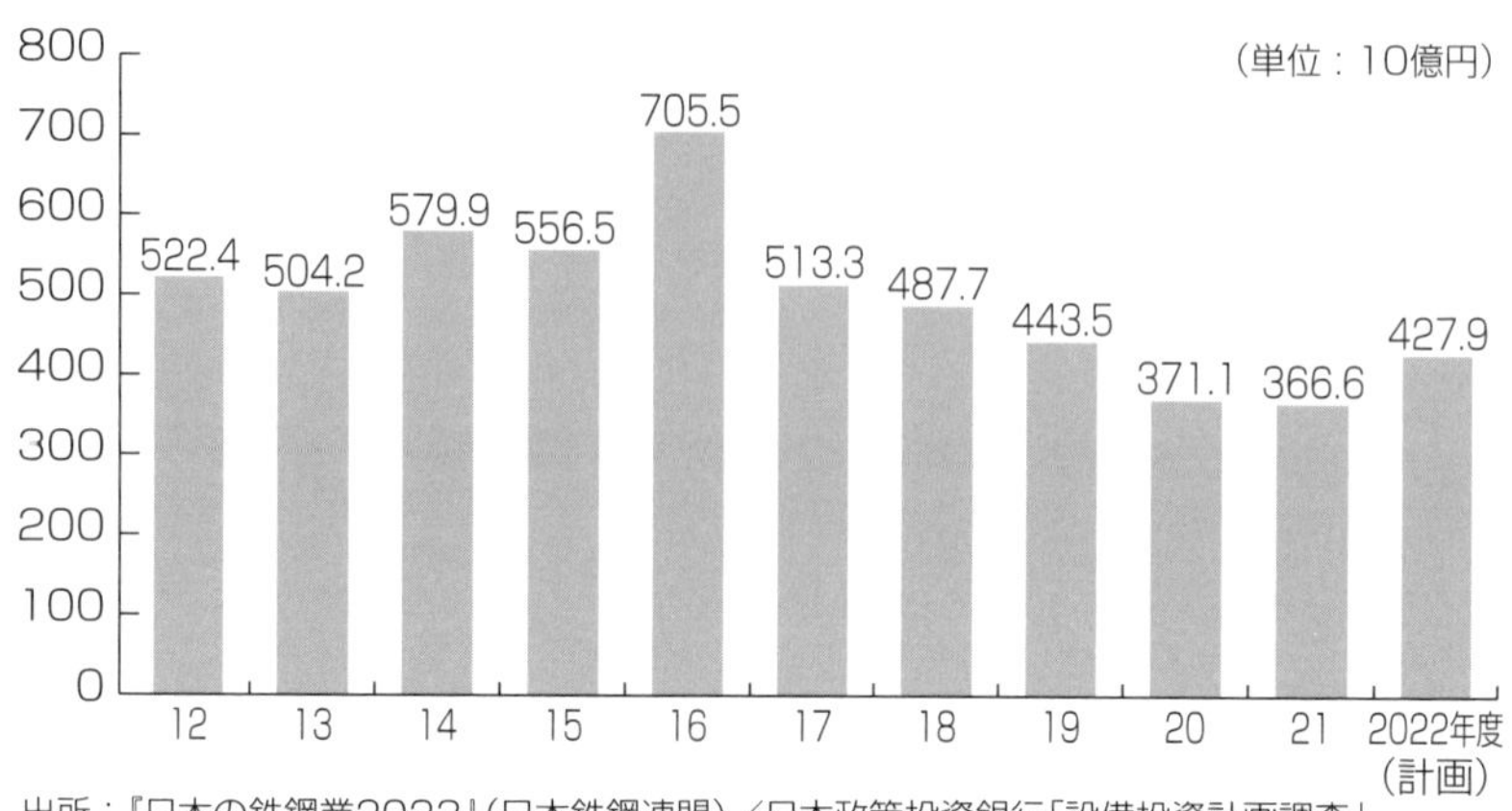

出所：『日本の鉄鋼業2023』（日本鉄鋼連盟）／日本政策投資銀行「設備投資計画調査」

鉄鋼業の労働時間と賃金水準（鉄鋼業を 100 とした場合の比較　2022 年）

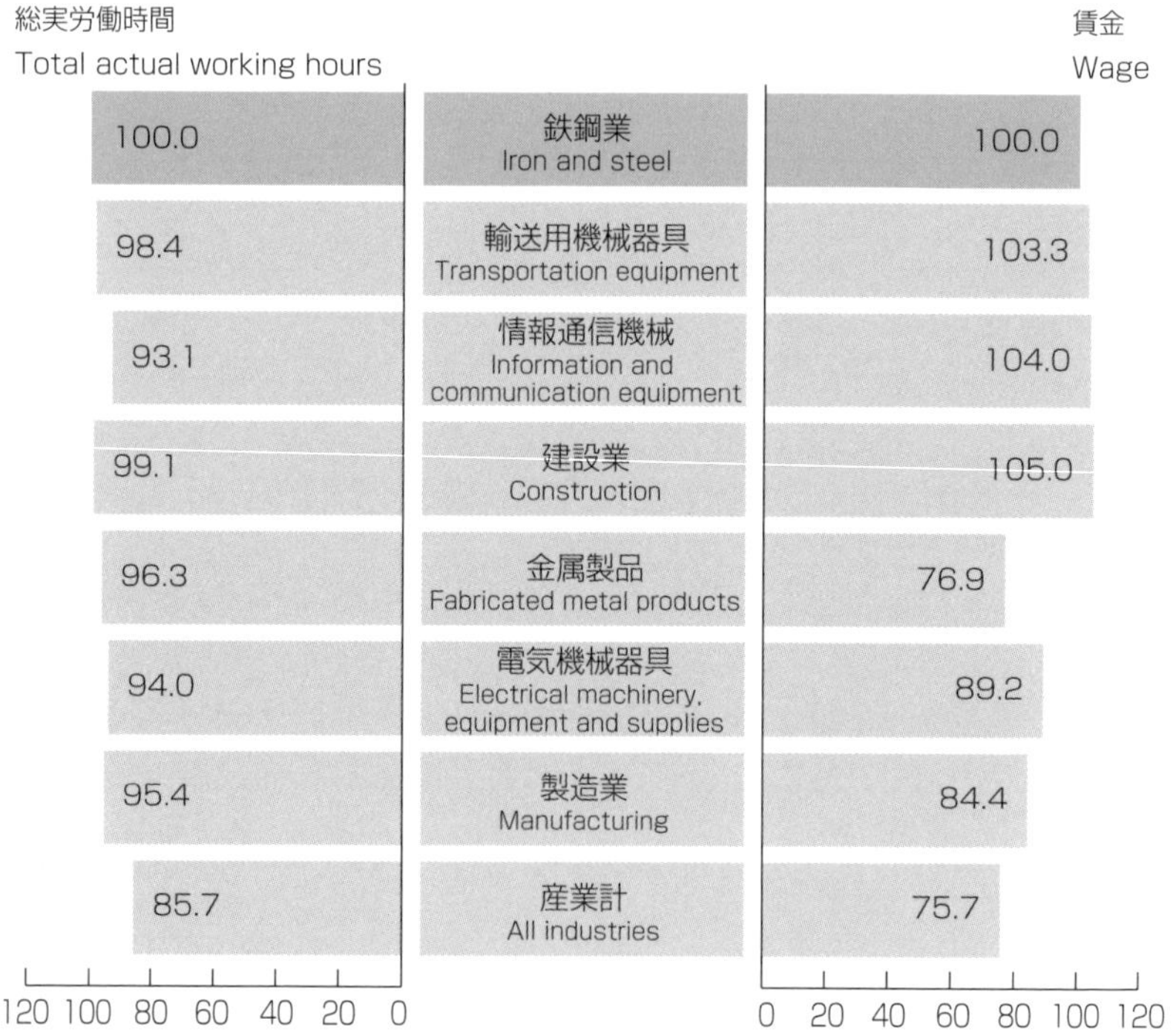

総実労働時間 Total actual working hours		賃金 Wage
100.0	鉄鋼業 Iron and steel	100.0
98.4	輸送用機械器具 Transportation equipment	103.3
93.1	情報通信機械 Information and communication equipment	104.0
99.1	建設業 Construction	105.0
96.3	金属製品 Fabricated metal products	76.9
94.0	電気機械器具 Electrical machinery, equipment and supplies	89.2
95.4	製造業 Manufacturing	84.4
85.7	産業計 All industries	75.7

120 100 80 60 40 20 0　　0 20 40 60 80 100 120

出所：『日本の鉄鋼業2023』（日本鉄鋼連盟）/厚生労働省「毎月勤労統計調査」規模30人以上
注）賃金は給与総額、労働時間は所定外労働時間を含む総実労働時間より算出

参考文献

・『鉄鋼』多田研三著、日本経済新聞社刊
・『鉄鋼』山口敦著、日本経済新聞社刊
・『よくわかる鉄鋼業界』一柳正紀著、日本実業出版社刊
・『日本の鉄鋼業2023』日本鉄鋼連盟刊
・『鉄のいろいろ』日本鉄鋼連盟刊
・『鉄の旅』日本鉄鋼連盟刊
・『鉄ができるまで』日本鉄鋼連盟刊
・『2021年工業統計表　産業編』一般財団法人 経済産業調査会
・『会社四季報2024年1集 新春号』東洋経済新報社刊
・『会社四季報　業界地図2024年版』東洋経済新報社刊
・『日経業界地図2024年版』日本経済新聞出版社刊
・『ポケット図解「鉄」の科学がよ〜くわかる本』秀和システム刊
・『図解入門　最新「鉄」の基本と仕組み』秀和システム刊

・日本経済新聞
・日経産業新聞

索引

INDEX

官営八幡製鉄所 …… 94
軌条 …… 61,62
気相 …… 48
強靭性 …… 22
共英製鋼 …… 150,196
国別粗鋼生産量 …… 207
グリーンイノベーション基金 …… 13
グリーン鋼材 …… 20,34
グリーン購入 …… 184
クリーンステンレス …… 155
グリーントランスフォーメーション …… 20
傾斜生産方式 …… 96
経常利益 …… 134
ケミカルリサイクル …… 184
原料炭 …… 126
コイルセンター …… 76
鋼管 …… 66
合金鋼 …… 58
工具鋼 …… 68
鋼材 …… 184
高周波誘導式 …… 54
構造用鋼 …… 68
高張力鋼板 …… 24
合同製鐵 …… 146,196
神戸製鋼所 …… 32,142,195
鋼矢板 …… 62
高炉 …… 14,46,48
高炉操業 …… 50
高炉水素還元 …… 14
高炉操業技術 …… 32
コークス …… 12,44,90
コークス高炉法 …… 90
ゴーン・ショック …… 108
固相 …… 48
コベナブルスチール …… 34

■あ行

アーク式 …… 54
愛知製鋼 …… 166
圧延 …… 46
圧延鋼材 …… 60
圧延技術 …… 93
厚中板 …… 64
アルセロール・ミタル …… 108,110
安全対策 …… 192
イコールフッティング …… 190
一次問屋 …… 76
一貫製鉄所 …… 46,48
一般缶 …… 180
鋳物用銑鉄 …… 72
隕鉄 …… 88
薄板 …… 65
液相 …… 48
エキスパートシステム …… 50
エコプロセス …… 182
エコプロダクト …… 182
エコソリューション …… 182
エネルギーサーチャージ制 …… 197
エンボディドカーボン …… 20
エンジニアリング・プラスチック …… 100
オイルショック …… 100
大阪製鐵 …… 152
オーステナイト系 …… 70

■か行

カーボンニュートラル …… 14,190
カーボンニュートラル行動計画 …… 182
快削鋼 …… 69
改正高年齢者雇用安定法 …… 132
革新的技術の開発 …… 182
加工 …… 81
形鋼 …… 63
華麗なる一族 …… 112

ソーワイヤ …… 158
粗鋼 …… 45,122
粗鋼生産 …… 45,56,122

た行

第一次輸送 …… 82
対応力 …… 22
大地の子 …… 112
大同特殊鋼 …… 56,154
第二次輸送 …… 82
耐熱鋼 …… 69
太陽光発電 …… 22
ダスト …… 184
タタスチール …… 13
たたら製鉄法 …… 40,136
脱炭素化 …… 12
鍛鋼品 …… 60,73
単純圧延工場 …… 46
炭素鋼 …… 58
炭素繊維ケーブル …… 159
チタン …… 142
中間財 …… 114
鋳鋼品 …… 60,72
中部鋼鈑 …… 178
直売 …… 76,78
低炭素還元鉄 …… 18
ティンフリースチール …… 75,172
ティッセン・クルップ …… 13
鉄鋼業界地図 …… 200
鉄鉱床 …… 88
鉄鋼シャースリット業 …… 118
鉄鉱石 …… 126
鉄鋼製品一覧 …… 202
鉄鋼輸出 …… 124
鉄鋼副産物 …… 184
鉄スクラップ …… 18
電気鋼版 …… 65
電気溶融炉 …… 12
電気炉 …… 46,54,144
電気炉法 …… 92
転炉 …… 97

さ行

サーチャージ適用 …… 164
在庫管理 …… 80
酸洗 …… 104
産業廃棄物 …… 184
山陽特殊製鋼 …… 56,164
事業所 …… 118
軸受鋼 …… 69
シャーリング業 …… 81
ジャストインタイム …… 80
集中排除法 …… 108
浚渫土 …… 184
焼結成形 …… 73
条鋼 …… 76
情報収集伝達 …… 80
殖産興業 …… 94
新日鉄住金 …… 110
水素エンジンカローラ …… 34
水素還元製鉄 …… 12
水素製鉄コンソーシアム …… 12
吹錬製鋼法 …… 92
ステンレス …… 162
ステンレス鋼 …… 70
ステンレス管 …… 168
ストックヤード …… 46
スプレッド …… 169
スラッジ …… 184
製鋼 …… 52
製鋼炉 …… 44
製造品出荷額等 …… 120
製造プロセス全体の見直し …… 102
世界鉄鋼協会 …… 26
石炭 …… 12
瀬戸内製鉄所呉地区 …… 24
ゼロコロナ政策 …… 36
線材 …… 64
線材二次製品 …… 74
銑鉄 …… 44,52
全鉄鋼輸出 …… 124
全鉄鋼輸入 …… 124
船舶 …… 82

標準化活動 …… 188
表面処理鋼板 …… 160
表面処理鋼板類 …… 65
ビレット …… 149,153
ファインスチール …… 106
フェライト系 …… 70
普通鋼 …… 58,62,64,122
普通鋼鋼材 …… 62,122
物流2024年問題 …… 28
フランジ …… 63
ブリキ …… 66
粉末冶金製品 …… 73
平炉 …… 53,97
棒鋼 …… 64
保管 …… 81

■ま行

マスバランス方式 …… 34
丸一鋼管 …… 168
マルテンサイト系 …… 70
マルテンサイト組織 …… 71
みがき棒鋼 …… 75
店売り契約 …… 78
三菱製鋼 …… 174
ミドレックス技術 …… 32
ミドレックス・プロセス …… 32
無方向性電磁鋼板 …… 16,30
メルター …… 12

■や行

山形鋼 …… 63
大和工業 …… 148
輸送 …… 81
容器 …… 75
溶鋼精錬法 …… 93
溶鉱炉 …… 48
溶鍛接鋼管 …… 66
淀川製鋼所 …… 160

■ら行

ライフサイクルコスト …… 186
電炉工場 …… 46
転炉法 …… 52
電磁鋼板 …… 16,65
東京スカイツリー …… 86
東京製綱 …… 158
東京製鐵 …… 22,144,197
東洋鋼鈑 …… 172
トーア・スチール …… 42
特殊鋼 …… 58,68,70,154,164,166,174,176
特殊鋼鋼材 …… 62,68
特約店 …… 76
ドライバルク船 …… 21
トラック …… 82
ドローン …… 130
問屋 …… 76,78,80

■な行

中山製鋼所 …… 170
二次問屋 …… 76
ニッケル基合金 …… 155
日新製鋼 …… 24
日本高周波鋼業 …… 56,176
日本製鉄 …… 10,24,95,111,138,194
日本製鋼所 …… 156
日本鉄鋼連盟 …… 84,188
日本標準産業分類 …… 116
日本冶金工業 …… 162
認定産業標準作成機関 …… 188
熱間圧延 …… 60
熱延薄板 …… 60,65

■は行

鋼 …… 44,52
廃タイヤ …… 184
廃プラスチック …… 184
ハイブリッド車 …… 30
ハイテン …… 24
働き方改革 …… 198
ばね鋼 …… 69
販売代行 …… 80
ひも付き契約 …… 78

臨海製鉄所 …… 98
臨海一貫製鉄所 …… 96
冷間圧延 …… 60
冷延鋼版 …… 60,65
レジリエンス …… 22

■わ行

ワイヤストランド …… 75
ワイヤロープ …… 158
和釘 …… 41
和鉄 …… 40

■英語

AI …… 130
ASEAN …… 124
BA管 …… 168
CFCC …… 159
CO_2固定化技術 …… 184
EGジョイント …… 146
EG定着板 …… 146
GX …… 20
GX実現に向けた基本方針 …… 15
HBI …… 32
HV …… 30
H形鋼 …… 63
IoTセンサー …… 130
ISO …… 188
I形鋼 …… 63
JFEスチール …… 16,140,194
JFEホールディングス …… 16,18,38,140
JGreeX …… 20
JIS …… 188
Kobenable Steel …… 34
LCC …… 186
NKKグループ …… 108,140
REI-和-TETSU …… 40
USスチール …… 10
WSA …… 26

著者紹介

川上　清市（かわかみ　せいいち）

長野県松本市生まれ。学習院大学法学部卒業。日刊自動車新聞、日本工業新聞などの記者を経て、1988年にフリージャーナリストとして独立。業界分析から企業の成功事例、株式投資、健康、教育、農業関連など幅広い分野を取材し、執筆活動を続けている。

著書に『ニュースの真相が見えてくる「企業買収」のカラクリ』（青春出版社）、『キリンビール』（共著／出版文化社）、『機械・ロボット業界大研究』（産学社）、『自然・食・人とふれあう市民農園ガイド』（産学社）、『事例でわかる！クラウドファンディング成功の秘訣』（秀和システム）、『最新機械業界の動向とカラクリがよ～くわかる本（第３版）』（秀和システム）、『最新教育ビジネスの動向とカラクリがよ～くわかる本（第３版）』（秀和システム）、『最新健康ビジネスの動向とカラクリがよ～くわかる本（第３版）』（秀和システム）、『最新ペットビジネスの動向とカラクリがよ～くわかる本』（秀和システム）、『図解ポケット サステナビリティ経営がよくわかる本』（秀和システム）などがある。

図解入門業界研究
最新 鉄鋼業界の動向とカラクリがよ～くわかる本［第３版］

発行日　2024年　3月20日　　第1版第1刷

著　者　川上　清市

発行者　斉藤　和邦
発行所　株式会社　秀和システム
〒135-0016
東京都江東区東陽2-4-2　新宮ビル2F
Tel 03-6264-3105（販売）Fax 03-6264-3094

印刷所　三松堂印刷株式会社　　Printed in Japan

ISBN978-4-7980-7026-1 C0033